SÉRIE SUSTENTABILIDADE

Espécies e Ecossistemas

Blucher

SÉRIE SUSTENTABILIDADE

JOSÉ GOLDEMBERG
Coordenador

Espécies e Ecossistemas

VOLUME 3

FÁBIO OLMOS

Espécies e ecossistemas
© 2010 Fábio Olmos
Editora Edgard Blücher Ltda.

As imagens sem referência de créditos foram
produzidas pelo autor

Blucher

Rua Pedroso Alvarenga, 1245, 4º andar
04531-012 - São Paulo - SP - Brasil
Tel 55 11 3078-5366
editora@blucher.com.br
www.blucher.com.br

Segundo Novo Acordo Ortográfico, conforme 5. ed.
do *Vocabulário Ortográfico da Língua Portuguesa*,
Academia Brasileira de Letras, março de 2009.

É proibida a reprodução total ou parcial por quaisquer meios, sem autorização escrita da Editora.

Todos os direitos reservados pela Editora Edgard Blücher Ltda.

FICHA CATALOGRÁFICA

Olmos, Fábio
 Espécies e ecossistemas / Fábio Olmos ; José Goldenberg, coordenador - São Paulo : Blucher, 2011 - (Série sustentabilidade; v. 3).

ISBN 978-85-212-0573-9

1. Biodiversidade 2. Desenvolvimento sustentável 3. Ecosistemas 4. Espécies
I. Goldenberg, José. II. Título. III. Série

10.12156   CDD-591.68

Índices para catálogo sistemático:
1. Ecossistemas e espécies   591.68

Agradecimentos

Este livro é resultado de um longo período de experiências vividas, lições aprendidas e conhecimento adquirido com autores e pessoas numerosas demais para serem aqui nomeadas sem que eu corra o risco de sérias omissões. Acredito que muitos irão reconhecer, ao longo do texto, o eco de conversas que tivemos, trabalhos que discutimos, separatas permutadas e viagens realizadas, e quero que saibam de minha profunda gratidão por compartilharem suas experiências e conhecimento comigo. Este livro também é resultado de um convite feito por Maria Tereza Jorge Pádua, responsável pela existência de uma parcela considerável do sistema brasileiro de Unidades de Conservação. Maria Tereza e Miguel Milano gentilmente leram o manuscrito original e fizeram várias sugestões, mas devo enfatizar que opiniões, erros e omissões são exclusivamente meus. Rita Souza suportou os momentos de foco excessivamente concentrado durante a gestação do texto e me ajudou a buscar informações. Todo livro é um projeto familiar e este não é exceção. Minha gratidão a todos.

A *Orobrassolis latusoris*, *Scada karschina delicata*, *Acanthagrion taxaensis*, *Diplodon kaseritzi*, *Sartor tucuruiense*, *Characidium grajahuensis*, *Pristis perotteti*, *Steindachneridion doceana*, *Phrynomedusa fimbriata*, *Philydor novaesi*, *Myrmotherula snowi*, *Merulaxis stresemanni*, *Juscelinomys candango* e tantos outros que tiveram seu direito à existência negado pelo povo brasileiro.

Deveríamos ter sido mais civilizados.

Um homem viajava num balão de ar quente quando descobriu que estava perdido. Resolveu então diminuir a altitude pra ver se conseguia se localizar, quando avistou um homem andando pelo campo.

— Olá, pode-me dizer onde estou, por favor?

— Pois não. O senhor está num balão de ar quente, a dez metros de altura do chão, nas coordenadas 24°S, 48°O.

— Você deve ser um cientista, não é?

— Sou sim, como o senhor sabia?

— Bem, a informação que você me deu é tecnicamente perfeita, só que não serve pra nada.

— Ah, o senhor deve ser um político!

— Sou mesmo, como você percebeu?

— O senhor não sabe onde está, nem aonde vai, mas de alguma forma quer que eu o ajude. E desde o início da conversa, o senhor está exatamente no mesmo lugar onde começou só que agora, por alguma razão, a culpa é minha.

Autor anônimo

Apresentação

Prof. José Goldemberg
Coordenador

O conceito de desenvolvimento sustentável formulado pela Comissão Brundtland tem origem na década de 1970, no século passado, que se caracterizou por um grande pessimismo sobre o futuro da civilização como a conhecemos. Nessa época, o Clube de Roma – principalmente por meio do livro *The limits to growth* [*Os limites do crescimento*] – analisou as consequências do rápido crescimento da população mundial sobre os recursos naturais finitos, como havia sido feito em 1798, por Thomas Malthus, em relação à produção de alimentos. O argumento é o de que a população mundial, a industrialização, a poluição e o esgotamento dos recursos naturais aumentavam exponencialmente, enquanto a disponibilidade dos recursos aumentaria linearmente. As previsões do Clube de Roma pareciam ser confirmadas com a "crise do petróleo de 1973", em que o custo do produto aumentou cinco vezes, lançando o mundo em uma enorme crise financeira. Só mudanças drásticas no estilo de vida da população permitiriam evitar um colapso da civilização, segundo essas previsões.

A reação a essa visão pessimista veio da Organização das Nações Unidas que, em 1983, criou uma Comissão presidida pela Primeira Ministra da Noruega, Gro Brundtland, para analisar o problema. A solução proposta por essa Comissão em seu relatório final, datado de 1987, foi recomendar um padrão de uso de recursos naturais que atendesse as atuais necessidades da humanidade, preservando o meio ambiente, de modo que as futuras gerações poderiam também atender suas necessidades. Essa é uma visão mais otimista que a do Clube de Roma e foi entusiasticamente recebida.

Como consequência, a Convenção do Clima, a Convenção da Biodiversidade e a Agenda 21 foram adotadas no Rio de Janeiro, em 1992, com recomendações abrangentes sobre o novo tipo de desenvolvimento sustentável. A Agenda 21, em particular, teve uma enorme influência no mundo em todas as áreas, reforçando o movimento ambientalista.

Nesse panorama histórico e em ressonância com o momento que atravessamos, a Editora Blucher, em 2009, convidou pesquisadores nacionais para preparar análises do impacto do conceito de desenvolvimento sustentável no Brasil, e idealizou a *Série Sustentabilidade*, assim distribuída:

1. População e Ambiente: desafios à sustentabilidade
   Daniel Joseph Hogan/Eduardo Marandola Jr./Ricardo Ojima

2. Segurança e Alimento
   Bernadette D. G. M. Franco/Silvia M. Franciscato Cozzolino

3. Espécies e Ecossistemas
   Fábio Olmos

4. Energia e Desenvolvimento Sustentável
   José Goldemberg

5. O Desafio da Sustentabilidade na Construção Civil
   Vahan Agopyan/Vanderley Moacyr John

6. Metrópoles e o Desafio Urbano Frente ao Meio Ambiente
   Marcelo de Andrade Roméro/Gilda Collet Bruna

7. Sustentabilidade dos Oceanos
   Sônia Maria Flores Gianesella/Flávia Marisa Prado Saldanha-Corrêa

8. Espaço
   *José Carlos Neves Epiphanio/Evlyn Márcia Leão de Moraes Novo/
   Luiz Augusto Toledo Machado*

9. Antártica e as Mudanças Globais: um desafio para a humanidade
   *Jefferson Cardia Simões/Carlos Alberto Eiras Garcia/Heitor
   Evangelista/Lúcia de Siqueira Campos/Maurício Magalhães Mata/
   Ulisses Franz Bremer*

10. Energia Nuclear e Sustentabilidade
    Leonam dos Santos Guimarães/João Roberto Loureiro de Mattos

O objetivo da *Série Sustentabilidade* é analisar o que está sendo feito para evitar um crescimento populacional sem controle e uma industrialização predatória, em que a ênfase seja apenas o crescimento econômico, bem como o que pode ser feito para reduzir a poluição e os impactos ambientais em geral, aumentar a produção de alimentos sem destruir as florestas e evitar a exaustão dos recursos naturais por meio do uso de fontes de energia de outros produtos renováveis.

Este é um dos volumes da *Série Sustentabilidade*, resultado de esforços de uma equipe de renomados pesquisadores professores.

Referências bibliográficas

Matthews, D. H. et al. *The limits to growth*. New York: Universe Books, 1972.

WCED. *Our common future*. Report of the World Commission on Environment and Development. Oxford: Oxford University Press, 1987.

Prefácio

> "Já que dependemos de uma abundância de ecossistemas funcionais para purificar nossa água, enriquecer nosso solo e fabricar o próprio ar que respiramos, a biodiversidade claramente não é uma herança a ser descartada descuidadamente."
>
> *Edward O. Wilson,* zoólogo norte-americano.

> "País de analfabetos, governo de analfabetos."
>
> *Rui Barbosa,* diplomata brasileiro.

A título de comentário...

Ecologia, sustentabilidade, ambiental e termos afins foram incorporados no discurso cotidiano e agendas políticas. Isso é positivo, embora haja muita confusão sobre o que significam. Há restaurantes chamados Picanha Ecológica (algo improvável), mas é mais sério ver burocratas do governo se queixando que medidas de compensação ambiental de grandes obras, exigidas por lei, são exageradas, e usar como exemplo a construção de casas, escolas e infra-estrutura urbana para populações afetadas. Essas obviamente não são medidas de compensação ambiental (e sim social), o que mostra ou a ignorância ou as más intenções (o que será pior ?) de quem faz esse tipo de afirmação.

Este volume faz parte de uma série sobre Desenvolvimento Sustentável. Esse é um termo que tem sido usado e abusado por políticos, intelectuais, autores, ecologistas e jornalistas, a ponto de significar quase qualquer coisa. Numa época em que o que vale são as aparências, e não o conteúdo, como mostrado pelo avanço do sociambientalismo, pela transformação de Chico Mendes em "mártir ecológico" e por boa parte dos "selos verdes" não avaliar se a madeira que certificam é explorada de maneira realmente sustentável, é conveniente explicitar o que entendemos por desenvolvimento sustentável. Este é o desenvolvimento social e econômico que ocorre respeitando os limites ecológicos impostos pelos sistemas ambientais que sustentam nossa sociedade (em resumo, sua capacidade de suporte) e o direito das formas de vida não humanas à existência. Aqui combinamos um conceito da Ecologia com um valor da Ética.

Este conceito pressupõe que a qualidade do desenvolvimento, traduzida por indicadores como expectativa de vida, taxas de suicídio, tempo dedicado ao lazer, número de espécies ameaçadas, mortes violentas, saneamento e consumo de produtos culturais, seja mais importante que indicadores meramente econômicos como o crescimento do PIB, área agrícola ou volume de exportações.

O conceito proposto é bastante diferente do comumente aceito hoje em dia, que é, antes, um sinônimo de crescimento sustentado (contínuo) que ignora ser matematicamente impossível crescer além do que recursos finitos impõem.

Já fomos definidos como um *weedy ape*[1] programado evolutivamente para ciclos de *boom*-colapso e estes certamente não faltam ao longo de nossa História neste planeta, mediados tanto por fatores sociais como ambientais. A forma de funcionamento de nossa Economia apenas imita a nossa Ecologia ancestral.

Isso torna o verdadeiro crescimento sustentado uma utopia que vai contra a natureza humana e sua tendência para explorar recursos até a exaustão, sua facilidade de produzir excedentes populacionais mesmo nas piores situações e a capacidade de colonizar novos habitats e moldá-los à sua vontade. Como a paz universal, improvável para uma espécie inerentemente tribal, para a qual ideologias nós-eles são inatas, o desenvolvimento sustentável é uma miragem no horizonte que, para se tornar real, demanda profundas mudanças na forma como nossas sociedades funcionam e irmos contra nossa própria natureza.

Utopias são imagens de um futuro melhor que pode ser construído. Talvez, como a paz, o verdadeiro desenvolvimento sustentável seja alcançável e possamos construir uma sociedade melhor, mais saudável e mais estável, e não apenas com uma economia maior. Talvez continuemos a nos comportar como sempre fizemos. Mas não é possível deixar de imaginar que não faltou ironia a Carl von Linné ao batizar nossa espécie de "homem sábio" (*Homo sapiens*).

---

1 De *weed*, plantas que se multiplicam excessivamente quando surge a oportunidade; e *ape*, grande primata.

Conteúdo

1 Introdução — como tudo começou, 13
- *1.1* O que é biodiversidade? 13
- *1.2* O que são espécies? 16
- Literatura recomendada, 22

2 A atual Crise da Biodiversidade: de 40.000 aC a 2010 dC, 23
- Literatura recomendada, 28

3 Os Grandes Biomas Brasileiros, 29
- *3.1* O Cerrado, 30
- Literatura recomendada, 36
- *3.2* Caatinga, 40
- Literatura recomendada, 46
- *3.3* Pantanal, 48
- Literatura recomendada, 56
- *3.4* Campos e banhados sulinos, 56
- Literatura recomendada, 66
- *3.5* Floresta com araucária, 68
- Literatura recomendada, 77

3.6	Mata atlântica, 77	
	Literatura recomendada, 90	
3.7	Amazônia, 95	
	Literatura recomendada, 109	
3.8	Oceanos e zona costeira, 113	
	Literatura recomendada, 135	

4 Conservando Espécies e Ecossistemas, 141

4.1 Por que conservar? 141

Literatura recomendada, 147

4.2 Áreas protegidas e unidades de conservação, 147

Literatura recomendada, 161

4.3 Paisagens sustentáveis, 162

Literatura recomendada, 172

4.4 Regeneração e restauração de ecossistemas, 176

Literatura recomendada, 175

5 O Uso de Espécies Nativas, 181

5.1 Flora, 181

Literatura recomendada, 186

5.2 Fauna, 187

Literatura recomendada, 192

6 O Futuro que nos Aguarda, 195

Literatura recomendada, 206

1. Introdução – como tudo começou

1.1 O que é biodiversidade?

> "Na análise final, nosso vínculo comum mais básico
> é que todos habitamos este pequeno planeta."
>
> *John F. Kennedy,* presidente dos Estados Unidos.

Há algo como 13,7 bilhões de anos, o espaço, tempo, matéria e energia que formam o Universo que habitamos (possivelmente um entre vários) estavam compactados em um volume não maior do que o hoje ocupado pelo nosso sistema solar. O evento, hoje conhecido como Big Bang, iniciou o processo de evolução cosmológica e sucessivamente deu origem a partículas subatômicas que geraram o hidrogênio e hélio que formaram as primeiras estrelas. Reações nucleares no interior destas forjaram outros elementos como carbono, oxigênio e ferro.

Esses elementos são matéria-prima de nebulosas, cometas, planetas e, eventualmente, da Vida, que pode ser definida operacionalmente como um sistema químico capaz de evolução darwiniana; definição usada pela Nasa que considera outras possibilidades além da vida baseada em DNA/RNA e células que caracterizam nosso planeta.

Organismos são construídos a partir de informação que deve ser armazenada de alguma maneira, e em nossa biosfera os vetores desta informação são os ácidos nucleicos DNA e RNA. De forma simplista, pode-se dizer que essas moléculas armazenam tanto os algoritmos que direcionam a construção dos organismos como os mecanismos que regulam seu funcionamento.

Até o momento, o único local no Universo onde sabemos haver Vida é a Terra. Isso provavelmente irá mudar no futuro, quando outros mundos como Marte, Europa (uma das luas de Júpiter), Enceladus e Titã (duas das luas de Saturno) puderem ser adequadamente explorados no nosso sistema solar, e além.

Nosso planeta é um mundo jovem que orbita uma estrela média de um dos braços externos de uma galáxia espiral, tipo bastante comum neste Universo. Embora mitologias contem estórias diferentes, sabemos, graças a medições de decaimento radioativo (o mesmo processo que faz um reator de fissão nuclear funcionar), que nosso planeta se formou há 4,56 bilhões de anos. Também sabemos que sua infância envolveu eventos dramáticos, como a colisão com outro proto-planeta que deu origem à nossa Lua.

A vida como conhecemos deve ter surgido (ou aqui chegou, se a hipótese da panspermia estiver correta) em nosso planeta pouco depois de ter esfriado o suficiente e os impactos planetários terem se tornado menos catastróficos, entre 4,1 e 3,8 bilhões de anos atrás, o que é apoiado pela proporção de isótopos de carbono em rochas sedimentares com 3,8-3,9 bilhões de anos. Mais importante, o fato de os grandes ramos da vida, Bacteria, Archaea e Eucarya, compartilharem a mesma bioquímica básica e serem baseados em DNA aponta para um ancestral comum para todos estes grupos, que estaria na base da chamada "árvore da vida". Você, as bactérias em seu intestino, as matérias-primas de seu almoço, o eucalipto de onde veio o papel deste livro e todas as demais formas de vida neste Planeta compartilham um ancestral comum, conhecido como LUCA (de *Last Universal Common Ancestor*) ou *"Number One"*.

Os primeiros fósseis datam de 3,6 bilhões de anos, sendo muito similares a micróbios ainda existentes. Se a vida se originou aqui ou em outro mundo ainda é campo para especulação (a ser esclarecida quando encontrarmos outras biosferas), mas durante pelo menos 2,6 bilhões de anos o Planeta foi habitado apenas por organismos procariotos, conjunto que engloba as bactérias (incluindo as chamadas algas azuis) e Archaea. Esse ramo da vida foi capaz de ocupar virtualmente todo o planeta, das montanhas mais altas às profundezas oceânicas, onde alguns desenvolveram clorofila capaz de utilizar o infravermelho de fontes termais para fotossíntese. Apenas recentemente descobrimos que ecossistemas microbianos existem em rochas a quilômetros de profundidade, utilizando de hidrocarbonetos a urânio radioativo como fonte de energia. Mais surpresas nos aguardam.

Durante os 2,6 bilhões de anos de dominância dos procariotos, estes aprimoraram sua habilidade de criar redes metabólicas e transferir genes entre organismos apenas distantemente relacionados (a chamada transferência horizontal de genes), e fusões resultantes da invasão ou absorção de uma célula por outra levaram ao surgimento de organismos mais complexos.

Mestres da bioquímica, que desenvolveram metabolismos capazes de explorar as fontes de energia menos prováveis e sobreviver às condições mais hostis, da radiação nuclear ao vácuo do espaço, esses organismos unicelulares moldaram o planeta, sendo o alicerce de todos os ecossistemas modernos. A composição da atmosfera da Terra e um número enorme de minerais são resultados da ação biológica, e a vida está intimamente associada a ciclos biogeoquímicos como os do carbono, nitrogênio, fósforo e cálcio. Um exemplo dramático é o de como as cianobactérias (ou "algas azuis"), os primeiros organismos fotossintetizantes, foram as responsáveis por uma das mais dramáticas mudanças ambientais do planeta – o acúmulo de oxigênio na atmosfera e nos oceanos, detectável no registro geológico a partir de 2,4-2,2 bilhões de anos.

Introdução

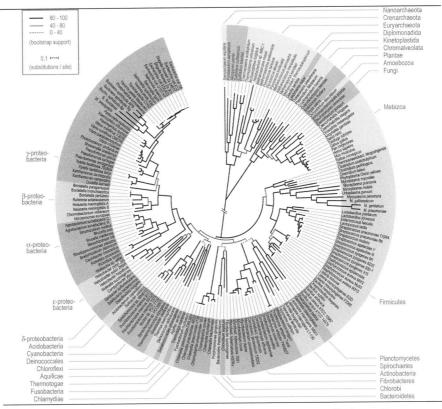

FIGURA 1.1 – A atual "árvore da vida", na realidade é um arbusto, extremamente ramificado, com diferentes linhagens descendentes de um ancestral comum ("LUCA").
Fonte: <http://www.chm.bris.ac.uk/motm/oec/motm.htm>.

Os primeiros fósseis de criaturas multicelulares datam de 2,1 bilhões de anos, mas ainda não sabemos se essas criaturas eram associações de bactérias ou seres multicelulares verdadeiros. Fósseis reconhecíveis como Eucarya datam de 1,5 bilhões de anos e algas vermelhas datam de 1,4 bilhões de anos atrás. A origem provável dos Eucarya, estimada com base em técnicas moleculares, marcadores biológicos em sedimentos e fósseis, certamente é anterior a esse período, havendo a possibilidade que marcadores em rochas de 2,7 bilhões de anos correspondam a traços de eucariotos.

Os Eucarya incluem todos os organismos com células nucleadas e parecem compartilhar um ancestral comum, produto da fusão entre células procariotas em processo conhecido como endossimbiose. As evidências moleculares mostram que eventos de fusão entre células, como quando um eucarioto passou a abrigar uma cianobactéria que se transformou em seu cloroplasto, resultando em uma "alga", ocorreram repetidas vezes e foram importantes na evolução da diversidade dos Eucarya.

De fato, há casos de endossimbiose primária, secundária e terciária, organismos como dinoflagelados podendo ser vistos como a combinação de quatro células diferentes. A situação pode ser ainda mais complexa, com genes procariotos sendo incorporados no genoma de um eucarioto, enquanto seu organismo-fonte desapareceu sem deixar outros traços, isso sem mencionar os milhares de vírus que foram incorporados aos genomas de suas células hospedeiras. O fato de que 8% do genoma humano serem formados por sequências originárias de dezenas de milhares de retrovírus endógenos dá o que pensar sobre nossa individualidade.

Fósseis de eucariotos multicelulares que hoje chamaríamos de "animais" datam de 635 milhões de anos, esses vestígios sendo mais bem interpretados como relacionados às esponjas (Porifera) atuais. Fósseis datando de 550 milhões de anos já mostram corpos segmentados e simetria bilateral típica de grupos como anelídeos, cordados (que incluem vertebrados como nós) e artrópodes, que surgem em grande número no registro fóssil com a chamada "Explosão Cambriana" há 530 milhões de anos, quando a maioria dos filos de animais existentes se torna identificável.

Formas de vida que hoje nos são familiares e que tendemos a considerar como dominantes no Planeta surgiram muito mais recentemente. Plantas terrestres surgiram há 425 milhões de anos, mas plantas com flores fazem sua primeira aparição há apenas 130 milhões de anos. Os fósseis mais antigos de Tetrapoda terrestres, que incluem todos os anfíbios, répteis, aves e mamíferos, datam de 395 milhões de anos; contudo, criaturas mais antigas reconhecíveis como mamíferos datam apenas de 125-130 milhões de anos. Os fósseis mais antigos que podem ser considerados de *Homo sapiens* datam de 195 mil anos atrás, enquanto os primórdios do que chamamos de civilização tiveram início há apenas 10 mil anos.

A longa história da vida na Terra é a história de sua biodiversidade, da qual fazemos parte. O termo biodiversidade, que substituiu o termo anterior "diversidade natural", tem sido definido de forma variada e empregado em contextos inadequados, especialmente no das ciências sociais. Biodiversidade pode ser sucintamente definida como a diversidade de genes, espécies e ecossistemas em um espaço geográfico definido, como uma bacia hidrográfica, país, bioma, continente ou planeta. Uma definição alternativa é que a biodiversidade representa toda a variação da vida em todos os níveis de organização biológica.

1.2 O que são espécies?

> "Nós temos 60% dos genes de uma banana. 90% dos genes de um camundongo, e mais de 99% dos genes de um chimpanzé. É só para pensar!"
>
> *Deepak Chopra*, esotérico hindu
> (as porcentagens estão erradas, o espírito correto)

Hoje (2010) são reconhecidas 1.899.587 espécies descritas cientificamente, isto é, que têm um nome. Insetos constituem 1 milhão de espécies, enquanto aracnídeos somam 102.248, moluscos 85 mil e outros invertebrados 172.117 espécies. Plantas vasculares somam 281.621 espécies, fungos 81.998, liquens

Introdução

17 mil, peixes 31.153, aves 9.900, répteis 8.734, anfíbios 6.515 e mamíferos 5.487. Bactérias e vírus com um nome formal somam meros 86.307 táxons, o que constitui uma subestimativa de, pelo menos, duas ordens de grandeza.

Este é apenas um exemplo do que não sabemos sobre a diversidade da vida no Planeta. Espécies continuam a ser descritas aos milhares (114 mil entre 2006 e 2009), incluindo em grupos "bem-conhecidos" como primatas e aves, e o número total de espécies na Terra é estimado ao redor de 11 milhões.

Algumas definições são necessárias para melhor compreender os diferentes níveis de complexidade da biodiversidade. O gene é a unidade básica da hereditariedade, armazenando a informação necessária para que organismos sejam construídos e reproduzam, enquanto o conjunto de genes de uma determinada forma de vida constitui seu genoma. Organismos, de vírus a baleias e jatobás, podem ser interpretados como vetores construídos pelos genes para que possam se replicar. A crescente diversidade e a complexidade desses vetores são resultados de processos de seleção darwiniana atuando sobre os replicadores.

A definição do que é uma espécie é uma questão complexa, com nuances associadas aos mecanismos pelos quais as espécies surgem, e que tem alimentado discussões que ainda não resultaram em uma definição consensual sobre o que seja uma espécie. O processo de especiação (ou, mais acuradamente, de cladogênese) começa com a separação de populações irmãs por uma barreira geográfica, ecológica ou comportamental. Essas populações passam a acumular diferenças em decorrência do fluxo gênico muito reduzido ou interrompido. Após várias gerações em isolamento, as duas populações irmãs já fixaram diferenças em vários caracteres, sendo plenamente diagnosticáveis uma da outra. Nesse ponto do processo, os caracteres que diferenciam as populações podem ou não ter evoluído juntamente com barreiras reprodutivas. Na verdade, nesse estágio é provável que as populações ainda possam produzir descendentes férteis entre si.

As diferenças entre as populações são gradualmente ampliadas até um momento em que tantas diferenças se acumularam que as populações desenvolveram uma barreira reprodutiva (pré-zigótica, pós-zigótica ou ambas). É importante enfatizar o caráter gradual do processo, o que frequentemente torna difícil definir limites entre os momentos em que uma entidade se transforma em outra.

Um conceito de espécie muito popular, e o primeiro elaborado considerando o processo evolutivo, é o Conceito Biológico de Espécie (CBE), que define espécie como um grupo de organismos ou uma população de organismos isolada reprodutivamente de outros grupos ou populações. Ou seja, este conceito considera a capacidade de grupos de organismos se entrecruzarem e deixarem descendentes férteis como o critério-chave para se definir limites entre espécies. Populações separadas geograficamente ou diferenciadas em maior ou menor grau, que mantiveram a capacidade de produzir descendentes férteis quando em contato eventual são consideradas como integrantes (populações ou "subespécies") de uma mesma espécie, a despeito de quaisquer outras diferenças entre elas.

A aplicação desse conceito sempre ofereceu problemas, como o representado por populações alopátricas. Uma alternativa é Conceito Filogenético de Espécie (CFE), que nasceu do postulado de que a taxonomia deve refletir a história evolutiva dos organismos. Como resultado, as espécies devem ser delimitadas com base em hipóteses sobre o parentesco e ancestralidade entre populações ou táxons, ou seja, em filogenias. Esse conceito define espécies como o menor grupo diagnóstico de indivíduos no qual exista um padrão de ancestralidade e descendência, que em conjunto passam a constituir unidades diagnósticas basais. Na prática, essa definição implica, por exemplo, que se dois grupos de indivíduos podem ser diferenciados (diagnosticados) um do outro por qualquer conjunto de caracteres ou mesmo um único caráter, eles devem ser tratados como espécies distintas.

Esse conceito também apresenta problemas, como os associados à subjetividade na escolha e significância de caracteres diagnósticos. De fato, o CBE e o CFE diferem basicamente no ponto do processo de cladogênese em que uma população pode ser considerada uma espécie plena. No momento em que as populações começam a acumular diferenças, o CBE as denomina de "subespécies" e o CFE de espécies, sendo a razão que as populações em questão, embora diagnosticáveis, podem ou não ser capazes de entrecruzar e produzir descendentes férteis.

Um conceito que atualmente está sendo adotado e que propõe unificar o CBE e o CFE é o Conceito Filético Geral de Espécies (CFGE), que define como espécies as metapopulações (populações diferenciadas de alguma maneira) de organismos que estejam em uma trajetória evolutiva independente de outras metapopulações. Ou seja, uma espécie é formada por populações diagnosticáveis como distintas das demais, com base em caracteres mensuráveis e que sejam evolutivamente distintas (monofiléticas) de outras populações. Essas características são passíveis de serem testadas ou verificadas empiricamente por meio da reconstrução da trajetória evolutiva das metapopulações a partir do estudo de vários caracteres, tanto morfológicos como genéticos.

O uso de marcadores genéticos tem sido cada vez mais importante na reconstrução das relações evolutivas entre populações, espécies e entidades taxonômicas superiores, como gêneros, classes e filos. Essa abordagem permite responder a perguntas como, por exemplo, se animais estão mais próximos das plantas ou dos fungos.

Da mesma forma como análises de DNA permitem dizer se um homem é pai ou não de uma criança por meio de marcadores que informam a semelhança genética entre ambos, análises baseadas no mesmo princípio quantificam as distâncias genéticas entre diferentes organismos, informando desde se pertencem à mesma espécie até o tempo estimado em que duas espécies (ou gêneros, classes, filos etc.) divergiram a partir de um ancestral comum.

Essas análises também têm mostrado como diferentes linhagens humanas deixaram a África em diferentes momentos e deram origem a espécies distintas que, ao terem contato com humanos modernos quando estes chegaram à Ásia, Europa e Oriente Médio, geraram híbridos cujos marcadores genéticos persistem até hoje, como genes Neanderthal entre os europeus e dos Deniso-

Introdução

vans entre os papuas. Talvez *Homo sapiens* seja mais bem descrito como um grande enxame híbrido.

As dificuldades em construir uma definição consistente para um conceito aparentemente simples como "espécie" mostra a lacuna entre a percepção humana e a forma como sistemas biológicos funcionam. Nossa mente tende a classificar o mundo natural em categorias estanques e isoladas, como gavetas em um armário. Infelizmente, a Natureza não funciona dessa maneira.

Como já vimos, formas de vida radicalmente diferentes, como vírus e primatas, podem se fundir, criando algo novo. Bactérias rotineiramente trocam material genético (o que está por trás do surgimento de novos patógenos) e vírus podem transferir genes entre bactérias e eucariotos. Espécies de plantas e aves que não julgaríamos próximas podem produzir híbridos férteis que, por sua vez, podem dar origem a novas espécies. Genes saltam de um vetor para outro sempre que a oportunidade surge.

Desde LUCA até *Homo sapiens*, a Vida na Terra sempre combinou diversidade com unidade.

Literatura recomendada

ALEIXO, A. 2007. Conceitos de espécie e o eterno conflito entre continuidade e operacionalidade: uma proposta de normatização de critérios para o reconhecimento de espécies pelo Comitê Brasileiro de Registros Ornitológicos. *Revista Brasileira de Ornitologia* 15 (2):297-310

CARROLL, S. B. 2006. *Formas infinitas de grande beleza*. Rio de Janeiro: Jorge Zahar.

DAWKINS, R. 2009. *A grande história da evolução*: na trilha dos nossos ancestrais. São Paulo: Companhia das Letras.

FORTEY, R. 2000. *Vid*a: uma biografia não autorizada. Rio de Janeiro: Record.

KNOLL, A. H. 2003. *Life on a young planet*: the first three billion years of evolution on Earth. Princeton.

MAYR, E. 2009. *O que é a evolução*. Rio de Janeiro: Rocco.

WARD, P. 2005. *Life as we don't know it*: the NASA search for (and synthesis of) alien life. London: Penguin Books.

WILSON, E. O. 1992. *Diversidade da vida*. São Paulo: Companhia das Letras.

ZIMMER, C. 2006. *The sixty-million year virus*. Disponível em:

<http://blogs.discovermagazine.com/loom/2006/03/13/the-sixty-million-year-virus/>.

ZIMMER, C. 2009. On the origin of eucaryotes. *Science* 325 (5941): 666-668.

Populações tradicionais criam biodiversidade?

"Na área da proteção das espécies devemos nos preocupar com o que é certo e não com o que possa ser mais fácil ou popular no curto prazo."

Richard Leakey, paleoantropólogo

Uma das crenças mais populares do ecologismo afirma que "populações tradicionais" (como índios, caiçaras e quilombolas) criam e mantêm a biodiversidade, argumento que é invocado pelos que advogam a permanência de populações humanas em áreas protegidas. O que isso realmente significa?

Primeiro, há o problema de definir o que são "populações tradicionais", termo tão amplo que perdeu seu significado e hoje é sinônimo de populações rurais pobres. Deixando esse problema de lado, espera-se que as atividades dessas populações não incorram na degradação de habitats ou superexploração a ponto de causar a extinção local ou completa de espécies e recursos. Espera-se que práticas que ameacem essa sustentabilidade sejam evitadas e as pessoas, conscientemente, refreiem-se de explorar recursos que estão diminuindo devido a suas atividades. O que dizem os fatos?

A crença na "criação de biodiversidade" por populações tradicionais conflita com evidências arqueológicas bem estabelecidas sobre o papel humano nas grandes extinções dos últimos milhares de anos (veja o capítulo seguinte) e por estudos que mostram que padrões de uso sustentável de recursos naturais por populações tradicionais modernas são raros. Populações pré-industriais como os maori da Nova Zelândia, os colonizadores indonésios de Madagascar e os polinésios em todo o Pacífico destruíram ecossistemas inteiros com grande rapidez, causando extinções em massa. Nos dias de hoje, povos "tradicionais", dos guarani brasileiros aos maasai do Kenya, usam suas terras de maneira insustentável, levando a pressões por mais território.

Na realidade, a "sustentabilidade", que deveria resultar no ajuste entre população e suas demandas e a capacidade de suporte de um território é, na maioria das vezes, resultado de baixas densidades demográficas e pouca tecnologia, não de decisões tomadas conscientemente. São bem conhecidos casos de "populações tradicionais" utilizando espécies até sua virtual extinção, como os índios Krahô e Saterê-Maué, que passaram a consumir gado, como resultado do declínio das espécies nativas cinegéticas.

Há algumas exceções, e algumas poucas culturas realmente impõem limites ao uso de alguns recursos, mostrando incomum respeito a formas de vida não humanas, mas essas exceções apenas comprovam que não podem ser feitas generalizações.

É importante também definir qual é a biodiversidade "criada" por essas populações. Não há dúvida quanto ao poder criativo da domesticação em criar novas "espécies", do cão doméstico ao trigo e as bananeiras hoje cultivadas, mas essa parcela da biodiversidade não precisa de espaços protegidos para ser conservada, já que espécies de plantas e animais domesticados hoje ocupam a maior parte das terras férteis do planeta (ao contrário de ecossistemas naturais). Também é interessante lembrar o papel de populações tradicionais na "criação" de novos patógenos, como os vírus da AIDs, originalmente encontrados em primatas e que colonizaram humanos graças ao consumo da carne de chimpanzés, gorilas e mangabeis por populações africanas.

Parte importante do argumento de que povos tradicionais criam biodiversidade se baseia nos novos habitats que estes criariam como resultado da agricultura de corte e queima, o método de agricultura "tradicional" por excelência.

Introdução

O resultado deste é a substituição de habitats "maduros" por outros em estágios sucessionais jovens, ou seja, florestas são substituídas por capoeiras.

A consequência é a substituição de espécies com requisitos ecológicos mais estritos (e que demandam maiores cuidados quanto à sua conservação) por outras de maior valência ecológica, incluindo exóticas e invasoras. Isso pode ocorrer sem que o número de espécies de determinada área seja alterado significativamente, ou mesmo aumente. Claramente, há o conflito entre quantidade e qualidade. Um pasto no interior da Reserva Extrativista Chico Mendes representa um acréscimo de espécies à área, mas à custa de outras espécies com pouca probabilidade de manter populações fora de áreas protegidas, o que não é o caso da braquiária, dos tizius e outras espécies associadas a pastagens.

Estudos em florestas de diferentes ecossistemas que comparam habitats maduros com habitats secundários resultantes de atividades humanas mostram que o padrão geral é de perda de espécies e do estabelecimento de comunidades simplificadas. O mesmo é verdade quando se comparam áreas sob pressão de pesca artesanal e aquelas onde há exclusão de pesca. Se há um padrão, é o de que ecossistemas em que atividades humanas como a agricultura e o extrativismo foram excluídas tendem a ser mais complexos, ricos e a abrigar espécies mais sensíveis, exatamente as que demandam mais cuidados.

Evidências históricas também mostram que, nas Américas, muitas populações animais consideradas pelos primeiros exploradores europeus como "inumeráveis", incluindo bisões *Bison bison* e pombos-passageiros *Ectopistes migratorius* (hoje extintos) na América do Norte e tartarugas *Podocnemis expansa*, jacarés *Caiman* spp. e peixes-boi *Trichechus inunguis* na Amazônia só se tornaram abundantes após a extinção da maior parte das populações humanas nativas resultante de epidemias nos séculos XVI a XVIII.

A argumentação de que "populações tradicionais criam biodiversidade" e por isso devem ser mantidas em áreas protegidas é baseada em uma retórica sinuosa sem base científica. Os humanos, como regra geral, erodem a biodiversidade e não a tornam mais rica. Populações rotuladas como tradicionais (uma definição extremamente ampla) continuam a dizimar espécies em nome de supostos direitos e, tanto quanto sociedades não "tradicionais", são um dos importantes fatores de ameaça à biodiversidade.

Exemplos incluem baleias-da-groenlândia *Balaena mysticetus* abatidas por Inuits, no Alaska; alcas Alcidae, baleias e ursos-polares *Ursus maritimus*, na Groelândia; wallabies, casuares e aves do paraíso, na Nova Guiné; gorilas e outros primatas, na África Ocidental; muriquis e jacutingas, na Serra do Mar de São Paulo; e peixes-boi, no Amazonas. Sobre estes, vale lembrar o abate de 200 exemplares na "reserva de desenvolvimento sustentável" Piagaçu-Purus durante a seca de 2010.

Não ajuda que o complexo de culpa de antigos mestres coloniais e euro-descendentes a respeito de malfeitos cometidos por seus antecessores comumente resulte na licença, quando não estímulo, ao uso predatório de recursos naturais. O desastre observado na Groenlândia, onde subsídios estatais pagam pela chacina da vida silvestre e a carne de baleias mortas por "caçadores de subsistência" é vendida em supermercados e exportada para o Japão, é um dos melhores exemplos dos absurdos que a correção política pode levar.

Literatura recomendada

BARLOW, J. et al. 2007. Quantifying the biodiversity value of tropical primary, secondary, and plantation forests. *PNAS* 104:18555-18560.

DOUROJEANNI, M. 2008. *Populações humanas em unidades de conservação*. Disponível em: <http://www.oeco.com.br/marc-dourojeanni/42-marc-dourojeanni/20341-pessoas-em-unidades-de-conservacao>.

HANSEN, K. 2002. *A farewell to Greenland's wildlife*. NHB Mailorder Bookstore.

HAMES, R. 2007. *The ecologically noble savage debate*. Disponível em: <www.unl.edu/rhames/ms/savage-prepub.pdf >.

LIEBSCH, D., M. C. M. MARQUES & R. GOLDENBERG. 2008. How long does the Atlantic Rain Forest take to recover after a disturbance? Changes in species composition and ecological features in the secondary succession. *Biological Conservation* 141: 1717-1725.

McWETHY, D. B., C. WHITLOCK, J. M. WILMSHURST, M. S. McGLONE, M. FROMONT, X. Li, A. DIEFFENBACHER-KRALL, W. O. HOBBS, S. C. FRITZ, E. R. COOK. 2010. Rapid landscape transformation in South Island, New Zealand, following initial Polynesian settlement. *PNAS* 2010 107 (50): 21343-21348.

2. A atual crise da biodiversidade: de 40.000 aC a 2010 dC

> "Quando ouço sobre a destruição de uma espécie me sinto como se toda a obra de um grande escritor tivesse sido perdida."
>
> *Theodore Roosevelt,* explorador e presidente dos Estados Unidos

Alguns já escreveram que a humanidade vivia em harmonia com a Natureza (seja lá o que for isso) até o século XVI, quando a expansão europeia ganhou momento, dando início aos processos que tornariam o capitalismo, o imperialismo e a revolução industrial os fatores determinantes da construção do mundo moderno. Essa é uma visão totalmente equivocada.

A humanidade tem causado a extinção de espécies e alterações profundas em ecossistemas há dezenas de milhares de anos, um processo que teve início, pelo menos, quando a chamada "revolução neolítica" marca o surgimento da arte e do pensamento simbólico, marcas da mente humana moderna, e talvez mesmo antes, com o início do uso extensivo do fogo.

Ainda no Pleistoceno, populações de caçadores-coletores tiveram papel decisivo na extinção da chamada megafauna, o conjunto de grandes animais como mastodontes, megatérios, cavalos, toxodons, tigres-dentes-de-sabre (nas Américas), mamutes, alces-gigantes (na Eurásia) e cangurus-gigantes, diprotodons, leões-marsupiais e mihirungs (na Austrália). Esse conjunto heterogêneo foi um dos mais espetaculares componentes da vida neste Planeta, tendo moldado ecossistemas e sistemas ecológicos que hoje ainda se adaptam à perda de alguns de seus componentes-chave.

Vivemos em um planeta que já foi severamente empobrecido por nossos antecessores, embora poucos se deem conta disso. O Cerrado, o Pantanal e os Campos Sulinos já abrigaram comunidades de grandes mamíferos que humilhariam as das savanas africanas em diversidade de espécies. Estima-se que 41 gêneros de mamíferos com mais de 40 kg foram extintos na América do Sul nos últimos 10-12 mil anos. Esses são cenários perdidos para sempre.

Essas extinções em massa tiveram início com a colonização da Austrália, talvez já há 50 mil anos, tendo prosseguido em ritmos variados até muito recentemente. De fato, há evidências de que espécies hoje extintas de mamutes, preguiças gigantes e cavalos sobreviveram em populações relituais até tão recentemente como 4 a 5 mil anos atrás e, em vez de episódios de extinção rápida causada por mudanças climáticas bruscas (com as o final do Pleistoceno e início do Holoceno) ou humanos matando tudo o que surgisse pela frente, há um maior consenso de que os processos de extinção ocorreram ao longo de centenas a milhares de anos, sendo resultado da combinação de pressão humana associada a mudanças climáticas.

É importante notar que mudanças climáticas semelhantes ou até mais agudas já haviam ocorrido ao longo de todo o Pleistoceno, sem que extinções significativas fossem registradas. Apenas quando humanos entraram em cena é que espécies começaram a desaparecer.

Grandes ilhas como Madagascar, Nova Zelândia, Hispaniola e Cuba são bons exemplos de que humanos foram decisivos na perda da megafauna. Embora tenham obviamente sofrido efeitos das mudanças climáticas globais na transição Pleistoceno-Holoceno, suas comunidades animais permaneceram íntegras até a chegada dos primeiros humanos. Navegadores indonésios que colonizaram Madagascar há menos de 2.500 anos extinguiram uma diversa comunidade de lêmures-gigantes, aves-elefante e hipopótamos pigmeus, algumas espécies das quais podem ter sobrevivido até o século XVII. Preguiças terrícolas e corujas gigantes que não voavam existiram nas ilhas do Caribe até cerca de 4 mil anos atrás, quando foram finalmente extintos. E a rápida extinção das moas da Nova Zelândia (e outras aves únicas) pelos colonizadores Maori durante o último milênio é bem conhecida.

Os Maori são um povo polinésio e seus parentes foram responsáveis pelo maior episódio de extinção em massa de aves, tendo eliminado cerca de 2.000 espécies das ilhas do Pacífico. Isso significa uma perda de 20% da diversidade total da classe Aves, uma façanha ainda não igualada pela nossa civilização (88 espécies e 83 subespécies de aves foram extintas entre 1600 e 1980).

O processo de perda da biodiversidade causado por populações humanas tem prosseguido. Conforme o efetivo de nossa espécie aumenta e, com ele, o uso de recursos naturais, ecossistemas inteiros têm sido varridos do planeta. Países tão social e economicamente díspares como a China e o Haiti, cuja natureza foi arrasada nos últimos séculos, mostram como hecatombes ambientais ocorrem na esteira da superpopulação humana e do uso não sustentável de recursos naturais. De fato, há uma correlação positiva estreita entre densidades populacionais humanas (e o produto interno bruto) de um país e a porcentagem da sua biota que consta de listas de espécies ameaçadas.

É emblemático que o "Crescente Fértil", na Mesopotâmia, que foi o berço da civilização ocidental, seja hoje ocupado, em grande parte, por desertos que pouco lembram as florestas onde reis assírios caçaram elefantes ou as savanas para onde migravam as centenas de milhares de gazelas caçadas pelos primeiros povos sedentários. O mesmo é verdade para áreas enormes cobertas por pastagens degradadas no leste do Pará, que eram cobertas de florestas há menos de 60 anos.

As taxas de extinção atuais são estimadas entre 100 a 1.000 vezes maiores que aquela considerada "normal", estimada a partir do registro fóssil. A amplitude dessa estimativa reflete tanto o desconhecimento sobre a diversidade de espécies existentes e extintas como em comprovar algumas extinções. Um exemplo, no entanto, pode ser pertinente.

A "vida média" de uma espécie é estimada em c. 1 milhão de anos. Isto significa que, para as quase 10 mil espécies de aves descritas, espera-se uma extinção a cada 100 anos. No entanto, sabemos que entre 1975 e 2000 foram extintas 18 espécies de aves, três das quais entre 2000 e 2008 (todas no Hawaii).

No Brasil, a arara-azul-pequena *Anodorhynchus glaucus*, que antes ocorria no sul do País, incluindo butiazais no litoral de Santa Catarina (na "ilha das Araras") e barrancas dos rios Uruguai e Paraná, pode ter desaparecido da região do baixo rio Iguaçu tão recentemente como no início da década de 1960. Ao contrário da ararinha-azul *Cyanopsitta spixi* e do mutum-de-alagoas *Mitu mitu*, que têm populações em cativeiro que talvez possam ser reintroduzidas na natureza, essa espécie só permanece em museu.

O número de espécies ameaçadas é um indicador das perdas que podem ocorrer. Em 2009, a IUCN Red List indicava que 21% dos mamíferos, 12% das aves e 30% dos anfíbios podiam ser considerados ameaçados de extinção. Um estudo mais recente, que analisou o status de 25.780 espécies de vertebrados, mostra que entre 1980 e 2008, uma média anual de 52 espécies teve uma piora de sua situação, tornando-se mais próxima da extinção. A conclusão é que 1/5 das espécies de vertebrados está em declínio.

Esse declínio pode ser muito rápido. O consumo resultante da nova prosperidade econômica de chineses, vietnamitas e coreanos resultou em uma queda de 40% na população global de tigres durante a década de 2000 (em 2010 se estimava que houvesse 3,2 mil indivíduos na natureza). Entre 1970 e 1990, 90% da população de rinocerontes (seis espécies) foram mortas, um declínio que não cessou. Uma espécie, o rinoceronte-branco-do-norte *Ceratotherium cottoni*, em 2010 estava reduzida a oito indivíduos vivendo em cativeiro.

A introdução da pesca com espinhel de fundo no sul-sudeste do Brasil resultou em 50% da população de algumas espécies de peixes sendo morta em apenas quatro anos, o que levou rapidamente ao colapso da atividade, enquanto populações de tubarões que eram abundantes no Atlântico Norte caíram em mais de 90% desde a década de 1980.

No México, uma população de tartarugas-de-couro *Dermochelys coriacea* caiu de 70 mil fêmeas reprodutivas em 1982 para 250 em 1988. Um declínio abrupto rumo à extinção, similar ao observado em populações de anfíbios em todo o mundo, nas quais uma combinação de alterações ambientais resultantes de mudanças climáticas, a destruição de habitats e a introdução de fungos patogênicos está causando uma extinção em massa.

Taxas de extinção é um produto direto da população humana, que se reflete na destruição de habitats naturais e sua conversão em áreas agrícolas, cidades etc., no maior uso direto de algumas espécies (como pescado, árvores madeireiras e aquelas usadas em medicina), na maior poluição orgânica e química e, como começamos a compreender apenas recentemente, no maior impacto sobre o clima planetário. Populações crescentes têm se traduzido em taxas mais rápidas de perda de habitats e espécies. A população da Europa medieval cresceu de 30 para 100 milhões nos mil anos que levou para cortar suas florestas (que estão em recuperação e hoje cobrem cerca de 47% do continente), enquanto o Brasil eliminou florestas amazônicas em uma área equivalente a 1,4 Franças nos 40 anos em que sua população cresceu de 70 para 180 milhões.

A população de nossa espécie tem crescido assombrosamente. Estima-se que no ano 1000 houvesse 275 milhões de humanos no planeta. Em 1900 éramos 1,6 bilhões. Em meados de 2009, 6,7 bilhões. As projeções indicam que chegaremos a 7,67 bilhões em 2020, a 8,3 bilhões em 2030, a 8,8 bilhões em 2040 e a 9,15 bilhões na metade do século, quando se supõe que a população se estabilizará. Isso ocorre mesmo com as taxas de fertilidade (número de filhos por mulher em idade fértil) em declínio no mundo todo e abaixo da taxa de reposição (dois filhos que substituem pai e mãe, sem aumentar a população). Essa é uma das consequências de um "estoque" de mulheres em idade fértil ainda alto, resultante da alta natalidade nas últimas décadas do século XX e início deste.

É mais que conhecido que a capacidade de suporte do planeta já é insuficiente para sustentar a população atual, com nossa "pegada ecológica" sendo, talvez, 20% superior à capacidade de regeneração dos ecossistemas. Se toda a humanidade atingir padrões de consumo norte-americanos precisar-se-á de outras três ou quatro Terras, o que, obviamente, não temos.

Um aspecto interessante das últimas décadas é que o enriquecimento de países na Ásia e na África criou mercados que hoje são os grandes responsáveis por levar espécies à extinção. O caso da China, com seu enorme apetite por madeira de sândalo, ginseng selvagem, ossos de tigre, chifres de rinoceronte, tartarugas, barbatanas de tubarão etc. é emblemático. Mas também devem ser lembrados ghaneses, camaronenses e outros africanos que consideram o consumo de carne de gorilas, chimpanzés, duikers e colobus um símbolo de status, similar ao que aves raras são para colecionadores europeus.

De fato, estamos extinguindo espécies não apenas porque precisamos de espaço e comida, mas também para nos exibirmos uns aos outros. A grande crise na conservação dos felinos pintados a partir da década de 1960, quando milhões foram mortos para fazer casacos de pele, teve início com a aparição de Jacqueline Kennedy usando um casaco de leopardo, o que gerou um modismo incontrolável. As populações de tubarões-brancos *Carcharodon charcharias* foram dizimadas nas décadas de 1970-80 após a estreia do filme *Jaws* (Tubarão) por pescadores querendo mostrar o quanto eram machos.

Nosso modo de vida também causa sérios danos colaterais à biodiversidade. Populações de borboletas e abelhas, importantes economicamente por causa de seus serviços como polinizadores, declinaram em até 95% na América do Norte e Europa como resultado de práticas agrícolas intensivas, espécies invasivas e uso de pesticidas. O uso generalizado de iluminação noturna não apenas resulta no fato de parte considerável da humanidade nunca ter visto a Via Láctea, mas também na extinção local de vaga-lumes (impedidos de comunicar-se para reproduzir) e insetos noturnos mortos aos bilhões ao serem atraídos para lâmpadas, especialmente nas proximidades de áreas naturais.

O Cristo Redentor, no Rio de Janeiro, causou uma hecatombe entre insetos como mariposas e besouros após sua inauguração, no Parque Nacional da Tijuca, e edifícios mantidos iluminados durante a noite matam pelo menos 100 milhões de aves migratórias na América do Norte a cada ano, com um número muito maior se ferindo no processo. Colisões com linhas de transmissão

A atual crise da Biodiversidade

FIGURA 2.1 – A Grande Alca *Pinguinus impennis* era uma ave marinha não voadora que vivia no Atlântico Norte, da Inglaterra à Terra Nova. Foi caçada por seus ovos, óleo e penas, tornando-se, ao final, espécimes de museu, como este no American Museum of Natural History. Os últimos exemplares foram mortos em 1844.

FIGURA 2.2 – Um ribeirinho de Rondônia com um mutum-cavalo *Pauxi tuberosa* abatido. A caça e exploração direta têm extinguido populações de espécies de vários grupos, de plantas a tigres, mesmo em áreas onde o habitat está conservado.

FIGURA 2.3 – A destruição de habitats é uma das maiores causas de extinção de espécies e degradação de ecossistemas. Aqui, a floresta amazônica no sudoeste do Amazonas (Boca do Acre) foi substituída por pastagens degradadas, formadas com capins africanos.

(tópico não estudado no Brasil) são a principal causa do declínio de grous e aves de rapina na África do Sul e partes da Ásia e Europa, enquanto turbinas eólicas "verdes" já estinguiram populações de águias na Escandinávia e estão levando abutres espanhóis lenta, mas seguramente, à extinção. Hidrelétricas igualmente "verdes" estão entre as principais causas de extinção de espécies aquáticas, de moluscos no rio Paraná a esturjões na China.

É importante lembrar que, embora muitos economistas e políticos considerem o meio ambiente como uma externalidade à economia que sustenta as sociedades humanas, na realidade esta não passa de ecologia humana aplicada. A base matemática da economia e da ecologia é a mesma, com ambas estudando sistemas de oferta e demanda, de competição e cooperação, e ambas mostrando sistemas dinâmicos pontuados por colapsos e instabilidades. Não existe um "equilíbrio da Natureza".

O vínculo estreito entre a economia humana e a ecologia planetária apenas agora começa a ser reconhecido. No entanto, a maior parte de governos e agentes econômicos continua a ignorar a existência de limites físicos para a expansão da população humana e sua demanda por recursos, isso se pretendemos nos manter em um Planeta que valha a pena ser habitado.

Em 2010 o Brasil havia cumprido, com algum grau de sucesso, apenas duas das 51 metas para conservação da biodiversidade que o governo, por meio da Comissão Nacional de Biodiversidade, havia definido em 2006. O Brasil apenas reflete o desempenho mundial; nenhuma das 21 metas estipuladas pela Convenção sobre Diversidade Biológica, lançada em 1992, foi cumprida inteiramente ou mesmo de forma satisfatória. Obviamente, precisamos fazer melhor.

Pressões maiores sobre os ecossistemas e o aprofundamento da crise ambiental e do processo de extinção em massa iniciado por nossos ancestrais são previsíveis. A possibilidade de termos capacidade de enfrentar esse desafio – fruto de uma peculiar combinação de irresponsabilidade econômica e exuberância reprodutiva – é mais que incerta. Tudo indica que passaremos para a história da Terra como a espécie supostamente inteligente que deliberadamente causou a sexta grande extinção na história da vida neste planeta.

Há muito tempo, os humanos têm causado extinções, empobrecido a diversidade da vida neste Planeta e roubado gerações futuras das oportunidades e beleza que essa diversidade poderia proporcionar. Independentemente de ideologias, credos e tecnologia, os humanos sempre foram uma má notícia para os ecossistemas a que chegavam.

Literatura recomendada

BARGHINI, A. 2010. *Antes que os vaga-lumes desapareçam ou a influência da iluminação artificial sobre o ambiente*. São Paulo: AnnaBlume/Fapesp.

BARNORSKY, A. D., P. L. KOCH, R. S. FERANEC, S. L. WING, A. B. SHABEL. 2004. Assessing the cause of late Pleistocene extinctions on the continents. *Science*, 306: 70-75.

BROOK, B. W., D. M. J. S. BOWMAN. 2002. Explaining the Pleistocene megafaunal extinctions: Models, chronologies and assumptions. *PNAS* 2002 99:14624-14627.

DIAMOND, J. 1989. The present, past and future of human-caused extinctions. *Phil. Trans. R. Soc.* 325: 469-477.

DIAMOND, J. 2005. *Colapso*: como as sociedades ecolhem o fracasso ou o sucesso. Rio de Janeiro: Record.

IUCN Red List. Disponível em: <http://www.iucnredlist.org/>.

JOHNSON, C. 2006. *Australia's mammal extinctions, a 50,000 year history*. Cambridge University Press.

MITHEN, S. J. 2007. *Depois do gelo*: uma história humana global 20.000-5.000 AC. Imago.

STEADMAN, D. W. 1995. Prehistoric extinctions of Pacific Island birds: biodiversity meets zooarcheology. *Science*, 267: 1123-1131.

TURVEY, S. 2009. *Holocene extinctions*. Oxford University Press.

3. Os grandes biomas brasileiros

O "ecossistema" tem sido usualmente definido como o total de componentes de um ambiente imediato ou habitat reconhecível, incluindo as partes inorgânica e morta do sistema e os vários organismos que nele vivem. O ecossistema também tem sido definido como o "sistema ecológico de um lugar", embutindo aí a preocupação quanto aos processos históricos que definem um "lugar". Algumas abordagens veem os ecossistemas em termos funcionais, por meio de fluxos de entrada e saída de energia e nutrientes, tratando de ciclos de elementos como nitrogênio, fósforo, carbono e cálcio e de como biomassa é consumida, acumulada ou exportada. Essa visão da funcionalidade dos ecossistemas é importante para a compreensão de seu funcionamento e, especialmente, do fato de que, em última análise, os ecossistemas não são sistemas fechados, sempre dependendo de, ou sustentando, outros ecossistemas. Ciclos como os do carbono e do cálcio-carbonato, que afetam nossa atmosfera como um todo, são exemplo de que, na realidade, o metabolismo de um dado ecossistema é apenas parte de um metabolismo planetário.

Uma visão complementar entende os ecossistemas em termos evolutivos, resultando em uma abordagem necessariamente histórica que vê esses sistemas como resultado de interações múltiplas entre diferentes organismos e de variáveis ambientais sempre mutáveis ao longo do tempo. Essa visão dá mais ênfase aos processos que levaram os ecossistemas a terem as comunidades bióticas que hoje apresentam, e como riqueza, diversidade e sistemas como polinização, dispersão, mutualismos etc. surgiram, são mantidos e podem mudar.

Outras definições estão disponíveis e o termo "ecossistema" já foi aplicado às escalas espaciais mais diversas, indo da local (como o ecossistema de determinada lagoa) à mais ampla (como o ecossistema do Pantanal). Dessa forma, é comum que as grandes unidades ambientais tratadas a seguir, que correspondem aos grandes biomas brasileiros sejam também chamadas de "ecossistemas".

Uma definição de bioma, utilizada em mapas do IBGE e adotada por instituições oficiais, afirma que:

"bioma é um conjunto de vida (vegetal e animal) constituído pelo agrupamento de tipos de vegetação contíguos e identificáveis em escala regional, com condições geoclimáticas similares e história compartilhada de mudanças, o que resulta em uma diversidade biológica própria."

Essa definição concorda com as unidades tratadas a seguir, embora deva ser ressaltada a inadequação de se considerar apenas tipos de vegetação contíguos como parte de um bioma, já que isso obscurece relações biogeográficas e históricas importantes, e causa problemas nomenclaturais desnecessários quando se trata de enclaves ou relictos como as manchas de Cerrado na Amazônia ou de Mata Atlântica na Caatinga.

3.1 O cerrado

"O que queremos conservar? O Cerrado de hoje, com uma fauna incompleta cheia de nichos vagos e que é reflexo direto da grande onda de extinção do início do Holoceno ou tentar recriar um ecossistema que coevoluiu por milhões de anos com uma grande diversidade e biomassa de megaherbívoros ?"

Mauro Galetti, biólogo brasileiro

O Cerrado é o segundo maior bioma sul-americano, com uma área original de aproximadamente 2.045 milhões de km^2 que inclui a região central do Brasil, São Paulo, Paraná, nordeste do Paraguai, leste da Bolívia e pequena parte do Peru. Áreas de Cerrado isoladas na Amazônia, como os do Amapá, de Humaitá (Amazonas) e de Monte Alegre (Pará) e na Mata Atlântica, como os pequenos remanescentes no litoral do nordeste, entre o Recôncavo Baiano e o Rio Grande do Norte, são resultado da expansão da floresta nos últimos 4 mil anos, durante o atual ciclo de clima úmido.

De modo geral, o Cerrado está associado a climas com cinco a seis meses (às vezes oito) de deficiência hídrica, resultante de precipitações concentradas no período de primavera-verão e altas temperaturas, com baixa umidade durante o período seco (correspondente ao período outono-inverno). Os cerrados ocorrem sobre grande diversidade de solos, desde rasos e pedregosos, passando por solos profundos e estruturados, com áreas importantes crescendo sobre solos arenosos de baixa fertilidade (como no leste do Tocantins).

Em grande parte de sua área, o Cerrado ocorre como um mosaico de habitats que pode ser classificado em três categorias principais de formações vegetais: savânicas, campestres e florestais. As primeiras são exemplificadas pelo cerrado sentido restrito e pelas veredas (estas dominadas por buritis), as segundas pelos campos limpos e campos rupestres, e as terceiras pelas matas de galeria, matas secas e cerradões.

A heterogeneidade dos diferentes tipos de vegetação que compõem o Cerrado é óbvia, indo de florestas a campos com apenas alguns arbustos esparsos, implicando grande complexidade de habitats nas diferentes escalas espaciais. Essa heterogeneidade, por sua vez, está associada a fatores como tipo de solo, disponibilidade de água e ocorrência de perturbações naturais.

Características de espécies e ecossistemas atuais refletem as pressões evolutivas passadas. A fisionomia dos cerrados mais densos e dos cerradões mostra uma semelhança surpreendente com as savanas guineenses do oeste da África (Nigéria, Guiné etc.), incluindo adaptações para resistir ao fogo e à herbivoria, como a casca suberosa e folhas coriáceas de muitas espécies. Essa convergência com uma formação situada do outro lado do Atlântico merece maiores estudos, mas há um paralelo óbvio nas pressões evolutivas que moldaram ambos os ecossistemas: o fogo e a megafauna.

A flora do Cerrado é uma das mais ricas dentre as savanas tropicais, com um total estimado de 10 mil espécies de plantas vasculares, das quais 4,4 mil seriam endêmicas. Curiosamente, há poucos gêneros de plantas endêmicas do Cerrado, a maioria tendo origem em biomas vizinhos como a Amazônia e a Mata Atlântica. Por exemplo, de 121 plantas lenhosas dominantes no Cerrado, 99 pertencem a gêneros que ocorrem principalmente em florestas úmidas.

As plantas do Cerrado, especialmente nas formações não florestais, comumente mostram casca espessa e suberosa, folhas grossas e coriáceas, e xilopódios que permitem uma rápida rebrota quando as partes aéreas são destruídas. Todas essas características são consideradas adaptações à ocorrência frequente de incêndios, e de certa forma podem ser consideradas características diagnósticas daquelas comunidades vegetais. Outra característica é a dominância de gramíneas entouceiradas que recobrem o solo e dominam o estrato herbáceo. Essas, gramíneas, que constituem pastos naturais utilizados pela pecuária extensiva e das quais dependem um grande número de espécies animais, têm sido gradualmente excluídas por gramíneas africanas introduzidas em pastagens cultivadas e para a contenção de taludes em obras como ferrovias e rodovias. Esse fenômeno ameaça mesmo áreas protegidas como o Parque Nacional das Emas, e evidencia a superioridade competitiva das espécies invasoras em comparação às nativas.

Estudos recentes mostram que a origem do Cerrado coincidiu com a ascensão global das gramíneas e o surgimento dos primeiros grandes ecossistemas de savanas e pradarias, entre 4-8 milhões de anos atrás. Dominadas por gramíneas – que são resistentes ao fogo, e que criam as condições para a ocorrência de incêndios, eliminando, assim, plantas competidoras –, as savanas criaram um ambiente evolutivo com intensas pressões seletivas, favorecendo as adaptações ao fogo que hoje caracterizam a flora do Cerrado e que teriam, assim, resultado em um intenso processo de especiação que explicaria a enorme riqueza da flora do Cerrado. Aparentemente, o surgimento do Cerrado foi relativamente rápido, se comparado ao de outros biomas, com a diversificação da maior parte da flora tendo ocorrido a partir de 4 milhões de anos atrás.

Incêndios com periodicidade maior tendem a reduzir a altura da vegetação, matar plântulas e eliminar espécies sensíveis, favorecendo arbustos e gramíneas, e a reprodução vegetativa. A maior dominância de gramíneas retroalimenta novos incêndios e diminui drasticamente a sobrevivência de plântulas de espécies lenhosas. O fogo é o grande fator de perturbação que gera e mantém mosaicos de diferentes fitofisionomias no Cerrado, sendo fundamental para a manutenção do ecossistema.

Onde as fisionomias de campos não são determinadas por fatores edáficos ou condições especiais de solo (como nos cerrados rupestres e campos úmidos de veredas), a inibição do fogo resulta na evolução sucessional até fisionomias mais fechadas, podendo culminar com cerradões praticamente florestais, como observado em áreas protegidas em São Paulo onde não ocorrem incêndios há décadas.

O fogo, junto com as características do solo, é hoje o grande fator que molda o mosaico dos habitats que compõem o Cerrado, com reflexos não apenas na composição da vegetação, mas também das comunidades animais. Algumas das adaptações ao fogo, como cascas e folhas grossas e suberosas, pouco nutritivas, também tornam as plantas pouco atraentes para grandes herbívoros. A capacidade de rebrota e o crescimento subterrâneo, além de úteis para lidar com o fogo, também servem para sobreviver ao pastejo intensivo. A herbivoria com toda a probabilidade foi uma pressão seletiva importante na evolução do Cerrado.

Hoje a herbivoria tem pouca importância nas savanas da região Neotropical em virtude da pequena biomassa de grandes mamíferos (exceto o gado doméstico). Nem sempre foi assim. Pelo menos 43 espécies da megafauna (mamíferos com massa corporal superior a 10 kg) desapareceram do Cerrado e outras formações no final do Pleistoceno e início do Holoceno, incluindo mastodontes, preguiças-gigantes, toxodons e cavalos.

Essa fauna, certamente, tinha uma influência sobre a dinâmica da vegetação similar à que elefantes, rinocerontes, hipopótamos, zebras e antílopes têm sobre as atuais savanas africanas, definindo padrões de sucessão vegetal e os padrões espaciais dos tipos de vegetação, e influenciando o acúmulo de biomassa vegetal que alimenta incêndios. De fato, a redução ou extinção da megafauna é comumente associada a um aumento na frequência e intensidade de incêndios, tanto hoje como no registro paleontológico.

No Cerrado os ecos da megafauna extinta são mais visíveis no grande número de espécies de plantas que apresentam frutos de grande porte, cheiro forte e cor amarronzada ou amarelada (nunca vermelha), alguns com grandes sementes que a maior parte dos animais atuais não pode engolir e dispersar por endozoocoria. Esse conjunto abarca um número surpreendente de espécies, que inclui a maior parte das palmeiras (por exemplo. o buriti *Mauritia flexuosa* e o babaçu *Attalea speciosa*), pequis *Caryocar brasiliense* e *C. coriaceum*, baru *Dipteryx alata*, baquete *Pouteria ramiflora*, jatobás *Hymenaea* spp., bacuri *Peritassa campestris*, a mangaba *Hancornia speciosa* etc.

Algumas, como o baru, encontraram dispersores alternativos no gado doméstico. Outras, como a fruta-de-lobo e o buriti, sobrevivem com dispersores secundários como canídeos, macacos, antas e araras. Algumas espécies como pequi, mangaba e babaçu, podem ter encontrado nos humanos seus dispersores alternativos e aumentado, assim, sua área de distribuição.

A extinção da megafauna deixou grande número de espécies "órfãs" de interações ecológicas como a dispersão de sementes, consumo de biomassa e criação de micro-habitats, de modo que os Cerrados atuais mostram desequilíbrios resultantes da ausência dos mega-herbívoros. Esses desequilíbrios poderiam ser parcialmente sanados com manejo, que pode incluir a introdução de análogos ecológicos da megafauna (o *rewilding*).

Durante o último 1,6 milhão de anos, conforme as glaciações se repetiram, o Cerrado tem experimentado ciclos climáticos com clima frio e úmido seguido por frio e seco e depois por quente e úmido, os quais influenciaram a extensão das savanas. Estas se expandem sob condições mais secas, cedendo lugar a florestas quando a pluviosidade aumenta. Essa dança entre Cerrado e floresta, se expandindo e contraindo de forma alternada, explica os enclaves do primeiro que hoje estão isolados em meio à Amazônia e à Mata Atlântica, lembretes de que ecossistemas são extremamente dinâmicos ao longo do tempo.

A composição (e provável fisionomia) das savanas do Brasil Central era distinta durante parte do Pleistoceno em virtude do clima mais frio e úmido, com frequência maior de árvores de climas mais frios e redução de espécies como o buriti *Mauritia flexuosa* e típico das veredas. Essas condições persistiram até 21-22 mil anos atrás, quando começaram a vigorar climas mais secos que resultaram em um período mais árido. Essa fase durou, com diferenças regionais, até 7-10 mil anos atrás. Depois disso, seguindo uma tendência de aquecimento global, o clima começou a se tornar novamente mais úmido, mas também mais quente, favorecendo a expansão recente das florestas em áreas do Cerrado, como no interior de São Paulo e partes de Rondônia e Amazonas, dando origem a enclaves isolados.

A fauna do Cerrado mostra uma das maiores riquezas de espécies dentre as formações savânicas do mundo, embora hoje não existam os megamamíferos que caracterizam as savanas na África e na Eurásia. Vários grupos de invertebrados mostram altos níveis de riqueza e endemismo no Cerrado. Um único hectare de Cerrado pode ter 130 espécies de formigas, enquanto riquezas locais de comunidades de abelhas chegam a 114-196 espécies, estas constituindo os agentes de polinização para 20-30% das plantas em uma dada localidade.

Os cupins são um grupo especialmente importante no Cerrado, tanto em virtude da riqueza de espécies – com cerca de 150-200 táxons (50% endêmicos) presentes nas formações abertas –, como pela abundância, já que até 1.800 colônias já foram registradas em um único hectare, a maioria sendo subterrânea.

Capazes de digerir celulose, os cupins consomem enormes quantidades de matéria vegetal e são, de longe, os herbívoros mais importantes no Cerrado, refletindo o que também acontece nas savanas africanas. Sua grande biomassa (15-20 kg/ha) também permite que os cupins sejam um importante recurso utilizado por predadores que incluem tamanduás, raposas, roedores, marsupiais, lagartos, serpentes fossoriais, aves e outros insetos, além de ter um importante papel na ciclagem de nutrientes do Cerrado e na produtividade do ecossistema. Os cupins também alteram a própria paisagem, criando os "campos de murunduns" típicos de algumas regiões.

A fauna de vertebrados do Cerrado apresenta níveis consideráveis de riqueza e endemismo. Estudos recentes registraram 96 espécies de roedores e marsupiais para o bioma, dos quais 22 endêmicos, boa parte sendo exclusiva de formações abertas. Esses números não são absolutos, pois novas espécies continuam a ser descritas. Dentre os mamíferos maiores, apenas a raposa-do--campo *Dusicyon vetulus* pode ser considerada endêmica do Cerrado. Essa espécie mostra interessantes paralelos com raposas das savanas africanas por ter uma dieta baseada em insetos, especialmente cupins.

Muitas espécies de mamíferos endêmicos do Cerrado permanecem pouco conhecidas, incluindo algumas até hoje encontradas em uma única localidade. Desses mamíferos o mais notório é o roedor *Juscelinomys candango*, conhecido apenas a partir de oito exemplares capturados na área do atual jardim zoológico de Brasília (e atual Santuário de Vida Silvestre Riacho Fundo). A espécie pode perfeitamente estar extinta, mas espécies do mesmo gênero ainda existem no Cerrado da Bolívia.

Cerca de 85% dos mamíferos do Cerrado têm massas corpóreas inferiores a 5 kg e apenas cinco espécies têm massas superiores a 50 kg, um notável contraste com a riqueza de espécies de grande porte nas savanas africanas. Essa diferença se deve à relativamente recente extinção em massa da megafauna, sendo mais um artefato do que uma característica natural. Hoje os maiores animais nas savanas são os veados-campeiros *Ozotocerus bezoarticus*, queixadas *Tayassu pecari* e as ocasionais antas *Tapirus terrestris*. Embora haja registros históricos, alguns com menos de 50 anos, de centenas de veados e queixadas podendo ser observados ao longo de um dia em partes de Goiás e Mato Grosso, com a caça e a destruição de habitats, hoje, os números são muito menores, mesmo em áreas protegidas.

As estimativas quanto ao total de espécies de aves no Cerrado chegam a 856, com pelo menos 30 endêmicas, incluindo espécies típicas das savanas, como o papagaio *Alipiopsitta xanthops*, o tapaculo-de-colarinho *Melanopareia torquata* e o mineirinho *Charitospiza eucosma*. O número de endemismos aumenta para mais de 40 se considerarmos endêmicas aves restritas tanto à "área-core" do Cerrado no Brasil Central como às savanas isoladas da Amazônia (como as de Marajó e Amapá) e outros enclaves como os do nordeste brasileiro. Entre essas aves, são notáveis a bandoleta *Cypsnagra hirundinacea* e o beija-flor *Heliactin bilopha*.

Até recentemente, acreditava-se que o Cerrado teria uma herpetofauna com baixos níveis de riqueza e endemismo, sem caráter próprio e mais similar à Caatinga do que qualquer outro bioma. Essa avaliação, incorreta, se deve a amostragens e análises inadequadas. Novos estudos já elevaram o número de espécies de lagartos do bioma a 73 em 2006, sendo 33 endêmicas. O número de espécies de anfíbios já supera 150 (e estudos taxonômicos revelam mais espécies a cada ano), das quais pelo menos 28% são endêmicas.

É importante notar que muitos endemismos do Cerrado estão associados não às formações abertas, mas às matas de galeria (como o soldadinho *Antilophia galeata*) e veredas (como vários peixes do gênero *Melanorivulus*, capazes de viver em campos úmidos), habitats bastante distintos e de caráter mais florestal, mas intimamente associados às savanas adjacentes.

O Cerrado é um dos mais heterogêneos dos grandes ecossistemas brasileiros. Sua diversidade de paisagens pode ser avaliada pelas suas 22 ecorregiões[1] que mostram enorme diversidade de fisionomias e composição de espécies. Embora consideradas parte de um mesmo conjunto, algumas ecorregiões apresentam particularidades associadas a histórias evolutivas distintas que devem ser enfatizadas. O ponto principal é que, se o objetivo é conservar a

---

1 Entende-se por ecorregião um conjunto de comunidades naturais, geograficamente distintas, que compartilham a maioria das suas espécies, dinâmicas e processos ecológicos, e condições ambientais similares, que são fatores críticos para a manutenção de sua viabilidade em longo prazo

totalidade da biodiversidade do Cerrado, uma ecorregião não pode substituir outra e amostras viáveis de todas as 22 ecorregiões devem ser conservadas. Infelizmente, não é o que tem ocorrido.

Dentre as ecorregiões, a do "Vão do Paranã" é uma das mais singulares e ameaçadas. Essa ecorregião é formada por florestas estacionais decíduas ou "matas secas" que crescem sobre uma estreita faixa de solos derivados de calcário e afloramentos dessa rocha no nordeste de Goiás e sudeste do Tocantins, a oeste da Serra Geral. Formações praticamente idênticas ocorrem sobre solos similares, derivados do mesmo calcário da formação Bambuí, a leste da Serra Geral, mas é considerada parte da Caatinga.

"Matas secas" como as do Vão do Paranã formam um arco que cruza a América do Sul entre a Caatinga e o Chaco, supostamente representando os remanescentes de uma conexão entre esses biomas durante períodos mais áridos no Pleistoceno.

O Planalto Goiano, com mais de 1.000 m de altitude resulta em precipitações comparativamente baixas, entre 800 e 1.100 mm, nas depressões ao norte, situadas a cerca de 300 m de altitude, com chuvas concentradas em um período de 5 meses. A longa estação seca e o solo derivado de calcário parecem ser as condições determinantes para a ocorrência das matas secas.

As "matas secas" do Vão do Paranã compartilham várias espécies arbóreas com as Caatingas arbóreas, incluindo as dominantes *Myracrodruon urundeuva* (aroeira), *Schinopsis brasiliensis* (braúna), *Cavanillesia arborea* (barriguda), *Amburana cearensis* (cerejeira), *Aspidosperma pyriflorum* e *Tabebuia impetiginosa* (ipê-roxo). No entanto, essas florestas também possuem elementos oriundos dos tipos vegetacionais adjacentes, o que as torna especialmente singulares em termos de composição florística.

As afinidades com a Caatinga também se revelam na fauna, que inclui lagartos (os lagartos *Lygodactylus klugei* e *Briba brasiliana*) e aves (o carretão *Compsothraupis loricata*) que já foram considerados restritos à Caatinga como, um mocó endêmico (*Kerodon acrobata*) e a Maria-preta-do-São Francisco (*Knipolegus franciscanus*), ave associada às matas secas em ambos os lados da Serra Geral. O periquito *Pyrrhura pfrimeri* é um verdadeiro endemismo das Florestas Deciduais do Vão do Paranã, ocorrendo em uma estreita faixa entre Iaciara (GO) e Dianópolis (TO), sendo considerado gravemente ameaçado de extinção em decorrência da perda de seu habitat.

A extração de madeira (especialmente a aroeira) e a concomitante implantação de pastagens a partir dos anos 1970 têm resultado na drástica redução das matas secas, que hoje são um dos ecossistemas mais ameaçados no Brasil. Em 1999 restavam menos de 6% da área de floresta, comparados a 16% em 1990. Apenas um parque estadual protege parte dessa ecorregião.

A ecorregião Vão do Paranã é representativa do que ocorre no bioma. O Cerrado é um dos biomas brasileiros com maior índice de destruição atual, perdendo cerca de 2 milhões de hectares a cada ano. A degradação, inexpressiva até a década de 1960, acelerou seu passo com o advento da agricultura mecanizada e de programas de pecuária extensiva que rapidamente ocuparam o Brasil Central e hoje conquistam as últimas fronteiras do Cerrado no sul do Maranhão e do Piauí.

As estimativas do Ministério do Meio Ambiente são de que 48,8% da área original do Cerrado (conforme definido pelo IBGE, ou seja, excluindo enclaves na Amazônia) já foram perdidos até 2008, equivalentes às áreas de Mato Grosso e de Santa Catarina somadas. O restante apresenta alto índice de fragmentação, principalmente na metade sul do bioma, especialmente em Goiás, Mato Grosso do Sul, Minas Gerais e São Paulo (onde restam apenas 2% da área original do Cerrado). As áreas mais extensas que ainda perduram, onde remanescentes ecologicamente viáveis ainda podem ser conservados, estão no leste e sul do Tocantins, norte de Goiás e partes do Piauí e do Maranhão.

O fim anunciado do Cerrado é resultado de políticas antagônicas. Em 2007, as unidades de conservação de proteção integral representavam apenas 2,76% da área original do Cerrado, e a ampliação desse porcentual se dá de forma extremamente lenta. Isso reflete o fato de as políticas de conservação no Brasil terem se concentrado na Amazônia, relegando os demais biomas ao segundo plano.

Enquanto isso, o Ministério da Agricultura trabalha com uma perspectiva de utilização de aproximadamente 100 milhões de hectares adicionais para a expansão da agricultura, especialmente da cana de açúcar e grãos. Entre 2002 e 2008, o desmatamento no Cerrado foi intenso no oeste da Bahia e prosseguiu em estados que tradicionalmente desmatam muito, como Mato Grosso, Tocantins e Goiás.

A deficiência do sistema de áreas protegidas no Cerrado se reflete tanto no número como na organização espacial e tamanho das áreas protegidas. A má distribuição geográfica indica uma limitada representatividade da heterogeneidade regional do bioma, algumas fisionomias, como campos limpos, campos rupestres e as florestas decíduas, sendo muito mal representados nas atuais unidades, além de ser necessário representar as diferentes unidades biogeográficas reconhecidas dentro do bioma, como o Cerrado Norte, do Maranhão, Piauí e Tocantins.

Literatura recomendada

Arruda, M. B., C. E. B Proença, S. C. Rodrigues, R. N. Campos, R. C. Martins, E. S. Martins. 2008. Ecorregiões, unidades de conservação e representatividade ecológica do bioma cerrado. p. 229-272. In: S. M. Sano, S. P. Almeida (eds.). *Cerrado*: ambiente e flora. Brasília, DF. Embrapa Cerrados, Embrapa Informação Tecnológica. 2v., 1279p.

Dublin, H. T. 1995. Vegetation dynamics in the Serengeti-Mara ecosystem: the role of elephants, fire and other factors. p. 71-90. In: A.R.E. Sinclair & P. Arcese (eds.) *Serengeti II: dynamics, management and conservation of an ecosystem*. Chicago: The University of chicago Press.

Guimarães, P., M. Galetti P. Giordano. 2008. Seed dispersal anachronisms: rethinking the fruits extinct megafauna ate. *PLoS One* 3(3) e1745: 1-13. Disponível em: <http://www.plos.org>.

Oliveira, P. S. & R. J. Marquis (eds.). 2002. *The Cerrados of Brazil:* Ecology and Natural History of a Neotropical Savannas. New York: Columbia University Press.

Oliveira-Filho, A. T. 1992. Floodplain "murunduns" of Central Brazil: evidence for the termite origin hypothesis. *Journal of Tropical Ecology* 8: 1-19.

Pinto, M. N. (org.). 2003. *Cerrado: caracterização, ocupação e perspectivas*. 2 ed. p. 607-663. Brasília: Editora Universidade de Brasília.

Sano, S.M. & S. P. Almeida (eds.). 2008. *Cerrado*: ambiente e flora. Brasília, DF. Embrapa Cerrados, Embrapa Informação Tecnológica. 2v., 1279p.

Scariot, A., J. C. Sousa-Silva, J. M. Felfili (orgs.). 2005. *Cerrado*: ecologia, biodiversidade e conservação. MMA: Brasília.

FIGURA 3.1 – Plantação de algodão em antiga área de Cerrado sobre solo arenoso em São Desidério, no oeste da Bahia. Uma das culturas com maior demanda por agrotóxicos e potencial erosivo, hoje substitui o Cerrado nativo nas áreas de recarga dos afluentes da margem esquerda do rio São Francisco.

FIGURA 3.2 – As formações campestres, como os campos do Jalapão, estão entre as formações mais ricas em endemismos no Cerrado, e entre as que mais perderam área para a agropecuária.

FIGURA 3.3 – Os peixes do gênero Melanorivulus ocorrem apenas nos brejos de veredas e campos úmidos do Cerrado, possuindo adaptações para sobreviver à seca. Muitas espécies desse grupo estão ameaçadas de extinção.

FIGURA 3.5 – As Matas Secas do sudeste do Tocantins e nordeste de Goiás são muito similares às encontradas no oeste da Bahia e noroeste de Minas Gerais, tão ameaçadas quanto aquelas. As grandes barrigudas Cavanillesia arbórea, são características destas matas.

FIGURA 3.4 – Um veado-campeiro Ozotoceros bezoarticus em uma plantação estabelecida sobre Cerrado em Mato Grosso do Sul.

Owen-Smith, R. N. 1988. *Megaherbivores: the influence of very large body size on ecology*. Cambridge: Cambridge University Press.

Pivello, V. R., S. T. Meirelles. 1999. Alien grasses in Brazilian savannas: a threat to biodiversity. *Biodiversity & Conservation* 8:1281-1294

Prado, D. E. 2000. Seasonally dry forests of tropical South America: from forgotten ecosystems to a new phytogeographic unit. *Edinburg Journal of Botany* 57: 437-461.

Sano, E. E. (coord.). 2007. *Levantamento dos remanescentes de cobertura vegetal do bioma Cerrado*. Disponível em: <http://www.mma.gov.br/probio>.

du Toit, J. T. 2003. Large herbivores and savanna heterogeneity. Pp. 292-309 In: J.T. du Toit, Rogers, K. H. & H. C. Biggs (eds.) 2003. *The Kruger experience: ecology and management of savanna heterogeneity*. Washington: Island Press.

Wood, T. G. & W. A. Sands. 1978. The role of termites in ecosystems. Pp. 242-292. In: M. V. Brian (ed.) *Production ecology of ants and termites*. Cambridge: Cambridge University Press.

O cerrado como fonte de água

O Cerrado é o principal responsável pela produção hídrica de algumas das mais importantes bacias hidrográficas brasileiras. A bacia do São Francisco depende, hidrologicamente, do Cerrado, que abrange apenas 47% de sua área, mas responde por 94% da água que por ela flui. Essa bacia é originária, em boa parte, dos afluentes (ainda) perenes que fluem dos chapadões do oeste de Minas Gerais e oeste da Bahia, o antigo "Grande Sertão".

Apesar disso, os municípios do oeste da Bahia, como São Desidério, Luis Eduardo Magalhães e Correntina, onde nascem os principais afluentes do São Francisco, são os que mais desmataram na área do bioma desde 2002. É evidente que há políticas conflitantes que por um lado incentivam a destruição daquela região e, por outro, pregam a revitalização da Bacia do São Francisco. Os resultados são previsíveis.

No caso da bacia do Araguaia – Tocantins, o Cerrado abrange 78% da bacia e responde por 71% de sua produção hídrica, apesar da contribuição da porção amazônica da bacia. Outros importantes afluentes do Amazonas, como o Guaporé, Juruena, Teles-Pires e Xingu têm todos nascentes situadas no Cerrado, e todos sofrem os impactos dos desmatamentos para a expansão da agropecuária.

Estudos de campo demonstraram que a habilidade das árvores e arbustos do Cerrado em tamponar, durante a estação seca, a água armazenada no solo pode ser crítica para a manutenção do ciclo hídrico. Em 1998, 49% da bacia do rio Tocantins havia sido convertida em áreas de plantio e pastagens, aumentando a descarga do referido rio em 24%. Essa tendência coincide com o aumento das cheias em áreas como Marabá, enquanto que lençóis freáticos que alimentam a vazão de afluentes se tornam cada vez mais depauperados, o que deve levar à perda de nascentes.

Há uma percepção popular de que a vegetação natural afeta climas regionais, e essa percepção é confirmada por simulações que modelaram a conversão do cerrado natural em pastagens plantadas e mostraram que a precipitação pode ser reduzida em pelo menos 10%, os veranicos podem se tornar mais frequentes e a temperatura média do ar superficial pode aumentar em 0,5 ºC, com grandes implicações para a agricultura e o fornecimento de água.

Embora a porção mais vocal do agronegócio despreze o Cerrado, considerando-o mera área de expansão, é óbvio que essa visão é equivocada e a perda do Cerrado representa a perda dos próprios sistemas climáticos e hidrológicos que sustentam as atividades econômicas.

Literatura recomendada

Costa, M. H., A. Botta, J. Cardille. 2003. Effects of large-scale changes in land cover on the discharge of the Tocantins River, southeastern Amazonia. *Journal of Hydrology* 283: 206-217.

Hoffmann, W. A., R. B. Jackson. 2000. Vegetation-climate feedbacks in the conversion of tropical savanna to grassland. *Journal of Climate* 13: 1593-1602.

Lima, J. E. F. W. & E. M. Silva. 2005. Estimativa da produção hídrica superficial do Cerrado brasileiro. p. 61-72. In: A. Scariot, J. C. Sousa-Silva, J. M. Felfili (orgs.) *Cerrado*: ecologia, biodiversidade e conservação. Brasília: Ministério do Meio Ambiente.

Os campos rupestres: bioma próprio

A Cadeia do Espinhaço, o antigo maciço que corta os estados de Minas Gerais e Bahia no sentido norte-sul, abriga um dos ecossistemas mais particulares do Brasil: os Campos Rupestres. Conforme a região onde ocorrem, os Campos Rupestres têm sido considerados parte do Cerrado (em Minas Gerais) ou da Caatinga (na Bahia), embora sua biota seja bastante distinta. Na realidade, as diferenças marcantes na história evolutiva, ecologia e composição de sua biota justificariam sua classificação como um bioma distinto.

Exemplos bem conhecidos de Campos Rupestres são encontrados nos parques nacionais da Serra do Cipó (MG) e Chapada Diamantina (BA), onde há zonas de contato com áreas mostrando vegetação típica de Cerrado (como os Gerais de Mucugê), Mata Atlântica e Caatinga. Como seu nome indica, a vegetação dominante é baixa, dominada por plantas herbáceas e arbustos.

Os Campos Rupestres ocorrem em altitudes entre 700 e 2.000 m, formando um arquipélago de áreas disjuntas separadas por terrenos mais baixos. Os Campos crescem sob condições particulares de solos rasos e litólicos, pobres em nutrientes e ácidos, com muitos afloramentos rochosos, comumente de quartzito, arenito e conglomerados. As condições locais de drenagem, declividade, solo e fogo criam um mosaico de tipos vegetacionais. Os Campos Rupestres experimentam flutuações diárias extremas com relação à temperatura, insolação e disponibilidade hídrica, o que, juntamente com a pobreza de nutrientes, caracteriza um habitat hostil que levou à evolução de uma flora com características singulares.

Muitas plantas e liquens mostram adaptações especiais para capturar a umidade condensada a partir da neblina e orvalho, que são fontes importantes de água nesse ambiente. Ao mesmo tempo, folhas pequenas, cobertura de cera ou estruturas reflexivas, arquitetura em rosetas, bulbos etc. são adaptações para conservar água. Associações de plantas com cupins, formigas e aranhas também ajudam a obter nutrientes escassos.

A riqueza local da flora dos Campos Rupestres é extremamente alta. Por exemplo, a flora do Pico das Almas, na Chapada Diamantina, inclui 1.044 espécies, e a de Catolés, a 80 km, 1.713. Cerca de 1.590 espécies ocorrem na Serra do Cipó. Também notável é a heterogeneidade da flora, áreas relativamente próximas compartilhando poucas espécies e os altos níveis de endemismo, especialmente das famílias Velloziaceae (canelas-de-ema), Eriocaulaceae (sempre-vivas), Orchidaceae e Xyridaceae. Por exemplo, 85% das 379 espécies de sempre-vivas que ocorrem na Cadeia do Espinhaço são endêmicas, além de, aproximadamente, 50 espécies ainda por serem descritas. De 214 espécies de bromélias, 50% são endêmicas do Espinhaço.

FIGURA 3.7 – Plantas da família Velloziaceae (como essa Vellozia seubertiana da Chapada Diamatina) são comuns nos Campos Rupestres.
Foto: Rita C. Ribeiro de Souza.

FIGURA 3.6 – Os campos rupestres do Alto do Palácio, na Serra do Cipó (MG). Foto: Rita C. Ribeiro de Souza.

Outra característica é a abundância de plantas microendêmicas, restritas a áreas bastante limitadas, o que é parcialmente explicado pela ocorrência dos campos rupestres em "ilhas" ecológicas. De 103 espécies de anuros registrados na Cadeia do Espinhaço, 26 são endêmicas, enquanto quatro espécies de aves, incluindo dois beija-flores, podem ser consideradas endêmicas dos Campos Rupestres do Espinhaço. Uma dessas espécies, restrita à Chapada Diamantina, o papa-formigas *Formicivora grantsaui* foi descrita apenas em 2007. Entre os mamíferos, apenas o roedor *Trinomys moojeni* seria endêmico. A borboleta *Yphthimoides cipoensis* (Nymphalidae: Satyrinae) é um provável endemismo da Serra do Cipó.

Os Campos Rupestres mostram convergências interessantes com outros ecossistemas associados a solos pobres e ácidos, afloramentos rochosos, climas bastante sazonais e ocorrência regular de fogo, resultando na liberação de pulsos de nutrientes acumulados na biomassa, como os *Fynbos* da África do Sul, que mostram plantas com adaptações e tipo muito similares às dos Campos Rupestres. Esses ecossistemas compartilham uma alta taxa de endemismo vegetal e de anfíbios, poucas aves e mamíferos endêmicos e a ocorrência importante de plantas polinizadas por aves. Estudos comparativos desses ecossistemas, todos presentes em continentes derivados da antiga Gondwana, representam uma linha de pesquisa ainda não explorada.

Literatura recomendada

FIGUEIRA, J. E. C., P. VASCONCELLOS NETO. 1992. *Paepalanthus*, cupins e aranhas. *Ciência Hoje*, Eco-Brasil (Ed. especial): 89-93.

GIULIETTI, A. M., N. L. MENEZES,, M. MEGURO, M. G. L. WANDERLEY. 1987. Flora da Serra do Cipó, Minas Gerais: Caracterização e lista das espécies. Boletim de Botânica da Universidade de São Paulo, 9: 1-151.

GIULIETTI, A. M., J. R. PIRANI. 1988. Patterns of geographic distribution of some plant species from the Espinhaço Range, Minas Gerais and Bahia, Brazil. In: W.R.HEYER & P.E.VANZOLINI (eds) *Proceedings of a workshop on Neotropical Distribution Patterns*(. Rio de Janeiro: Academia Brasileira de Ciências , p. 39-69.

JUNCÁ, F. A., L. FUNCH, W. ROCHA. 2005. Biodiversidade e conservação da Chapada Diamantina. Brasília: MMA.

SAZIMA, I., P. C. ETEROVICK. 2004. *Anfíbios da Serra do Cipó*. Belo Horizonte: Edipuc.

TEIXEIRA, W., R. LINSKER (coord.). 2005. *Chapada Diamantina*: águas no sertão. São Paulo: Tempos do Brasil.

VASCONCELOS, M. F. 2008. Mountaintop endemism in eastern Brazil: why some bird species from campos rupestres of the Espinhaço Range are not endemic to the Cerrado region? *Revista Brasileira de Ornitologia* 16(4): 348-362.

3.2 Caatinga

"A caatinga, celeiro da seca, agride o viajante com seus espinhos e folhas urticantes, mas, quando não há mais nada, é de lá que o homem extrai os mandacarus para iludir seu gado, e também os mangarás das bromélias selvagens para alimentar os filhos. Chega um ponto que não resiste mais e parte em retirada, mas tão logo o flagelo acaba, lá está ele de volta, morto de saudades do sertão."

Euclides da Cunha, jornalista brasileiro, em *Os Sertões*

A Caatinga do nordeste do Brasil é o único bioma inteiramente restrito ao Brasil, constituindo uma das regiões climaticamente mais complexas no con-

Os Grandes Biomas Brasileiros

tinente. Caracterizada pela sua vegetação xérica e decíduas, a Caatinga situa-se no ponto de encontro de vários sistemas atmosféricos instáveis, os mais importantes sendo os ventos da Convergência Intertropical (localizada a 5-10 °N), que influenciam as chuvas até 9°-10 °S. O resultado é um clima quente e semiárido, com chuvas entre 200 e 800 mm anuais concentrados em 3-5 meses do ano, a estação seca durando em geral de maio a novembro. Talvez a característica mais importante do clima da Caatinga seja sua imprevisibilidade, secas frequentes alternando-se a cheias catastróficas.

Atualmente a Caatinga ocupa a maior parte do nordeste do Brasil além da estreita faixa costeira antes coberta pela Mata Atlântica, incluindo a ilha de Fernando de Noronha. A Caatinga também ocupa o norte de Minas Gerais ao longo dos vales do São Francisco e do Jequitinhonha e – o que parece uma expansão recente – o noroeste do Espírito Santo. De maneira geral, a Caatinga ocorre em uma região onde formações sedimentares – em geral chapadas de arenito bastante erodidas – se assentam sobre depressões que expõem o embasamento de granito e gnaisse ainda mais antigo. Os solos em geral são pedregosos e rasos.

Como o Cerrado, a Caatinga é um mosaico de diferentes tipos de vegetação, pelos menos 12, de acordo com as características de solo, geomorfologia e drenagem. De maneira geral a Caatinga é uma floresta baixa e densa, com um estrato arbustivo bem desenvolvido. Formações baixas e arbustivas ocorrem nas regiões mais secas, como o Vale do São Francisco, o Cariri e o Seridó, e podem se tornar bastante abertas quando submetidas ao pastoreio pelo gado ou em áreas de solo raso e pobre. As formações mais altas são "matas secas" análogas às do Vão do Paranã, que ocorrem sobre solos derivados de calcário no noroeste de Minas Gerais e oeste da Bahia, com árvores (especialmente barrigudas e angicos) que podem ultrapassar 25 m de altura.

Embora a deciduidade possa ser considerada uma das características que melhor definem a flora da Caatinga, algumas espécies arbóreas mantêm as folhas durante todo o ano, notavelmente o joazeiro *Ziziphus joazeiro*, a carnaúba *Copernicia prunifera* e o oiti *Licania rigida*. A carnaúba frequentemente forma grandes agrupamentos quase puros em áreas sujeitas a encharcamento prolongado durante a estação das chuvas. Um dos exemplos mais impressionantes dessa formação está na Lagoa de Itaparica, no norte da Bahia.

Um tipo de Caatinga em que a deciduidade pode ser menos marcante é a chamada "mata de cipó" do leste da Bahia e partes de Minas Gerais, que ocorre em uma estreita faixa entre a Mata Atlântica e a Caatinga mais árida. Essa formação é rica em grandes bromélias terrestres (*Aechmea aquilega*) e várias epífitas (especialmente *Tillandsia* spp.), obtendo boa parte de sua umidade da condensação de nevoeiros matinais trazidos pelos ventos úmidos vindos do oceano. Paradoxalmente, trata-se de uma "caatinga nebular" que abriga uma ave endêmica, o gravatazeiro *Rhopornis ardesiaca*.

Há considerável controvérsia sobre qual a fisionomia original da vegetação da Caatinga. Alguns autores sugeriram que a maior parte do nordeste brasileiro é coberta por vegetação secundária que ocupou áreas alteradas por agricultura e pecuária que, por sua vez, substituiu o que era uma paisagem de florestas decíduas (matas secas ou caatingas arbóreas). De fato, há registros históricos de áreas antes florestadas sendo transformadas em caatingas. Viajantes do século XIX descreveram florestas nos vales dos rios Jequitinhonha e São Francisco, incluindo o registro de espécies de Mata Atlântica. Hoje não há sombra dessas florestas.

A região do Cariri, no Ceará, tinha "florestas imponentes" que formavam uma faixa com 12-18 km de largura a leste da Chapada do Araripe. A floresta desapareceu e hoje a região é coberta por caatinga e áreas agrícolas. Uma espécie de ave endêmica, o criticamente ameaçado soldadinho-do-araripe *Antilophia bokermanni*, sobrevive apenas nas manchas de floresta junto às nascentes que brotam da Chapada.

A substituição de áreas com florestas úmidas por caatingas também é bastante evidente em algumas serras que abrigavam manchas daquela vegetação, como a Serra do Olho d'Água do Tatu e a Serra do Arapuá, ambas em Pernambuco. Da mesma forma, fontes e cursos d'água descritos como perenes, são, hoje, intermitentes em virtude das alterações na vegetação ribeirinha e nas áreas de recarga.

É realmente possível que boa parte da Caatinga, até recentemente, tivesse uma fisionomia bem mais florestal do que o conjunto de arbustos mirrados que hoje domina o interior do nordeste do Brasil, e que matas secas, matas de cipó e caatingas altas fossem muito mais espalhadas do que hoje, com as formações mais baixas e esparsas restritas a áreas de solos rasos e pedregosos ou onde houvesse outro fator de stresse.

A maior parte dos rios da Caatinga é de regime temporário (o São Francisco sendo a grande exceção) e as florestas ribeirinhas que orlavam esses cursos d'água, em sua maior parte já destruídas, também fazem parte do bioma. Os "brejos" de altitude, enclaves de florestas úmidas restritos a algumas elevações como a Serra do Baturité (CE) devem ser excluídos desse bioma. Estes brejos, distribuídos em ilhas florestadas dispersas pelo interior de todo o nordeste, mostram muitos elementos da Mata Atlântica e outros da Amazônia, além de alguns endemismos próprios.

Essas ilhas de florestas úmidas, hoje mantidas por microclimas particulares, são evidência de que climas mais úmidos já foram dominantes na região hoje ocupada pela Caatinga. Estudos paleoclimáticos mostram que o deslocamento da Zona de Convergência Intertropical para o sul, associada a anomalias climáticas em outras partes do mundo, coincide com períodos de maior precipitação no nordeste o Brasil e mudanças abruptas na sua cobertura vegetal.

Estas mudanças são importantes para explicar padrões atuais de distribuição de espécies. A Caatinga é considerada parte do "Arco Pleistocênico", um conjunto de florestas sazonais tropicais que ocorrem do interior árido do nordeste ao sudeste brasileiro (incluindo as matas secas já descritas), sudeste da Bolívia e parte de Mato Grosso do Sul ("bosques chiquitanos"), noroeste da Argentina, vales secos interandinos e costa sudoeste do Equador. Essas florestas, hoje disjuntas, seria testemunho de mudanças climáticas durante o Pleistoceno, compartilhando um conjunto de espécies de plantas. Algumas aves como a codorna *Nothura boraquira* e a choca *Myrmochilus strigilatus*, e o morcego *Micronycteris sanborni*, com populações disjuntas na Caatinga e partes do Paraguai e Bolívia, também poderiam ser evidência das conexões passadas.

Sedimentos marinhos coletados a 90 km do litoral de Fortaleza mostram que a vegetação de caatinga predominou na região nordeste entre 42 mil e 8.500 anos atrás. Porém, esse período foi pontuado por vários intervalos de clima úmi-

Os Grandes Biomas Brasileiros

do, o mais notável entre 15.500 e 11.800 anos atrás, quando a vegetação florestal se expandiu, provavelmente conectando a Mata Atlântica da faixa costeira com a Floresta Amazônica.

A análise do registro de pólen armazenado em turfeiras na região das Dunas do São Francisco, no norte da Bahia, mostra que uma vegetação florestal úmida com elementos da Amazônia e Mata Atlântica estava presente entre 11 mil e 10.500 anos atrás, sendo substituída por veredas com buritizais entre 10.500 e 6.700 anos atrás. A vegetação seca, típica da Caatinga, só se tornou dominante há 4.500 anos, um período surpreendentemente recente. Estudos similares no sul do Piauí sugerem um processo similar, com a Caatinga substituindo cerrados e buritizais a partir de 3.300 anos atrás. Enclaves de Cerrado em meio à Caatinga ainda existem em locais como a Chapada do Araripe (CE) e na parte oeste do campo de dunas do médio São Francisco (BA).

A Caatinga passou por ciclos bastante rápidos, e recentes, de climas úmidos e secos, as condições atuais sendo muito mais adversas do que as presentes quando as primeiras pirâmides foram construídas. Durante esses ciclos, em um ou vários dos períodos secos, o rio São Francisco parece ter deixado de correr além de seu atual curso médio, na região de Barra (BA), onde hoje há um grande campo de dunas fósseis, provavelmente formando ali um grande delta interior como o atual Okawango, em Botswana.

O clima hostil e as características dos solos explicam a presença de uma flora com nível de endemismo significativo (18 gêneros e, pelo menos, 318 espécies de plantas, ou cerca de 40% das plantas lenhosas e suculentas) e adaptações óbvias a um habitat xérico, como o fato de a maior parte das plantas perder as folhas durante a longa estação seca, a rápida produção de folhas e flores logo após as primeiras chuvas, presença de suculência ou órgãos de armazenagem de água, folhas pequenas com cobertura isolante de cera ou estruturas refletoras do excesso de luz.

Essas evidências sugerem que parte da região é historicamente seca ou pelo menos esteve conectada a refúgios onde espécies xerófilas pudessem se manter durante períodos úmidos, como áreas de solos rasos e afloramentos de rocha como os que abrigam cactos em áreas hoje dominadas pela Mata Atlântica. Também há evidências de que a flora pode ser dividida em um componente das áreas mais altas sobre chapadas sedimentares e outro das baixadas e embasamento cristalino.

Dentre a fauna, os peixes da Caatinga mostram grande número de espécies endêmicas (57% das 240 espécies registradas), boa parte das quais restritas à bacia do São Francisco. Um componente importante da ictiofauna endêmica são os chamados "peixes anuais" da família Rivulidae, com pelo menos 24 espécies. Esse grupo mostra adaptações notáveis para prosperar em brejos e lagoas temporárias, com seus ovos sobrevivendo às secas, enterrados nos sedimentos. Muitas das espécies têm distribuições bastante restritas e estão ameaçadas por mudanças no regime de cheias, desvios nos cursos d'água e uso de áreas de "vazante" para a agricultura.

Os répteis também são um grupo com um contingente importante de espécies endêmicas. De 10 anfisbenas ("cobras-cegas") registradas no bioma, cinco são endêmicas, enquanto, dos 47 lagartos registrados até recentemente, 21 seriam endêmicos. As serpentes ainda carecem de inventários mais abrangentes, enquanto os quelônios ainda precisam ser mais bem-estudados, como mostra a recente descoberta de um cágado (*Mesoclemmys perplexa*) em lagoas isoladas nos canyons no sudeste do Piauí. É interessante notar que a maioria dos endemismos está associada a manchas de solos arenosos, como as Dunas do São Francisco, ou a formações rochosas específicas, como a Serra da Capivara (PI), podendo talvez ser consideradas antes associadas a tipos específicos de substrato do que a uma formação vegetal.

Esse talvez seja o caso das muitas espécies endêmicas das Dunas do São Francisco (11 espécies de lagartos restritos à porção na margem esquerda do São Francisco), região que viu florestas sendo substituídas por cerrados e depois caatingas nos últimos 11 mil anos, mas com um grande conjunto de espécies obviamente adaptadas a um modo de vida fossorial, sendo capazes de "nadar" na areia.

Os anfíbios da Caatinga ainda precisam ser mais bem-estudados do ponto de vista taxonômico e de seus padrões de endemismo. A distribuição de muitos táxons é mal conhecida, sendo difícil listar quais seriam endêmicos da Caatinga. O encontro de espécies já consideradas "endêmicas da Caatinga" em áreas de Cerrado nas bordas do bioma, como no oeste da Bahia, mostra ser prematuro chegar a conclusões definitivas sobre o grupo.

Muitas espécies, como gias do gênero *Leptodactylus*, sapos *Rhinella*, os pequenos *Dermatonotus muelleri* e *Pleurodema diplolistris,* e o sapo-de-chifres *Ceratophrys joazeirensis* passam o período seco estivando em galerias escavadas no solo, algumas vezes a profundidades consideráveis, emergindo com as chuvas e reproduzindo-se explosivamente enquanto há disponibilidade de água e alimento. Para os anfíbios da Caatinga há uma grande pressão seletiva para aproveitar ao máximo os períodos chuvosos, que podem ser curtos e irregulares.

A avifauna da Caatinga, excluindo-se aqui as aves restritas às florestas dos enclaves e aos campos rupestres (veja a seguir), abarca cerca de 350 espécies. Da mesma forma que para a herpetofauna, algumas questões distribucionais devem ser resolvidas antes de se nomear quais as espécies endêmicas do bioma, mas um total de 23 espécies podem ser consideradas endêmicas da Caatinga. Várias hoje ocorrem em áreas antes cobertas por Mata Atlântica, como o litoral de Bahia, Alagoas e Pernambuco, tendo colonizado regiões desmatadas durante os últimos séculos.

As aves endêmicas incluem espécies como a ararinha-azul *Cyanopsitta spixi*, antes restrita às caatingas arbóreas do médio São Francisco e, provavelmente, sul do Piauí. A espécie foi extinta na natureza em decorrência da destruição de seu habitat e da captura para o comércio. Um dos fatores que deve ter colaborado nessa extinção foi a construção da hidrelétrica de Sobradinho, que inundou áreas onde a espécie foi registrada na primeira metade do século XX.

Um evento comum em todo o bioma é o surgimento de grande número de lagartas de borboletas da família Pieridae (e, posteriormente, de nuvens dessas borboletas amarelas e brancas) e gafanhotos Proscopidae (ou "chico-magro"). Aves insetívoras migratórias tiram proveito dessas e outras fontes de alimento, surgindo na região após as chuvas, quando se reproduzem. Entre esses migrantes intertropicais estão o papa-lagarta *Coccyzus melacoryphus*, o siriris *Tyrannus melancholicus, T. albogularis* e a tesourinha *T. savanna.*

Os mamíferos da Caatinga somam, aproximadamente, 143 espécies, com cerca de 10-12 podendo ser consideradas endêmicas. Esse número deve ser visto com cautela, pois muitos grupos, como morcegos e roedores, ainda precisam ser mais bem-estudados do ponto de vista taxonômico. Um dos endemismos mais interessantes, o morcego *Xeronycteris vieirae*, foi descrito cientificamente apenas em 2005. Essa espécie, única em seu gênero, alimenta-se de néctar e tem a dentição bastante reduzida. Esse morcego pode ser observado à noite, visitando flores de mandacaru *Cereus jamacaru.*

Outros endemismos são o conhecido mocó *Kerodon rupestris*, que também foi introduzido na ilha de Fernando de Noronha, e o rato-de-espinho *Trinomys yonenagae*, restrito às dunas da margem esquerda do São Francisco, e que apresenta complexa estrutura social.

Apesar da presença de endemismos na Caatinga, nenhum desses mamíferos mostra adaptações fisiológicas óbvias para economizar água, como os rins supereficientes dos roedores de ecossistemas como o Sahara. Todas as espécies de mamíferos da Caatinga lidam com a falta de água por meio de mecanismos comportamentais, como o uso de micro-habitats mésicos e a construção de tocas profundas.

Obviamente a ocorrência de muitas espécies é estreitamente ligada a fontes de água, o que as torna muito vulneráveis quando a ocupação humana monopoliza o acesso a cacimbas, lagoas e rios, o que é a norma na região. A Caatinga é a região semiárida com maior densidade populacional humana em todo o mundo, e esse é um fator preponderante no seu continuado processo de degradação.

A pecuária tem tido um papel histórico importante na conversão da Caatinga em áreas degradadas. Embora para a maioria das áreas de pastagens naturais se recomende uma lotação de uma cabeça de gado por hectare, 30 a 80% dos municípios dos estados nordestinos mostram lotações superiores, resultando em baixa produtividade e sobrepastejo.

A conservação da Caatinga, apesar de sua extrema vulnerabilidade e dos impactos socioeconômicos da continuada degradação de seus habitats, tem sido negligenciada. Apenas 41% de sua área não são considerados antropizados e menos de 2% estão protegidos por unidades de conservação de proteção integral. Nessa conta, deve se considerar ainda que muitas também abrangem ecossistemas distintos (como os parques nacionais Chapada da Diamantina e Ubajara). Muitas das diferentes fisionomias da Caatinga, como matas secas, matas de cipó e caatingas arbóreas, são pouco ou nada representadas no atual sistema de unidades de conservação.

Por outro lado, um dos poucos parques nacionais no bioma, a Serra da Capivara, mostra como a implantação e o manejo adequados podem, além de restaurar ecossistemas impactados, ter impactos positivos sobre a economia local. A fiscalização atuante e a construção de pequenos reservatórios de água permitiram a recuperação das populações da maior parte dos animais. A Serra da Capivara abriga hoje uma surpreendente densidade de onças-pintadas *Panthera onca*. Ao mesmo tempo, o turismo baseado no parque mudou o perfil socioeconômico de uma região antes dedicada a uma agropecuária primitiva e extrativismo predatório.

FIGURA 3.8 – A Caatinga arbóreo-arbustiva densa do sudeste do Piauí após as primeiras chuvas.

FIGURA 3.9 – A Caatinga aberta das Dunas do São Francisco, no norte da Bahia. Essa região abriga várias espécies de plantas e répteis endêmicos.

FIGURA 3.10 – Matas Secas nos afloramentos de calcário de São Desidério, no oeste da Bahia. Sendo a versão mais florestal das caatingas arbóreas, este é um dos habitats mais ameaçados do Neotrópico, em virtude da exploração de carvão e da madeira, bem como da conversão para pastagens e cultivos.

Literatura recomendada

COIMBRA-FILHO, A. F., I. G. CÂMARA. 1996. Os limites originais da mata atlântica na região nordeste do Brasil. *FBCN, Rio de Janeiro*.

LEAL, I. R., M. TABARELLI, J. M. C. SILVA. (orgs.). 2003. *Ecologia e Conservação da Caatinga*. Recife: Editora da Universidade Federal de Pernambuco.

OLIVEIRA, P. E., A. M. F. BARRETO, K. SUGUIO. 1999. Late Pleistocene/Holocene climatic and vegetational history of the Brazilian caatinga: the fossil dunes of the middle São Francisco River. *Paleogeography, Paleoclimatology, Paleoecology* 152: 319-337.

PACHECO, J. F. 2000. A ornitologia descobre o sertão: um balanço do conhecimento da avifauna da Caatinga dos primórdios aos anos 1950. p. 11-70. In: F. C. STRAUBE, M. M. ARGEL-DE-OLIVEIRA, J. F. CÂNDIDO-JR. (eds.) *Ornitologia brasileira do século XX*. Curitiba: Editora Gráfica Popular.

PAIM, G. F., W. J. S. FRANÇA-ROCHA. 2009. Modelagem de cenários na Caatinga: exploração agrícola x perda de habitat. In: XIV Simpósio Brasileiro de Sensoriamento Remoto – SBSR, 2009, Natal. *Anais do XIV Simpósio Brasileiro de Sensoriamento Remoto* – SBS.

Os Grandes Biomas Brasileiros

FIGURA 3.11 Antes formada por comunidades vegetais predominantemente arbóreas, a maior parte da Caatinga foi alterada pelo pastoreio, extração de lenha e fogo.

FIGURA 3.12 – A arara-azul-de-lear *Anodorhynchus leari* é um ameaçado endemismo da Caatinga, hoje restrito à Bahia, embora historicamente ocorresse em Pernambuco e no Ceará. Sua população, reduzida a cerca de 60 aves em 1978, hoje ultrapassa 500 indivíduos.

FIGURA 3.13 – O *Calyptommatus confusionibus*, lagarto sem patas que "nada" na areia, é endêmico do sudeste do Piauí. Este grupo de lagartos ápodos é endêmico da Caatinga.

RODRIGUES, M. T. 1996. Lizards, snakes and amphisbaenians from the Quaternary sand dunes of the middle Rio São Francisco, Bahia, Brazil. *J. Herpet*. 30(4): 513-523.

SAMPAIO, E. V. S. B. 1995. Overview of the Brazilian caatinga. p. 35-63. In: S. H. Bullock, H. A. MOONEY, E. MEDINA (eds.), *Seasonally dry tropical forests*. Cambridge, U.K: Cambridge University Press.

SANTOS, J. C. 2007. *O Quaternário do Parque Nacional Serra da Capivara, Piauí, Brasil*: morfoestratigrafia, sedimentologia, geocronologia e paleoambientes. Tese de Doutorado. Universidade Federal de Pernambuco.

WANG, X., AULER, A. S., EDWARDS, R. L., CHENG, H., CRISTALLI, P. S., SMART, P. L., RICHARDS, D. A., C. C. SHEN, 2004. Wet periods in northeastern Brazil over the past 210 kyr linked to distant climate anomalies. *Nature* 432: 740-743.

WEBB. K. 1974. *The changing face of northeastern Brazil*. New York: Columbia University Press.

3.3 Pantanal

"Passamos toda aquela década trocando tiros.
Foram dez anos de guerrilha. Muitos oficiais tombaram.
Os 'coureiros' ameaçavam de morte fazendeiros e suas famílias, para que
silenciassem frente às caçadas."

Coronel Ângelo Rabelo,
conservacionista brasileiro homenageado com o Prêmio Ford

O Pantanal é uma imensa planície de inundação situada ao longo da porção norte da bacia do rio Paraguai, abrangendo partes do Brasil em Mato Grosso e Mato Grosso do Sul, Bolívia e Paraguai. O Pantanal é limitado a leste pelo Cerrado, a norte pela transição Cerrado-Amazônia e a oeste pelo Chaco. Pouco conhecido no Brasil, esse é o grande bioma das regiões secas do norte da Argentina, Paraguai e Bolívia, caracterizado por formações arbóreas e arbustivas que crescem sobre solos alcalinos, frequentemente salinos, que sofrem extremos de seca e encharcamento.

A porção sudeste do Chaco, no Paraguai e Bolívia é uma vasta área de transição com as florestas do Alto Paraná, mais ao sul, e com o Pantanal propriamente dito, sendo denominada Chaco Úmido. A distinção entre este e o Pantanal é em geral difícil, o que leva os biomas a serem tratados como uma unidade, o Chaco-Pantanal.

Os Bosques Chiquitanos, considerados uma transição entre a Amazônia úmida e o Chaco semiárido, são outra formação presente de forma isolada no Pantanal. Em geral considerados uma ecorregião distinta, apesar das grandes similaridades florísticas e faunísticas com o Chaco, essas florestas deciduais têm seu centro de distribuição no leste da Bolívia (Santa Cruz), crescendo sobre solos bem drenados com muitos afloramentos rochosos. No Pantanal os Bosques Chiquitanos ocorrem nas poucas elevações que pontuam o sul da planície de inundação.

O Pantanal é claramente um mosaico de habitats com comunidades biológicas de origens diversas. Esses habitats são definidos pelas condições locais de inundação e solo, além da história regional. Os habitats mais frequentes são formações abertas, como campos inundáveis e diferentes fitofisionomias de cerrados. As áreas abertas são intercaladas por florestas e formações arbustivas que crescem em situações particulares. É bastante evidente a forte influência do Cerrado sobre o Pantanal, o que explica o fato de ambos serem, às vezes, considerados um bioma único. Por outro lado, na margem norte do Pantanal, nas regiões de Cáceres e Poconé, a influência amazônica na flora e fauna é evidente.

Diversos maciços (serras ou morrarias) isolados pontuam o Pantanal em Mato Grosso do Sul, como Serra do Amolar, Morraria do Conselho e o Maciço do Urucum, sendo que o Maciço de Urucum fica próximo a Corumbá (MS) e atinge 1.065 m de elevação. Essas morrarias e as áreas não inundáveis próximas, como as proximidades de Corumbá e Porto Murtinho (MS), constituem habitats bastante particulares, com as únicas porções de Chaco e Bosques Chiquitanos no Brasil.

A planície de inundação do Pantanal corresponde a uma depressão tectônica formada durante a elevação dos Andes a oeste. Essa depressão é drenada pelo rio Paraguai, com vários grandes leques aluviais associados a afluentes, como o rio Taquari, drenando para seu interior. A área inundada a cada ano pode chegar a 131 mil km^2, embora a média do último século corresponda a cerca de 35 mil km^2. Com esse nível de variabilidade é evidente que a extensão do que chamamos Pantanal não é fixa, mas resultado de um processo dinâmico que depende de pulsos de inundação.

As precipitações anuais no Pantanal variam de 972 a 1.250 mm, com as áreas mais ao norte recebendo mais chuvas que aquelas ao sul. As chuvas são muito sazonais, concentradas durante o período de outubro a março. Além das chuvas muito sazonais, as temperaturas regionais são elevadas, com médias acima de 25 °C, de forma que há um elevado déficit hídrico que resultaria em uma vegetação semiárida similar ao vizinho Chaco se não fosse a drenagem local. Sobreposto a esse padrão há ciclos plurianuais de enchentes extremas e secas, as últimas associadas a grandes incêndios.

A depressão tectônica onde está o Pantanal mostra uma inclinação muito pequena, de 2 a 3 cm no sentido norte sul, além de solos mal drenados. Seu dreno, o rio Paraguai, mostra um estreitamento no extremo sul da planície de inundação em virtude da presença de serras que limitam seus meandros. O resultado é o acúmulo de água, com a elevação do lençol freático e, depois, dos rios em até 5 m acima do nível de seca. A massa de água leva de 3 a 4 meses para se deslocar no sentido norte-sul no chamado "pulso de inundação". Esse fenômeno altera drasticamente a paisagem local.

Cada grande tributário do rio Paraguai tem um padrão de inundação e sedimentação particulares, resultando nas 10 a 12 subdivisões do Pantanal. Além disso, padrões locais de evaporação, conexões com o lençol freático etc. fazem com que elementos químicos possam ser diluídos ou concentrados em lagoas, originando, por exemplo, as "salinas".

Os pulsos de inundação, cobrindo a paisagem antes seca, coincidem com migrações de peixes e outros organismos aquáticos, que se espalham pela planície de inundação para alimentar-se e reproduzir-se, e o crescimento acelerado de plantas aquáticas. Conforme o pulso passa e as águas baixam, peixes e outros animais, que não escaparam para os canais dos rios, se concentram em lagoas, oferecendo um recurso alimentar abundante para aves aquáticas, jacarés e outros predadores. Nesse período, são comuns florações de algas resultantes do acúmulo de nutrientes nas lagoas e o crescimento de macrófitas aquáticas como camalotes e aguapés. Os campos alagados, por sua vez, sustentam densidades elevadas de mamíferos como capivaras e cervos – evidência da alta produtividade das planícies inundáveis.

Coerente com seu atual caráter, o Pantanal tem um histórico paleoambiental bastante dinâmico. Partes do Pantanal mostram lagoas isoladas, comumente com concentrações elevadas de sais ("salinas") interpretadas como antigas depressões escavadas pelo vento, e delimitadas por antigas dunas hoje estabilizadas por vegetação. Essas e outras evidências, como grandes depósitos de areias eólicas, apontam para um clima mais seco e frio durante o final do Pleistoceno gerando um ambiente árido que já foi denominado Deserto do Pantanal. As mudanças climáticas que geraram a paisagem atual, incluindo a elevação do lençol freático, são muito mais recentes.

Os seguintes períodos climáticos podem ser reconhecidos a partir de evidências paleoambientais: entre 40 mil e 8 mil anos atrás, frio e seco; entre

8 mil e 3.500 anos, quente e úmido; entre 3.500 e 1.500 anos, quente e seco; e a partir de 1.500 anos, quente e úmido. Períodos quentes e úmidos estão associados à expansão de florestas na região, enquanto o clima quente e seco está correlacionado a uma vegetação mais aberta, pontilhada por lagoas rasas sazonais, similar à observada hoje no Chaco.

O fato de o Pantanal, como o conhecemos, existir há apenas poucos milhares de anos, e de a região ser ecologicamente instável, provavelmente explica por que o bioma, embora possua uma vida selvagem luxuriante, possua uma maioria de espécies de plantas e animais dependentes de habitats não inundáveis, especialmente as florestas que crescem sobre os antigos diques fluviais, as chamadas cordilheiras.

O mesmo histórico também explica o porquê de o Pantanal ser pobre em endemismos. Alguns répteis aquáticos que seriam possíveis endêmicos, como a sucuri-amarela *Eunectes notaeus*, o cágado *Acantochelys macrocephala*, a cobra d'água *Hydrops caesurus* e o lagarto *Dracaena paraguayensis*, na realidade têm distribuição mais ampla na bacia do Paraná, não podendo ser considerados restritos ao Pantanal. Por outro lado, a área de origem e evolução dessas espécies, que hoje têm a maior parte de sua área de distribuição no Pantanal, merece maiores estudos.

Endemismos da planície pantaneira são algumas espécies de peixes anuais, como os belos *Neofundulus paraguayensis*, com distribuição ampla, e *N. parvipinis* e *Plesiolebias glaucopterus*, restritos à porção norte, nas drenagens dos rios Cuiabá, Paraguai e São Lourenço.

O Pantanal, como o Cerrado (com o qual é comumente associado em um bioma único), é um mosaico de diferentes fitofisionomias que variam de campos a florestas. As formações abertas são descritas como parte de uma "savana hipersazonal", sujeita a inundações prolongadas, enquanto as florestas crescem em áreas mais elevadas. Como no Cerrado, campos de murunduns originários da atividade de cupins (*Cornitermes* spp.) são uma das características de áreas sujeitas a pouca inundação, servindo como abrigo para plantas e animais intolerantes às cheias.

O número total de espécies de plantas terrestres provavelmente supera 2 mil. Inventários atuais somam 247 espécies de macrófitas aquáticas, 900 herbáceas e 756 plantas lenhosas. As poucas espécies de epífitas e os vários cactos são resultado de um clima ciclicamente seco. Há poucas palmeiras, mas os abundantes licuri *Scheelea phalerata* e carandá *Copernicia alba* formam associações quase monoespecíficas que dominam grandes áreas.

É interessante notar que essas palmeiras tinham suas sementes originalmente dispersas pela megafauna, papel hoje assumido pelo gado, bem como por roedores e aves. A arara-azul, *Anodorhynchus hyacinthinus* – ícone do Pantanal que também ocorre no Cerrado e Amazônia –, além de se alimentar das sementes retiradas dos acurizeiros, também visita currais para apanhar aquelas regurgitadas pelo gado. Há a hipótese de que no passado as araras faziam o mesmo com as sementes regurgitadas ou defecadas por mastodontes, preguiças-gigantes e outras espécies hoje extintas.

Além de um importante componente originário do Cerrado, a flora do Pantanal também abriga várias espécies originárias do Chaco do Paraguai, da Bolívia e da Argentina. Cerca de 355 das espécies lenhosas mostram alguma tolerância a inundações, sendo que nenhuma dessas espécies é endêmica. A maioria também ocorre nas várzeas da Amazônia ou em matas de galeria no Cerrado, onde convivem com ampla variabilidade no encharcamento do solo. Um exemplo desse grupo é o cambará *Vochysia divergens*, que forma florestas inundáveis quase homogêneas (e de alta biomassa) durante os períodos de maior inundação, declinando durante os períodos de secas prolongadas.

A biota aquática do Pantanal é, compreensivelmente, bastante rica, embora o número de estudos seja limitado. O Pantanal é um dos quatro grandes centros de diversidade de macrófitas aquáticas do Brasil, com mais de 250 espécies que incluem desde a enorme *Victoria cruziana* até as minúsculas *Wolffia*. Esse grupo tem um tremendo impacto sobre a ecologia dos rios e corpos d'água regionais, sendo uma fonte de alimento e de abrigo para enorme diversidade de outros organismos, além de influenciar a ciclagem de nutrientes e a oxigenação. Há estimativas de que 1,5 milhão de toneladas de macrófitas descem o rio Paraguai para além de Corumbá, e essa biomassa alimenta uma importante cadeia de herbívoros e detritívoros rio abaixo.

Entre os insetos aquáticos os Chironomidae destacam-se pela riqueza de espécies, com pelo menos 48 gêneros presentes. Há 23 espécies de moluscos bivalves, pelo menos cinco de gastrópodos, 37 de vermes e seis de caranguejos. Os grandes caracóis como *Pomacea canaliculata* e *P. lineata* e os caranguejos *Dilocarcinus pagei* e *Sylviocarcinus australis* podem ser muito abundantes e são um item importante na dieta de várias espécies, incluindo jacarés *Caiman yacare* e gaviões-caramujeiros *Rosthramus sociabilis*. O lagarto aquático *Dracaena paraguaiensis* é um predador especializado de *Pomacea* e mesmo animais terrestres, como mutuns *Crax fasciolata* e porcos-do-mato *Tayassu tajacu* podem se alimentar de caracóis presos em poças que secam.

A ictiofauna do Pantanal inclui cerca de 270 espécies de peixes, um número baixo, se comparado ao das várzeas amazônicas e outro indicativo de um ecossistema recente e instável. Três grupos principais podem ser identificados com base em seu comportamento reprodutivo, sendo o mais importante em termos de biomassa e importância comercial o das espécies reofílicas que realizam migrações (piracemas) de dezenas ou mesmo centenas de quilômetros ao longo dos canais dos rios principais para desovar no curso superior desses rios ou seus afluentes. Essas espécies também invadem a planície de inundação durante as cheias para se alimentar e acumular reservas para o período de seca, quando retornam aos canais dos rios. Esse grupo inclui espécies como o pintado *Pseudoplatystoma corruscans*, cachara *P. fasciatum*, jaú *Zungaro zungaro*, pacu *Piaractus mesopotamicus*, dourado *Salminus brasiliensis*, piraputanga *Brycon hilarii*, piau *Leporinus macrocephalus* e corimbatá *Prochilodus lineatus*.

Um grupo que inclui um número elevado de espécies, especialmente de pequeno e médio porte, realiza deslocamentos de pequena extensão, deixando os canais dos rios e adentrando a planície de inundação, onde desovam, muitas vezes de forma parcelada, na vegetação submersa. Esse grupo inclui um grande número de piabas e lambaris da família Characidae e pequenos bagres.

Por fim, há espécies que vivem na planície de inundação, concentrando-se nas lagoas e poças remanescentes durante os períodos de seca. Muitas dessas espécies mostram cuidado parental e adaptações fisiológicas e comportamentais para conviver com baixos níveis de oxigênio. Esse grupo inclui o muçum *Symbrachus marmoratus* e a piramboia *Lepidosiren paradoxa*, ambos capazes de sobreviver à seca enterrados no sedimento, vários carás Cichlidae, pequenas piabas Characidae, tuviras Gymnotiformes, traíras Erythrinidae etc.

A herpetofauna da planície de inundação inclui 40 espécies de anfíbios, três de quelônios, duas de jacarés, 25 de lagartos, duas anfisbenas e 63 de serpentes. Os totais se elevam a 71 espécies de anfíbios e 187 de répteis se são incluídas áreas adjacentes nas bacias que drenam para o Pantanal. Novos estudos taxonômicos e inventários continuam a ampliar a lista de espécies.

Uma parcela importante dos anfíbios da planície de inundação (40%) é compartilhada com o Chaco, havendo também um componente amazônico mais numeroso nas áreas periféricas e outros menos importantes compartilhados com o Cerrado e Mata Atlântica. Como esperado em um ambiente muito sazonal, que pode estar sujeito a secas e altas temperaturas, muitas espécies passam a estação seca enterradas no substrato ou em abrigos, tornando-se ativas apenas após as chuvas ou as inundações.

Os répteis mostram padrão similar, ambos os grupos evidenciando uma fauna formada por elementos oriundos dos biomas que circundam o Pantanal. Alguns elementos chaquenhos estão restritos às áreas não inundáveis do entorno do Pantanal, como as morrarias próximas a Corumbá. Entre esses, podem ser citados os lagartos *Stenocercus caducus*, *Phyllopezus pollicaris przewaslskii* e *Teius teyou*, e a serpente *Micrurus pyrrhocryptus*. Todos são elementos chaquenhos com distribuição muito restrita no Brasil.

O jacaré do pantanal *Caiman yacare* (que também ocorre no rio Guaporé e no Chaco), antes dizimado pelos "coureiros", é hoje um dos vertebrados mais abundantes, com populações estimadas em milhões de indivíduos. Para isso, colaboram tanto seus hábitos alimentares oportunistas, quanto o sofisticado comportamento de cuidado parental exibido pelas fêmeas. Os jacarés estão entre os mais importantes predadores aquáticos, mas também são presas para outras espécies como aves (quando filhotes) e onças-pintadas *Panthera onca*. O papel ecológico dos jacarés na ciclagem de nutrientes e ao manter abertas poças d'água que podem ser usadas por outros animais aquáticos merece maiores estudos.

Há registros de 463 espécies de aves para a planície pantaneira. Esse conjunto inclui um grande número com espécies de ampla distribuição em habitats abertos ou aquáticos, a maioria (mais de 90%) delas também tendo sido registrada no Cerrado. Como outros grupos, a avifauna do Pantanal mostra um notável componente compartilhado com o Chaco e os Bosques Chiquitanos, como o aracuã *Ortalis canicollis*, o joão-bobo *Nystalus striatipectus*, o beija-flor *Phaethornis subochraceus*, o pica-pau *Celeus lugubris* e o arapaçu *Xiphocolaptes major*.

Duas espécies são comumente consideradas endêmicas, o periquito *Pyrrhura devillei* – na realidade antes associado às florestas semidecíduas da borda sudoeste do Pantanal –, e o joão-do-pantanal *Synallaxis albilora*. Essa espécie também ocorre no Chaco Úmido, mas ao contrário dos elementos chaquenhos, associados a habitats terrestres como florestas estacionais, está associada a habitats aquáticos, sendo um especialista de brenhas arbustivas junto à água.

Os Grandes Biomas Brasileiros

Aves aquáticas são um componente conspícuo da biota do Pantanal, mostrando grande variabilidade no tamanho de suas populações ao longo do ano. O Pantanal faz parte de um corredor migratório que inclui a bacia do Paraná-Paraguai, com populações de aves deslocando-se entre diferentes regiões desta bacia de acordo com os ciclos de inundação e a consequente disponibilidade de alimento. Espécies como talha-mares *Rynchops niger*, gaviões-caramujeiros *Rosthramus sociabilis,* tapicurus *Phimosus infuscatus* e cabeças-secas *Mycteria americana* podem se deslocar de áreas no sul do Brasil, Uruguai e norte da Argentina para o Pantanal, conforme as águas descem.

O Pantanal apresenta algumas das maiores concentrações reprodutivas de aves aquáticas, com colônias que podem reunir vários milhares de exemplares de garças (*Ardea* spp. e *Egretta* spp.), colhereiros *Platalea ajaja*, biguás *Phalacrocorax brasilianus,* socós *Nycticorax nycticorax* e cabeças-secas. A ocorrência das colônias está associada à disponibilidade de alimento sob a forma de peixes aprisionados em lagoas e de agrupamentos de árvores em situação que ofereça proteção contra predadores terrestres.

O local das colônias é variável, já que o acúmulo de fezes das aves tende a matar as árvores. No entanto, o mesmo processo concentra nutrientes que favorecem o crescimento de plantas e, em lagoas junto a ninhais, o florescimento de algas. O papel das aves aquáticas na ciclagem de nutrientes e sucessão vegetal no Pantanal é tópico que merece maiores estudos.

Apesar de alguns inventários realizados no Pantanal, a fauna de mamíferos ainda é precariamente conhecida. Atualmente, são registradas cerca de 130 espécies, a maioria dependente de habitats florestados, enquanto outras estão presentes na planície de inundação apenas durante o período de vazante. Incapazes de migrar como as aves, a maioria dos mamíferos depende de áreas de terreno elevado, como as serras isoladas na região e as florestas nas cordilheiras e capões, para sobreviver às enchentes. Esse é um provável fator limitante para várias espécies que, no Pantanal, mostram baixas densidades em comparação ao Cerrado, como o tamanduá-bandeira *Myrmecophaga tridactyla* e o lobo-guará *Chrysocyon brachyurus*. Esse último teria sido comum no Pantanal durante o período seco que durou de 1963 a 1973.

Nenhuma espécie de mamífero é restrita ao Pantanal, que mostra uma comunidade com elementos de ampla distribuição no Cerrado, na Amazônia e no Chaco. De forma similar à herpetofauna, alguns mamíferos que podem ser considerados elementos chaquenhos têm distribuição restrita a porções limitadas do Pantanal. Alguns desses são os roedores *Akodon toba* e *Oligoryzomys chacoensis*, os marsupiais *Marmosops ocellatus* e *Gracilinanus chacoensis*, e os primatas *Callicebus pallescens* e *Aotus azarai*.

O bom estado de conservação de extensas áreas da planície pantaneira permite a oferta de nichos alimentares e reprodutivos, entre outros, que favorecem a grande abundância de algumas espécies, principalmente em áreas abertas nas proximidades de regiões arborizadas.

A região é notória por concentrar as maiores populações conhecidas de diversas espécies ameaçadas, como o veado-campeiro *Ozotocerus bezoarticus*, o cervo-do-pantanal *Blastocerus dichotomus*, a ariranha *Pteronura brasiliensis* e a onça-pintada *Panthera onca*. A conservação dessas espécies depende, em boa medida, da viabilidade das populações existentes no Pantanal, e algumas espécies mostram ali densidades populacionais superiores às observadas em outras partes do Brasil.

Por exemplo, as populações de veados-campeiros no Pantanal podem mostrar densidades entre 5,5 e 9,8 indivíduos por km^2, enquanto o Parque Nacional de Emas, com a maior população da espécie no Cerrado, tem um indivíduo/km^2. As populações de onças-pintadas no Pantanal mostram densidades de 6-7 indivíduos/100 km^2, enquanto diversos estudos em outras partes do Brasil, do Peru, da Colômbia, da Venezuela e do México mostraram densidades entre 1 e 3,5 adultos/100 km^2.

As grandes populações animais, especialmente de jacarés, ariranhas e felinos com peles cobiçadas pelo mercado da moda, atraíram caçadores ilegais (os coureiros) que dizimaram várias espécies durante a década de 1980 até que uma combinação de fiscalização intensa, o banimento das exportações de produtos de animais silvestres pelo Paraguai e Bolívia e uma mudança na moda fizeram a atividade cessar permitindo que a maioria das espécies começasse a se recuperar.

As inundações associadas aos ciclos plurianuais de secas e enchentes acima da média sempre dificultaram o desenvolvimento de atividades econômicas no Pantanal. A planície pantaneira é, tradicionalmente, uma área de pecuária extensiva onde o gado bovino e os cavalos (ambos com raças regionais próprias) ocuparam, com sucesso, os nichos vagos deixados pela megafauna extinta. Embora causasse impactos, incluindo a introdução de doenças que vitimam veados e capivaras, e a perseguição a onças acusadas de matar o gado (na realidade o manejo deficiente mata mais cabeças que os predadores), a atividade era mais benigna que as práticas que hoje a substituem, com a introdução de pastagens plantadas, muitas vezes em áreas antes ocupadas por florestas em capões e cordilheiras, e também nas regiões que circundam a planície.

O Pantanal recebe a água necessária para seu pulso de inundação das bacias que nele deságuam. Isso o torna extremamente vulnerável a alterações no uso do solo que afetem a drenagem e padrões de sedimentação. Um de seus afluentes, o rio Taquari, teve sua dinâmica totalmente alterada pela agricultura e pecuária, resultando em um grave processo de assoreamento que fez o rio deixar seu canal e inundar permanentemente áreas vizinhas.

O desmatamento no Pantanal e nas bacias que o alimentam é um fator de pressão extremamente sério. Até 2004, cerca de 44% da bacia do Alto Paraguai teve sua vegetação natural completamente alterada, com o índice de alteração chegando a 17% da planície pantaneira. Essas taxas de desmatamento representam a perda completa do Pantanal em cerca de 45 anos. A tendência de desmatamento tem se acelerado, especialmente no Mato Grosso do Sul, com a contínua expansão da pecuária, que, por sua vez, é empurrada para novas áreas pela expansão da soja e da cana.

Além de destruir habitats críticos para a maior parte da fauna e da flora pantaneira, a pecuária "moderna" também propiciou a invasão por gramíneas exóticas agressivas, especialmente espécies de *Brachiaria* e *Panicum* que já ocupam áreas extensas, excluindo quase qualquer outra vegetação. Essa invasão biológica é mais uma que se soma à introdução de búfalos domésticos, mexilhões-dourados, tucunarés, tambaquis e outras espécies que ameaçam a integridade do Pantanal. Pouco ou nada tem sido feito para se lidar com essa ameaça.

Os Grandes Biomas Brasileiros

Apesar de estar sob intensa pressão, pouco do Pantanal e das áreas envoltórias das quais depende é protegido por unidades de conservação. Apenas 3% da bacia do Alto Paraguai e 4% da planície pantaneira são protegidos por unidades de conservação de proteção integral, percentual claramente insuficiente. Além disso, muitas áreas, como parques estaduais em Mato Grosso do Sul, ainda precisam ser minimamente implantados.

Além da ameaça cada vez maior à planície pantaneira, habitats associados também estão sob pressão. As serras e morrarias do Pantanal mostram formações vegetais muito particulares, como o "bosque chiquitano" e o chaco, que no Brasil ocorrem apenas ali, além de campos de altitude e bancadas lateríticas. Essas formações vegetais abrigam várias plantas endêmicas, como *Aspilia grazielae* (Astheraceae) e os cactos *Echinopsis calochlora* e *Discocatus ferricola*. Todas essas espécies encontram-se ameaçadas pela mineração de ferro e manganês em curso no Maciço do Urucum – que não tem nenhuma área protegida significativa – e pelas atividades agropecuárias na região de Corumbá, incluindo vários assentamentos da reforma agrária.

FIGURA 3.14 – A Serra do Amolar se ergue abruptamente da Planície Pantaneira ao longo da fronteira Brasil-Bolívia.

FIGURA 3.15 – Os padrões de erosão e deposição na Planície Pantaneira determinam a formação de corredores de florestas ou de campos inundáveis.

FIGURA 3.16 – Os peixes migratórios, como cacharas *Pseudoplatystoma fasciatum* e barbados *Pinirampus pinirampu*, estão entre as espécies exploradas comercialmente no Pantanal.

FIGURA 3.17 – O zog-zog *Callicebus pallescens* é encontrado nas florestas secas (bosque chiquitano) do oeste do Pantanal.

Literatura recomendada

ANTAS, P. T. Z. 2009. Pantanal: guia de aves. Rio de Janeiro: SESC.

ASSINE, M. L. & SOARES, P. C. 2004. Quaternary of the Pantanal, west-central Brazil. *Quaternary International* 114: 23-34.

BRITISKI, H., K. Z. de S. SILIMON, B. S. LOPES. 2007. *Peixes do Pantanal*: manual de identificação. Brasília: Embrapa.

HARRIS, M. B., C. ARCÂNGELO, E. C. T. PINTO, G. CAMARGO, S. M. SILVA. 2005. *Estimativa de perda da área natural da Bacia do Alto Paraguai e Pantanal Brasileiro.* Campo Grande: Conservação Internacional.

OLIVEIRA, J. A., L. M. PESSOA, L. F. B. OLIVEIRA, F. ESCARLATE, F. P. CARAMASCHII, A. LAZER, J. L. P. CORDEIRO. 2002. Mamíferos da RPPN SESC Pantanal. *Conhecendo o Pantanal* 1:33-38, 31.

RESENDE, E. K. 2008. *Pulso de inundação* – processo ecológico essencial à vida no Pantanal.Embrapa – Empresa Brasileira de Pesquisa Agropecuária, Documentos 94, Corumbá, Brasil, 16 pp.

RODRIGUES, F. H. G., Í. M. MEDRI, W. M. TOMAS, G. DE M. MOURÃO. 2002. *Revisão do conhecimento sobre ocorrência e distribuição de Mamíferos do Pantanal.* Embrapa – Empresa Brasileira de Pesquisa Agropecuária, Documentos 38, Corumbá, Brasil, 42 pp.

STRAUBE, F. C., A. URBEN-FILHO, M. A. C. PIVATTO, A. P. NUNES, W. TOMÁS. 2006. Contribução à ornitologia do Chaco brasileiro (Mato Grosso do Sul, Brasil). *Atualidaes Ornitológicas* 134. Disponível em: <http://www.ao.com.br/download/chaco.pdf>.

TUBELIS, D. P., W. M. TOMÁS. 2003. Bird species of the Pantanal wetland. *Ararajuba* 11:5-37.

JUNK, W. J., C. N. CUNHA, K. M. WANTZEN, P. PETERMANN, C. STRÜSSMANN, M. I. MARQUES, J. ADIS. 2006. Biodiversity and its conservation in the Pantanal of Mato Grosso, Brazil. *Aquat. Sci.* 68: 278-309.

VASCONCELOS, M. F & D. HOFFMANN, 2006. Os Bosques Chiquitanos também são nossos! *Atualidades Ornitológicas* 130:10-11.

3.4 Campos e banhados sulinos

> "A última vez que vi a grama dos pampas em sua beleza completa foi ao final de um brilhante dia de março terminando em um pôr do sol perfeito como aqueles vistos apenas nas áreas selvagens, onde nenhuma linha de casas ou cercas perturbam a encantadora beleza da natureza."
>
> *W. H. Hudson,* escritor e naturalista anglo-argentino, em The Naturalist in La Plata

Os campos naturais ocupam uma área superior a 13,5 milhões de hectares no Brasil. Embora essas formações, com diferentes composições, histórias e fisionomias, ocorram em biomas como o Cerrado e a Mata Atlântica, é apenas nos Campos Sulinos que elas são dominantes. Os Campos Sulinos do Brasil fazem parte do bioma Pampa, que inclui as formações campestres do centro e leste da Argentina e Uruguai, e do sul do Brasil. Esse bioma é comumente dividido em duas grandes unidades: o Pampa Argentino (por exemplo, nas províncias de Buenos Aires e La Pampa), e os Campos do sul do Brasil, Uruguai e províncias argentinas de Corrientes e Misiones.

Por conveniência e para manter coerência com fontes como o IBGE, quando fazemos menção ao Pampa estamos falando sobre os Campos, o Pampa propriamente sendo denominado Pampa Argentino. Os Campos limitam-se a leste com o Atlântico, a sul com rio de La Plata, a norte com a Mata Atlântica (no sentido amplo) e a oeste com a Mesopotâmia Argentina, onde há elementos do Chaco, o Espinal (às vezes, descrito como um Chaco empobrecido, e que faz fronteira com as estepes da Patagônia) e Pampa Argentino.

Os Campos Sulinos talvez formem o bioma menos conhecido e mais desconsiderado do Brasil. O fato de a fisionomia dominante ser a de campos limpos com poucos arbustos e árvores e de banhados esparsos faz com que a maioria das pessoas intuitivamente os considere áreas já alteradas e de pouco valor ecológico. Outro problema é o fato de existirem várias áreas disjuntas que têm sido oficialmente consideradas parte da Mata Atlântica, apesar das óbvias afinidades biológicas e históricas com as formações campestres mais extensas no Rio Grande do Sul e nos países vizinhos, o que contribui para sua obscuridade.

Embora o Pampa brasileiro, conforme delimitado pelo IBGE ocupe uma área limitada ao Rio Grande do Sul, critérios biogeográficos permitem definir os Campos Sulinos como uma área muito mais extensa, com várias e grandes manchas de formações campestres isoladas entre si por corredores florestais, na maioria associados a grandes rios. Esse conjunto inclui os Campos Gerais que ocorriam do extremo sudeste de São Paulo (por exemplo, Itararé) através do segundo planalto do Paraná até o norte de Santa Catarina. A esses campos se ligam os Campos de Lages e os Campos de Cima da Serra do sudeste de Santa Catarina e nordeste do Rio Grande do Sul. Os Campos de Cima da Serra e seus semelhantes em Santa Catarina e Paraná são pontilhados por capões de araucárias *Araucaria angustifolia*, o que lhes dá fisionomia característica.

Várias espécies da flora e da fauna são compartilhadas pelo Pampa e pelos Campos de Cima da Serra, um padrão biogeográfico bastante conhecido para aves (exemplificado pelo veste-amarela *Xanthopsar flavus*), anfíbios e répteis (como o belo lagarto *Stenocercus azureus*) e mamíferos (como o graxaim *Lycalopex gymnocercus*). Essas espécies indicam uma conexão física entre esses diferentes núcleos de vegetação campestre até um passado não muito remoto, quando formações florestais começaram a se expandir.

O corredor de campos ligando o Rio Grande do Sul a São Paulo, onde campos naturais ocorriam na região da atual metrópole e mais ao norte, no Vale do Paraíba, historicamente formava um contínuo que foi aproveitado pelos colonizadores europeus para estabelecerem rotas comerciais, especialmente para o fornecimento de animais de carga (mulas) e carne (charque) demandados pelas minas de ouro e diamantes mais ao norte. No norte da rota dos tropeiros, na região de Sorocaba, os campos já mostravam elementos de Cerrado, marcando uma região de transição também aparente no interior do Paraná. Esse interessante contato ecológico, já quase extinto, tem sido largamente ignorado, mas ainda é evidente, por exemplo, em áreas como o Parque Estadual do Guartelá (PR), onde pequizeiros *Caryocar brasiliense* ocorrem em meio aos campos locais.

Campos como os que hoje caracterizam o Pampa, os Campos de Cima da Serra e os Campos Gerais foram o habitat dominante do sul e parte significativa do sudeste do Brasil, incluindo na Serra da Mantiqueira e Serra do Mar, durante os períodos mais frios e secos do Pleistoceno, como o máximo glacial entre 24 e 18 mil anos atrás. O clima era, então, bem mais frio que o atual; na região dos Campos de Cima da Serra, as temperaturas médias eram cerca de

7 °C mais baixas e as mínimas invernais chegavam a –10 °C. A isso se somava uma estação seca de pelo menos três meses, inibindo o crescimento de árvores e favorecendo campos abertos. Nesse período, o nível do mar estava cerca de 120 m abaixo do atual, expondo a plataforma continental. Pelo menos até o norte de Santa Catarina terras, hoje submersas, eram cobertas por campos similares aos Campos de Cima da Serra, pontuados por manchas de florestas de árvores adaptadas ao frio.

O início do Holoceno, 11.500 anos atrás, viu um aumento nas temperaturas, mas as estações secas continuaram longas o suficiente para inibir a expansão das florestas. Nos Campos de Cima da Serra, a área ocupada por capões e matas de araucária começou a se expandir apenas em torno de 3.210 anos AP a partir de enclaves ao longo dos rios e vales mais protegidos, indicando uma mudança para clima mais úmido sem uma estação seca marcante. No oeste do Rio Grande do Sul, o clima seco e quente tornou-se úmido o suficiente para que as matas de galeria pudessem se expandir a partir de 5.170 anos AP, com um aumento marcante após 1.550 anos AP. Nos Campos Gerais do Paraná e Santa Catarina a expansão das florestas parece ter sido mais recente, apenas a partir de 1.400 anos AP no primeiro estado e 930 anos AP no segundo.

É lícito ver os Campos Sulinos atuais como ecossistemas remanescentes de um longo período climático muito diferente do atual e a mudança climática associada a uma lenta expansão das florestas ao longo dos últimos poucos milhares de anos. Essa pode ter sido interrompida por episódios como a "Little Ice Age" (cerca de 1300-1850 d.C.), quando icebergs foram registrados fora do rio de La Plata e nevascas ocorreram no Espinhaço mineiro. A substituição dos campos por florestas como resultado de um clima mais quente e úmido é um processo ainda em andamento e mediado por outros fatores além do climático e edáfico. Muitas áreas de campos estão associadas a solos rasos, bem drenados, ou a várzeas sujeitas a encharcamento prolongado, o que inibe o crescimento de árvores.

Como todos os ecossistemas campestres ou savânicos, a presença de grandes herbívoros que consomem (ou consumiam) parte importante da biomassa vegetal foi um fator importante na evolução da flora dos Campos Sulinos e sua ecologia. Como o Cerrado, os Campos Sulinos abrigaram até recentemente (cerca de 8.500 anos atrás, no Rio Grande do Sul, talvez até menos) uma fauna de grandes herbívoros pastadores que incluía cavalos, lhamas, toxodons e preguiças gigantes (alguns, como *Lestodon* e *Glossotherium,* análogos ecológicos dos rinocerontes brancos *Ceratotherium* spp. ainda vivos). Como nas savanas africanas atuais, essa megafauna criava perturbações que mantinham o mosaico de habitats que vai de pastos ralos e baixos a capinzais altos e densos, inibia o crescimento de árvores e removia biomassa impedindo o acúmulo de matéria seca e inflamável.

A extinção da megafauna está associada, no registro paleoambiental dos Campos Sulinos, a um aumento significativo na frequência e intensidade dos incêndios, fenômeno que também foi detectado em outras partes do mundo após extinções similares. Esse aumento está associado tanto ao acúmulo de biomassa vegetal seca e inflamável (antes consumida pela megafauna) como à intensificação das atividades humanas. O uso do fogo por povos caçadores-coletores para "limpar áreas", facilitar a caça e mesmo como arma de guerra é uma constante em todos os continentes e esse fator foi, após a ocupação humana, determinante em manter áreas de campo mesmo sob climas favoráveis às florestas.

Os Grandes Biomas Brasileiros

Dessa forma, a existência dos campos até os dias de hoje, quando as condições climáticas são favoráveis ao crescimento de florestas, é resultado de uma combinação de fatores. Primeiro, o atual regime climático é relativamente recente e as florestas, obviamente, levam algum tempo para se estabelecer. Segundo, o uso do fogo, primeiro por populações indígenas e depois por pecuaristas, retarda a expansão das florestas, enquanto favorece a vegetação campestre. O mesmo processo provavelmente manteve as áreas de campos mais ao norte, no Paraná e em São Paulo, onde campos pontilhados por araucárias ocorriam mesmo na área da atual metrópole até, pelo menos, o início do século XIX.

A Campanha Gaúcha, no sudoeste do Rio Grande do Sul, é a imagem icônica dos Pampas que se estendem também no Uruguai e Argentina. Campos tipo savana ocupam a maior parte de Planalto Sul-Rio-Grandense, sendo dominados por gramíneas e leguminosas na maior parte compartilhadas com o Chaco, sendo comuns gêneros como *Stipa, Piptochaetium, Aristida, Melica* e *Briza*. A cobertura herbácea é pontilhada por arbustos como *Acacia caven* e *Acacia farnesiana*. As áreas de florestas se restringem às matas ciliares e aluviais ao longo de rios e arroios que drenam a região, havendo ainda muitas áreas de banhados.

Apesar dessa aparente uniformidade, os Campos Sulinos do extremo sul do Brasil mostram ecorregiões distintas definidas pela ocorrência de espécies particulares e fatores abióticos como o tipo de solo e clima, resultado de um gradiente de pluviosidade decrescente de nordeste para sudoeste. No Rio Grande do Sul, o Pampa tem sido dividido em sete formações associadas a diferentes tipos de solo e substrato geológico. É interessante notar o caráter relictual de algumas dessas formações, como os Campos de Barba-de-Bode – formação similar a algumas do Cerrado e indicadora de um clima passado quente e seco – e os Campos dos Areiais do centro-oeste do estado, que crescem sobre solos muito arenosos. Nesses campos há espécies de cactos endêmicos, e muitas espécies mostram adaptações para lidar com altas temperaturas e stresse hídrico, convivendo com o pinho-bravo *Podocarpus lambertii*, indicador de clima frio e úmido.

No extremo oeste do estado (Barra do Quarai) árvores de espinilho *Acacia caven*, juntamente com os algarobos *Prosopis nigra*, inhanduvás *P. affinis*. e quebrachos *Aspidosperma quebracho-blanco* formam o único enclave do "Parque Espinilho" no Brasil, com apenas cerca de 2 mil ha. O Parque Espinilho – uma savana com árvores espinhosas e baixas – se diferencia dos campos com arbustos esparsos encontrados no restante do Pampa, formando um enclave em que algumas espécies de aves encontradas no Chaco árido e Espinal na Argentina e Uruguai têm sua única área de ocorrência no Brasil. Entre essas raridades estão o arapaçu-platino *Drymornis bridgesii*, o coperete *Pseudoseisura lophotes* e o rabudinho *Lepthastenura platensis*.

No litoral do Rio Grande do Sul e extremo sul de Santa Catarina a planície costeira mostra um complexo sistema de lagoas e áreas úmidas delimitadas por cordões arenosos e restingas. As lagoas incluem algumas das maiores no continente, como a Lagoa dos Patos e a Lagoa Mirim, além de várias menores e com características hidrológicas variadas, como a hipersalina Lagoa do Peixe, área de alta produtividade aquática que abriga grandes populações de aves aquáticas.

Essa região abriga os "Campos Litorâneos", onde gramíneas prostradas com estolões e rizomas cobrem as áreas mais secas, sendo substituídas por ciperáceas nas áreas mal drenadas. Em algumas áreas, como cordões arenosos entre o Banhado do Taim e o oceano, ocorrem manchas de florestas que combinam espécies como grandes figueiras *Ficus organensis* e incongruentes mandacarus *Cereus hildmanianus*. Butiazais, onde a palmeira *Butia capitata* é a espécie dominante, também ocorrem nessa região e já foram uma feição comum em grandes áreas do interior gaúcho.

A região onde estão os campos litorâneos teve sua extensão e fisionomia drasticamente alterada por transgressões e regressões marinhas que se sucederam ao longo dos últimos poucos milhares de anos. Há 17 mil anos, com o nível do mar 120 m abaixo da cota atual, a plataforma continental estava emersa e ocupada por vegetação campestre e florestal. Em contrapartida, há 5 mil anos houve uma transgressão marinha que elevou o nível do mar a 5 m acima do nível atual.

Em virtude dessas drásticas alterações os campos litorâneos mostram poucos endemismos, podendo ser considerados um amálgama de espécies oriundas de regiões diversas como o Chaco, a Mata Atlântica e os Pampas do interior. Apesar de o nível de endemismo ser baixo, é importante notar que entre estes há espécies com distribuição muito restrita como os tuco-tucos *Ctenomys flammarioni* e *C. minutus*, o lagarto *Liolaemus arambarensis*, o sapo *Melanophryniscus dorsalis*, e os peixes anuais *Austrolebias charrua*, *A. minuano* e A. *nigrofasciatus*.

A planície mostra uma drenagem complexa e extensas áreas alagadas que podem ter sua extensão muito aumentada graças às inundações sazonais. Esses "banhados" mostram um mosaico de áreas abertas, com água exposta, e grandes extensões de vegetação densa, especialmente ciperáceas. As áreas sazonalmente inundáveis mostram produtividade biológica excepcional, abrigando uma rica fauna onde as aves aquáticas são um componente conspícuo em áreas como o Canal de São Gonçalo, que liga as lagoas Mirim e dos Patos, e o Banhado do Taim, onde 77 das 231 espécies de aves já registradas são aquáticas. Outros grupos animais também mostram riqueza considerável. No mesmo Taim, ocorrem 62 espécies de peixes, 17 espécies de anfíbios e 21 de répteis, quelônios como *Trachemys dorbigni* e o jacaré *Caiman latirostris* sendo componentes conspícuos da fauna local.

Os banhados podem propiciar a formação de turfeiras de extensão significativa, resultantes do acúmulo de matéria orgânica em condições de baixa oxigenação que inibem sua decomposição. Essas turfeiras, cuja presença e manutenção dependem do encharcamento do terreno, podem ocupar áreas bastante extensas e são importantes reservatórios de carbono, embora esse papel seja largamente ignorado no Brasil. Muitas turfeiras mostram vegetação florestal, com composição distinta da observada nas áreas adjacentes mais elevadas.

Os Campos de Cima da Serra (oficialmente parte da Mata Atlântica) do Rio Grande do Sul e Santa Catarina ocorrem em altitudes acima de 800 m em uma região de clima frio e úmido favorável a formações florestais, no caso, florestas de araucária onde o pinho-bravo *Podocarpus lambertii* e a bracatinga *Mimosa scabrella* também são árvores comuns. O resultado é um mosaico de áreas de campo e capões que atualmente estão em expansão. A vegetação mostra alta riqueza, com 1.161 espécies de plantas vasculares catalogadas (Asteraceae e Poaceae correspondendo a quase 50%), das quais 107 são endêmicas.

Como os banhados litorâneos, os Campos de Cima da Serra também mostram a presença de turfeiras nas depressões de terreno onde o lençol freático é raso e se formam pequenos banhados. Essas áreas úmidas são de extrema importância para a fauna local. Estudos mostram que aves mostram tanto maior riqueza como abundância nos campos próximos a drenagens do que naqueles em áreas mais elevadas, e a mesma constatação é verdadeira para os anfíbios.

A riqueza de espécies nos Campos Sulinos é considerável, embora esse bioma não mostre a complexidade estrutural das florestas. A riqueza de plantas nos Campos de Cima da Serra já foi mencionada, enquanto 450 espécies vasculares foram encontradas em uma área de campo próxima a Porto Alegre com 220 ha. Esses resultados mostram que os Campos Sulinos estão entre as comunidades campestres mais ricas do mundo.

Os Campos do Uruguai e do Rio Grande do Sul (o Pampa reconhecido pelo IBGE) abrigam 125 espécies de mamíferos, dos quais 117 registrados no Rio Grande do Sul. Dessas espécies, sete são consideradas endêmicas desses campos, todas compostas por roedores. A mastofauna mostra um padrão também observado em outros grupos, com a Campanha Gaúcha sendo mais similar aos campos do Uruguai, enquanto o centro e leste do Rio Grande do Sul têm comunidades mais similares às dos campos litorâneos. Dentre os mamíferos, apenas três tuco-tucos (*Ctenomys lami*, *C. flammarioni* e *C. minutus*) podem ser considerados endêmicos dos campos do sul do Brasil.

Cerca de 480 espécies de aves ocorrem no Pampa brasileiro, das quais 109 são essencialmente campestres, 126 aquáticas e 126 associadas às formações fllorestais que cortam os campos. As estimativas indicam pelo menos 27 táxons de aves endêmicas para o conjunto dos Pampas e Campos do Uruguai e Brasil. Um número importante de espécies, como os junqueiros *Limnornis curvirostris* e *Limnoctites rectirostris* e o boininha *Spartonoica maluroides*, estão associados mais a banhados que a áreas de campo, enquanto muitas espécies campestres, como o veste-amarela *Xanthopsar flavus* e a noivinha *Xolmis dominicanus*, precisam dos banhados espalhados pelos campos para nidificar.

No Rio Grande do Sul, 120 espécies estão primariamente associadas a formações campestres, uma (o caboclinho *Sporophila melanogaster*) sendo um endemismo estrito dos Campos sulinos brasileiros. O pedreiro *Cinclodes pabsti* era considerado endêmico dos Campos de Cima da Serra até a descoberta inesperada de exemplares aparentemente dessa espécie nos campos rupestres da Serra do Cipó, em Minas Gerais, enquanto o macuquinho-da-várzea *Scytalopus iraiensis*, encontrado em banhados litorâneos do Rio Grande do Sul e naqueles dispersos nos campos planálticos entre Curitiba e os Campos de Cima da Serra, também foi recentemente encontrado no extremo sul da cadeia do Espinhaço.

O padrão de distribuição ligando os Campos Sulinos com formações abertas mais ao norte (incluindo os campos da região da atual Grande São Paulo e terras altas do sul do Espinhaço) também é apresentado pelo tico-tico-do-
-banhado *Donacospiza albifrons* e o canário-do-brejo *Emberizoides ypiranganus*, todas espécies paludícolas, e sugerem uma antiga ligação entre os Campos Sulinos e formações campestres isoladas mais ao norte que hoje são parte do Cerrado e dos Campos Rupestres.

O Pampa abriga, pelo menos, 50 espécies de anfíbios e 97 de répteis. Riquezas locais de 24-26 e 30 espécies de anuros foram encontradas na Campanha Gaúcha e Campos de Cima da Serra, respectivamente. Embora a maior parte dos anfíbios esteja ligada a habitats mésicos como os banhados, a variada fauna de répteis do Pampa (mais rica que a de florestas como as Yungas e Matas de Araucária) mostra uma predominância de espécies heliófitas e campestres.

Pelo menos, 10 espécies de anfíbios e seis de répteis podem ser consideradas endêmicas do conjunto que inclui os Pampas brasileiros, os Campos Gerais e de Cima da Serra e formações abertas do litoral do Rio Grande do Sul e Santa Catarina. Os répteis incluem espécies como a cobra-coral *Micrurus silviae*, restrita ao Planalto das Missões gaúcho, e o lagarto *Cnemidophorus vacariensis*, dos Campos de Cima da Serra. Algumas espécies, como a serpente *Ditaxodon taeniatus*, mostram populações disjuntas nos Campos Sulinos brasileiros e nos campos de altitude associados às Florestas com Araucária da Serra da Mantiqueira, entre São Paulo e Minas Gerais, indicando conexões passadas.

Dentre os anfíbios destacam-se os sapinhos do gênero *Melanophryniscus*, com pelo menos seis espécies endêmicas. Esse gênero está associado a banhados em áreas campestres, tendo seu centro de diversidade na região temperada do sul do Brasil, Uruguai e Argentina. Uma espécie, *M. moreirae*, ocorre apenas nos campos de altitude acima de 2.000 m da Serra da Mantiqueira, no sudeste do Brasil. Essa espécie é outro exemplo de uma ligação passada dos Campos Sulinos com formações abertas mais ao norte, as cristas das montanhas servindo como um refúgio para espécies associadas a formações abertas e climas mais frios.

Os peixes são apenas indiretamente associados aos habitats campestres, embora os rios e arroios que cortam os Campos de Cima da Serra mostrem um grande número de espécies endêmicas, e os banhados do litoral obviamente apresentem uma rica comunidade de peixes. Os peixes que talvez possam ser mais bem-considerados elementos dos campos são os peixes anuais do gênero *Austrolebias*, com pelo menos cinco espécies nos campos do interior e quatro em áreas abertas do litoral e entorno das lagoas dos Patos e Mirim. Nessa última ecorregião também há várias espécies do gênero *Cynopoecilius*, algumas ainda não descritas, também anuais e associadas a habitats temporários.

Como seria de se esperar, os Campos Sulinos compartilham várias espécies, especialmente de aves e mamíferos, com as formações mais abertas do Cerrado. Por exemplo, espécies icônicas dos Campos Sulinos, como a ema *Rhea americana* e a curicaca *Theristicus caudatus*, também ocorrem no Cerrado e no Pantanal. Em períodos mais secos e frios a conexão entre os Campos e o Cerrado deve ter sido bastante ampla possibilitando a evolução de processos ecológicos como migrações de aves ao longo do gradiente latitudinal de áreas abertas ao longo do continente.

Manadas com centenas de veados-campeiros *Ozotoceros bezoarticus* foram historicamente registradas tanto no Pampa como no Cerrado, o gato--palheiro *Oncifelis colocolo* ocorre do Pampa argentino aos Cerrados do Maranhão e a onça-pintada *Panthera onca* certa vez habitou o mosaico de campos e capões de mata dos pampas gaúchos, da mesma forma que hoje faz em áreas como o Jalapão ou o parque nacional de Emas. É interessante notar que espécies que hoje se acredita associadas ao Cerrado, como o lobo-guará

Chrysocyon brachyurus, também já tiveram distribuição ampla nos Campos e Banhados Sulinos, onde hoje é relictual.

Muitas aves também ocorrem tanto nos Campos Sulinos como nas formações abertas do Cerrado, emas *Rhea americana*, codornas *Nothura maculosa* e perdizes *Rynchotus rufescens* sendo exemplos óbvios. O mesmo vale para espécies menos conhecidas, embora ameaçadas, como o papa-moscas-do-campo *Culicivora caudacuta* e o papa-moscas-canela *Polystictus pectoralis*. Entre as espécies compartilhadas um grupo importante é o de papa-capins como a patativa *Sporophila plumbea*, o caboclinho-de-chapéu-cinzento *S. cinnamomea*, o caboclinho-de-barriga-vermelha *S. hypoxantha*, o caboclinho-de-papo-branco *S. palustris* e o caboclinho-de-barrga-preta *S. melanogaster* que realizam migrações para o Cerrado depois de nidificarem em áreas de campo e banhados no sul do Brasil e países vizinhos durante o verão.

Os Campos Sulinos são utilizados para a pecuária extensiva desde a chegada dos europeus ao continente e essa atividade provavelmente favoreceu a manutenção das formações campestres ao restaurar, pelo menos parcialmente, a pressão de herbivoria e por utilizar o fogo no manejo das pastagens. Obviamente, essa atividade resulta em alterações importantes na composição das comunidades bióticas e espécies hoje consideradas ameaçadas são prejudicadas por algumas práticas da pecuária tradicional, especialmente as que inibem a criação de mosaicos de habitats. Mas, mesmo assim, a atividade é menos danosa que a conversão completa dos campos em áreas agrícolas, plantações de árvores exóticas e pastagens cultivadas.

Em 1970, a área ocupada por campos naturais no sul do Brasil somava cerca de 18 milhões de hectares. Em 1996, essa área havia diminuído para 13,7 milhões em decorrência da expansão da agricultura, florestamentos e pastagens cultivadas. No Rio Grande do Sul, as formações campestres ocupavam, originalmente, cerca de 13 milhões de hectares, mas nesse mesmo período ocorreu uma perda de 3,5 milhões de ha, o que corresponde a uma taxa média de conversão de 137 mil ha/ano. O processo de destruição dos campos nativos foi mais intenso nos últimos anos, com mais 4,4 milhões de hectares sendo perdidos entre 1996 e 2006.

No Rio Grande do Sul, especificamente, restam apenas 11% da vegetação natural na região do Planalto Médio, 44% nos Campos de Cima da Serra (ou Planalto das Araucárias) e 69% na Serra do Sudeste. No Paraná, os Campos Gerais ocupavam cerca de 3,2 milhões de ha, estando hoje reduzidos a cerca de 7% de sua área original, em geral, onde as condições de solo e relevo não permitem a agricultura mecanizada. Parte dos Campos Gerais, os chamados "Campos de Curitiba", foram substituídos pela cidade homônima.

Um dos fatores de perda de habitats naturais mais importantes é a acelerada expansão das plantações de árvores exóticas (especialmente pinus e eucaliptos) para abastecer tanto indústrias de papel como de produtos madeireiros, evidente tanto nos Pampas como, especialmente, nos Campos de Cima da Serra. Nos últimos, os pomares de maçãs e peras também ocupam áreas naturais importantes. É irônico que o plantio de árvores ameace os campos do sul do Brasil, enquanto o plantio de campos ameaça as florestas da Amazônia.

Também nos Campos de Cima da Serra, a construção de hidrelétricas, tanto de grande como de pequeno porte, é uma ameaça significativa para as espécies endêmicas de peixes e outros organismos aquáticos que caracterizam essa região, e permanecem pouco conhecidas. Além de alterar os habitats aquáticos de maneira irreversível, tornando-os inadequados para muitas espécies nativas, os reservatórios destroem áreas importantes de habitats terrestres.

Os banhados litorâneos, por sua vez, perderam grande parte de sua área para o cultivo do arroz, uma das principais culturas no Rio Grande do Sul. Essa atividade, além de causar a destruição direta de habitats, também altera o sistema hidrológico em virtude da grande demanda de água, o que resulta em banhados não recebendo a quantidade de água necessária para manter seus processos ecológicos. Além disso, há conflitos de uso, como no Parque Nacional da Lagoa do Peixe, uma das mais importantes áreas de alimentação para maçaricos e batuíras migratórios na América do Sul e onde ainda há intensa atividade de pesca.

A acelerada conversão dos habitats naturais em áreas agrícolas já eliminou grandes extensões dos Campos Sulinos, resultando em extinções locais e mesmo totais. A borboleta *Orobrassolis latusoris*, descrita apenas em 2010 a partir de espécimes de museu originários dos Campos Gerais do Paraná, provavelmente encontra-se extinta. A única outra espécie do gênero ocorre nos campos de altitude da Serra da Mantiqueira, mais uma vez mostrando a antiga conexão entre essas formações.

Além da acelerada conversão dos habitats naturais, a introdução de espécies de plantas exóticas é um problema sério para a conservação dos Campos Sulinos. Um total de mais de 356 espécies de herbáceas, árvores e arbustos exóticos considerados invasores ocorrem no Pampa, algumas formando populações densas o suficiente para excluir espécies nativas e alterar as biotas locais. Essas espécies incluem o capim anoni *Eragrotis plana*, introduzido como forrageira para o gado, e o tojo *Ulex europaeus*, introduzido como cerca viva. É interessante notar que essas e outras invasoras utilizam as faixas limítrofes de estradas, beneficiando-se da perturbação regular nessas áreas para se expandir. O plantio de pinheiros exóticos tanto na faixa litorânea como no interior teve como resultado o estabelecimento dessas espécies como invasoras capazes de se espalhar agressivamente sobre campos naturais, obviamente alterando os ecossistemas locais.

Com relação à fauna, os Campos Sulinos brasileiros já foram colonizados por javalis *Sus scrofa* e lebres *Lepus europaeus*, espécies europeias originalmente introduzidas na Argentina e Uruguai, e por trutas-arco-íris *Oncorhynchus miskiss*, espécie norte-americana deliberadamente solta em rios de regiões como os Campos de Cima da Serra. Os impactos de javalis e lebres sobre os ecossistemas naturais ainda estão sendo estudados, enquanto danos a áreas agrícolas já são bem documentados. Quanto às trutas, estas podem ser um desastre para as comunidades de peixes nativos, como já documentado em outras partes do mundo, e sua introdução deliberada é de extrema irresponsabilidade.

Poucas unidades de conservação protegem os Campos Sulinos, mas a maior parte das unidades existentes pode ter sido criada para proteger florestas e áreas úmidas, abrangendo ecossistemas campestres de forma muito limitada. No Pampa propriamente dito, apenas 0,15% (equivalentes a pouco mais de 16 mil ha) de sua área estão em unidades de proteção integral. À falta de áreas protegidas se soma o fato de a legislação ambiental que obriga a proteção de reservas legais e áreas de preservação permanente raramente ser cumprida.

As características ecológicas dos campos, dependentes de perturbações causadas pelo fogo e herbivoria para sua manutenção, impõem desafios de manejo às unidades de conservação. A exclusão do gado e supressão do fogo em áreas como os Campos de Cima da Serra conduz à gradual substituição dos campos por áreas cobertas por arbustos (vassourais) e, finalmente, florestas. O resultado é a extinção das espécies campestres, resultado indesejado considerando-se o nível de endemismo dessas espécies. Por outro lado, o pastejo intensivo reduz a diversidade, ou mesmo extingue localmente, espécies de pequenos mamíferos associados aos campos.

Isso poderia ser evitado com medidas de manejo como o uso de cavalos ferais ou permitir incêndios naturais. Essas medidas são adotadas em várias áreas protegidas em todo o mundo e poderiam manter mosaicos de habitats no interior de um parque nacional como Aparados da Serra ou São Joaquim. O Brasil, no entanto, não tem uma tradição de manejo ativo de suas áreas naturais e medidas como essas esbarram em questões legais, políticas e educativas.

FIGURA 3.18 – Nos Campos Sulinos, incluindo os Campos de Cima da Serra, as florestas estão restritas a capões isolados e corredores que acompanham cursos d'água em decorrência da ação do fogo e do pastoreio. No entanto, há a tendência para as florestas se expandirem sobre os campos ao longo do tempo.

FIGURA 3.19 – O fogo é um poderoso fator ecológico na dinâmica dos Campos Sulinos.

FIGURA 3.20 – Um campo úmido nas proximidades da Lagoa dos Patos atrai grande número de aves aquáticas.

FIGURA 3.21 – O Parque Espinilho (ou *espinal*) é uma formação de tipo chaquenho considerada parte dos campos sulinos. No Brasil ocorre em uma pequena área no extremo sudoeste do Rio Grande do Sul.

FIGURA 3.22 – O pedreiro *Cinclodes pabsti* é endêmico dos Campos de Cima da Serra de Santa Catarina e do Rio Grande do Sul.

FIGURA 3.23 – O arapaçu-platino *Drymornis bridgesii* é uma espécie considerada ameaçada no Brasil, onde ocorre apenas no Parque Espinilho.

Literatura recomendada

Accordi, I. A., S. M. Hartz. 2006. Distribuição espacial e sazonal da avifauna em uma área úmida costeira do sul do Brasil. *Revista Brasileira de Ornitologia* 14 (2):117-135.

Behling, H. 2002. South and southeast Brazilian grasslands during Late Quaternary times: a synthesis. *Palaeogeography, Palaeoclimatology, Palaeoecology* 177:19-27.

Blanco, D. E. 1999. Los humedales como habitat de aves acuaticas, p. 208-217. In: A. I. Malvárez (ed.) *Tópicos sobre humedales subtropicales y templados en Sudamérica*. Montevideo: Unesco.

Gayer, S. M. P., L. Krause, N. Gomes. 1988. Lista preliminar dos anfíbios da Estação Ecológica do Taim, Rio Grande do Sul, Brasil. *Rev. Bras. Zool.* 5:419-425.

Gomes, N., L. Krause. 1982. Lista preliminar de répteis da Estação Ecológica do Taim, Rio Grande do Sul. *Rev. Bras. Zool.* 1:71-77.

Morató, D. Q. 2009. *Diversidade e padrões de distribuição de mamíferos dos Pampas do Uruguai e Brasil*. Tese de Doutorado, IB, Universidade de São Paulo.

Mello, M. S., R. S. Moro, G. B. Guimarães. 2007. *Patrimônio natural dos Campos Gerais do Paraná*. Ponta Grossa: Editora da Universidade Estadual de Ponta Grossa.

Meneghetti, J. O. 1998. Lagunas uruguayas y sur de Brasil. In: P. Canevari, I. Davidson, D. Blanco, G. Castro & E. Bucher (eds.) *Los humedales de América del Sur*: uma agenda para la conservación de biodiversidad y políticas de desarollo. Buenos Aires: Wetlands International, Buenos Aires, Argentina. Disponível em: <http://www.wetlands.org/inventory&/SAA/Intro/_INDEX@.htm>.

PILLAR, V. M., S. C. MULLER, Z. M. S. CASTILHOS, A. V. A. JACQUES. 2009. *Campos sulinos*: conservação e uso sustentável da biodiversidade. Brasília: Ministério do Meio Ambiente.

PILLAR, V.M., E. VÉLEZ. 2010. A extinção dos Campos Sulinos em unidades de conservação: um fenômeno natural ou um problema ético. *Natureza & Conservação* 8:84-86.

STRAUBE, F. C. & A. DI GIÁCOMO. 2007. A avifauna da região subtropical e temperada da América do Sul: desafios biogeográficos. *Ciência & Ambiente* 35:137-166.

VILLWOCK, J. A., E. A. DEHNHARDT, E. L. LOSS, T. HOFMEISTER. 1980. Turfas da Província Costeira do Rio Grande do Sul – geologia do depósito Águas Claras, p. 500-512. In: *Anais do 31° Congresso Brasileiro de geologia*. V. 1. Florianópolis: Sociedade Brasileira de Geologia.

Pecuária e biodiversidade no Pampa

Os ecossistemas campestres coevoluíram juntamente com comunidades de grandes herbívoros que foram extintos apenas recentemente em termos geológicos. Como ocorre até hoje em sistemas que vão das savanas africanas a pastagens cultivadas, esses animais criam mosaicos de vegetação que variam de áreas de solo nu a capinzais altos e densos, dependendo da intensidade do pastejo. A este fator somam-se fatores como o encharcamento do solo e a ocorrência do fogo, natural ou provocado pelo homem, o que cria um sistema altamente dinâmico no espaço e no tempo.

O resultado da existência desse mosaico é que cada estágio de sucessão vegetal tem espécies, tanto de fauna como de flora, que lhe são características e dependentes. Ao mesmo tempo, as comunidades bióticas coevoluíram de forma a lidar com a heterogeneidade espaçotemporal de seu habitat, sendo capazes de colonizar novas manchas de habitats adequados que são formadas. Esses ecossistemas são um bom exemplo de como distúrbios criam uma diversidade de nichos ecológicos e uma maior diversidade.

Os Campos Sulinos têm sido utilizados para a pecuária há séculos e esse sistema de produção é compatível com a conservação de parte importante da biota nativa. Por exemplo, enquanto 78 espécies de aves são encontradas em pastagens cultivadas na Campanha Gaúcha, o total pode ser de 126 em pastagens nativas, incluindo várias espécies raras e ameaçadas que convivem com a atividade.

O manejo das pastagens nativas, no entanto, comumente envolve o sobrepastejo, o acesso do gado aos banhados e a prática de queimadas no final do inverno. Isso tende a tornar os campos homogêneos, falhando em conservar a heterogeneidade de habitats necessária para manter toda a biota local. O resultado é que espécies associadas a pastos com gramíneas altas estão entre as mais ameaçadas no bioma, enquanto plantas exóticas invasoras, que dependem de solo exposto e alta insolação, são favorecidas por esse tipo de manejo.

Por outro lado, diversos estudos na região mostram que o manejo adequado do gado, especialmente por meio do ajuste da lotação do gado, de acordo com a disponibilidade da forragem, tanto aumenta o ganho de peso dos animais como promove maior riqueza e diversidade da vegetação. Ou seja, formas simples de manejo trazem tanto maior ganho econômico quanto conservam a flora nativa dos campos e parte da fauna, o que leva a medidas de conservação diferenciadas em relação às propostas para outros ecossistemas. Por exemplo, uma ênfase maior na adequação do manejo pecuário do que no estabelecimento de áreas protegidas.

Atualmente, há projetos em andamento que visam definir as melhores formas de manejo para conciliar a produtividade pecuária e a biodiversidade. Um dos instrumentos para garantir a viabilidade econômica das propriedades que adotam esse sistema de manejo tem sido o uso de certificados de indicação de procedência para conquistar mercados diferenciados que paguem um prêmio sobre a carne produzida dessa maneira.

No entanto, é necessário ter cautela em virtude das diferenças de escala espacial que afetam comunidades da flora e da fauna, já que a última necessita de mosaicos sucessonais que incluam áreas com capinzais altos e densos e outras fisionomias que raramente são produzidas em áreas sob produção. Para a manutenção desses mosaicos talvez seja mais adequado estabelecer um conjunto de áreas com maior restrição de uso, como pequenas reservas privadas e as áreas de preservação permanente, em meio àquelas sob regime de produção.

Literatura recomendada

BENCKE, G. A. 2009. Diversidade e conservação da fauna dos Campos do Sul do Brasil. p. 101-121 In: PILLAR, V. M., S. C. MULLER, Z. M. S. CASTILHOS, A. V. A. JACQUES (eds.) Campos sulinos: conservação e uso sustentável da biodiversidade. Brasília: Ministério do Meio Ambiente.

CASTILHOS, Z. M., M. D. MACHADO, M. F. PINTO. 2009. Produção animal com conservação da flora campestre do bioma Pampa. p. 199-205 In: PILLAR, V. M., S. C. MULLER, Z. M. S. CASTILHOS, A. V. A. JACQUES (eds.) Campos sulinos: conservação e uso sustentável da biodiversidade. Brasília: Ministério do Meio Ambiente.

DEVELEY, P. F., R. B. SETUBAL, R. A. DIAS, G. A. BENCK. 2008. Conservação das aves e da biodiversidade no bioma Pampa aliada a sistemas de produção animal. *Revista Brasileira de Ornitologia* 16:308-315.

HERINGER, I., A. V. A. JACQUES. 2002. Acumulação de forragem e material morto em pastagem nativa sob distintas alternativas de manejo em relação às queimadas. Revista Brasileira de Zootecnia 31:599-604.

NABINGER, C. 2006. Manejo e produtividade das pastagens nativas do subtrópico brasileiro. I Simpósio de Forrageiras e Produção Animal, UFRGS. Anais..., p. 25-76.

NABINGER, C., E. T. FERREIRA, A. K. FREITAS, P. C. F. CARVALHO, D. M. SANT'ANNA. 2009. Produção animal com base no campo nativo: aplicações de resultados de pesquisa. p. 175-198 In: PILLAR, V. M., A. C. MULLER, Z. M. S. CASTILHOS, A. V. A. JACQUES (eds.) Campos Sulinos: conservação e uso sustentável da biodiversidade. Brasília: Ministério do Meio Ambiente

3.5   Floresta com Araucária

"Há quem fale no Paraná em 0,4%, o que não deixa de ser uma façanha notável para um povo que herdou a araucária de sementes brotadas numa época em que os dinossauros governavam a terra".

Marcos Sá Corrêa, jornalista brasileiro, sobre quanto resta das florestas de araucária paranaenses

A Floresta com Araucária é comumente tratada como parte do bioma Mata Atlântica. Embora haja afinidades entre esse ecossistema e as porções meridionais da Mata Atlântica, especialmente as localizadas em áreas de maior altitude, seu caráter singular merece um tratamento diferenciado.

A Floresta com Araucária ocorria originalmente nos planaltos mais elevados dos estados do Paraná, Santa Catarina e Rio Grande do Sul, onde formava um grande bloco mais ou menos contínuo de 200 mil km^2 que se interdigitava com áreas de campos naturais como os Campos Gerais e com diferentes fitofisionomias da Mata Atlântica, como as florestas semidecíduas do interior e as florestas ombrófilas das serras do leste. Áreas disjuntas de Floresta com Araucária ocorrem também nos estados do sudeste brasileiro, como na Serra da Mantiqueira entre São Paulo e Minas Gerais. Essa floresta é quase totalmente brasileira, com apenas uma pequena área em Misiones (Argentina), onde a área de ocorrência original era de 2.100 km^2.

Esse ecossistema é singular por ser caracterizado pela ocorrência de uma única espécie de árvore, a araucária ou pinheiro-brasileiro *Araucaria angustifolia*. Essa é a espécie dominante nessas florestas e define sua fisionomia e dinâmica, o que não quer dizer que a diversidade de espécies arbóreas seja baixa.

A araucária pode atingir de 40 a 50 m de altura e diâmetros de três metros. Esses gigantes, hoje, são extremamente raros e, atualmente, exemplares de grande porte são aqueles com 30-35 m de altura e diâmetros de 80-120 cm. A espécie pertence a uma linhagem muito antiga, que dominava as florestas do Jurássico, 160 milhões de anos atrás. Especula-se que as folhas duras e pontiagudas evoluíram como uma defesa contra dinossauros herbívoros, incluindo os grandes titanosauros que foram comuns na América do Sul.

O gênero possui duas espécies que ocorrem na América do Sul: *A. angustifolia* do sul do Brasil e parte da Argentina, e *A. araucana* dos Andes do Chile e Argentina. Outras 17 espécies ocorrem na Austrália, Nova Guiné, Nova Caledônia (onde há 13 espécies endêmicas) e a ilha de Norfolk, o que mostra a antiga conexão entre essas terras e a América do Sul, todas elas partes do antigo supercontinente de Gondwana. No hemisfério norte, as araucárias desapareceram já no final do Cretáceo, há cerca de 65 milhões de anos.

Ao contrário de muitas plantas, as araucárias são masculinas ou femininas, apenas as árvores femininas produzem sementes ou pinhões. As árvores femininas são fecundadas pelo pólen transportando pelo vento até os cones femininos, onde as sementes podem levar dois anos para amadurecer. Essas "pinhas" podem pesar cinco quilos e ter centenas de pinhões. Os pinhões constituem um recurso alimentar importante para muitas espécies de aves e mamíferos, incluindo papagaios, gralhas, ratos, esquilos, cutias, porcos-do-mato e humanos. Muitos desses, especialmente roedores, também atuam como dispersores, espalhando as sementes em locais adequados à germinação.

O fato de a araucária ser uma espécie que cresce melhor sob condições de boa insolação faz com que a espécie se expanda sobre áreas abertas, rapidamente substituindo campos por florestas. Isso não quer dizer que a espécie seja uma pioneira, pois exemplares jovens têm resistência limitada à geadas e à insolação plena. Por outro lado, uma vez estabelecida e com uma copa densa, a regeneração das araucárias é inibida e a floresta passa a ser gradualmente dominada por espécies ombrófilas, como lauráceas e mirtáceas que crescem sob a copa de araucárias senescentes.

A araucária brasileira está associada a climas frios, sujeitos à ocorrência de geadas ou mesmo nevascas ocasionais, com ausência de déficit hídrico. Isso faz com que a espécie esteja restrita a regiões com inverno frio e estação seca curta ou ausente. No Brasil, ela se distribui de forma contínua nos estados do Paraná, Santa Catarina e Rio Grande do Sul. Fora desses estados, e antes da exploração madeireira, araucárias eram um componente importante das florestas em áreas mais elevadas do sul de São Paulo, como em Itararé, Apiaí, Capão Bonito e no atual Parque Estadual de Jacupiranga, também se distribuindo de forma mais ou menos pontual até a região da Grande São Paulo, Mogi das Cruzes e Paraibuna, no reverso da Serra do Mar.

Na cidade de São Paulo, o bairro de Pinheiros é um testemunho da existência pretérita da espécie, que ainda ocorre nas florestas da zona sul da cidade, no reverso da Serra do Mar. Pinturas do século XIX retratam muitas araucárias ao longo da antiga estrada para Jundiaí, área hoje dominada por favelas e plantações de eucalipto. Núcleos importantes de florestas com araucária ocorrem também nas porções mais elevadas (acima de 800 m) da Serra da Mantiqueira, entre São Paulo, Minas Gerais e Rio de Janeiro entre Camanducaia, os altos de Itatiaia e Airuoca, e na Serra da Bocaina, entre São Paulo e Rio de Janeiro.

Populações relictuais também ocorrem em Minas Gerais em áreas elevadas como a Serra de Poços de Caldas, Serra do Itacolomi e Tiradentes, onde poucos exemplares persistem em uma região dominada por campos rupestres. No limite norte de sua distribuição, as araucárias ocorrem de forma pontual ao longo da região serrana entre Minas Gerais, Rio de Janeiro e Espírito Santo até a Serra do Caparaó, limite norte de ocorrência da espécie. É interessante que as araucárias figuram de forma proeminente nas paisagens da região de Ouro Preto, retratadas por artistas como Rugendas na primeira metade do século XIX, o que sugere uma abundância muito maior na época, caracterizada por temperaturas mais baixas que as atuais.

A distribuição fragmentada da araucária e de espécies companheiras que caracterizam a floresta com araucária é resultado das grandes mudanças na extensão e ocorrência desse ecossistema durante as últimas dezenas de milhares de anos. Como já discutido com relação aos Campos Sulinos, durante os períodos mais frios e secos do Pleistoceno a maior parte do sul do Brasil, e parte significativa do sudeste era coberta por campos em que árvores cresciam apenas em áreas bastante limitadas.

As florestas com araucária só começaram a se expandir nos planaltos e montanhas do sul entre 4.230-1.000 anos atrás, com o início de um regime climático mais úmido. Essa expansão partiu de refúgios nos vales mais encaixados dos rios e se deu inicialmente ao longo das matas de galeria que cortavam os campos. É interessante que araucárias parecem ter sido comuns no Vale do Paraíba ao redor de 8 mil anos atrás, em áreas hoje ocupadas por Mata Atlântica.

Em Minas Gerais, onde as araucárias ocorrem hoje de forma relictual, as alterações ambientais foram distintas. Na região de Catas Altas, a leste de Belo Horizonte, florestas de várzea dominavam a região, o que indica um clima mais quente e úmido que o atual. O clima se tornou mais seco entre 17 e 14 mil anos atrás, mas as florestas persistiram. Florestas com araucária começaram a se expandir na região de Catas Altas após 12 mil anos atrás, desaparecendo durante um hiato entre 11 e 10 mil anos atrás, e reaparecendo depois disso. A partir de 8.500 anos, o clima se tornou mais quente e seco, o que resultou na expansão das florestas estacionais que hoje caracterizam a região e na retração das araucárias.

Os Grandes Biomas Brasileiros

Os estudos paleoambientais sugerem que a Floresta com Araucária como a conhecemos hoje é um ecossistema "jovem", que se estabeleceu apenas nos últimos poucos milhares de anos, durante os quais substituiu antigas áreas de campos, tanto no sul do Brasil como nas montanhas do sudeste (serras da Mantiqueira e Bocaina), ao mesmo tempo em que foi substituído por florestas estacionais nas regiões mais ao norte, como Minas Gerais. Essa expansão certamente foi mediada por dispersores que transportavam pinhões para as áreas de campos e é possível que os humanos tenham ajudado nesse processo, visto que os pinhões foram um dos principais componentes da dieta de vários grupos indígenas nos planaltos sulinos e na Serra da Mantiqueira.

A Floresta com Araucária está no extremo oposto de um gradiente sucessional que se inicia com campos naturais. A substituição dos campos por florestas começou com o estabelecimento de arbustos (como as vassouras *Baccharis* spp.) e árvores pioneiras, destacando-se, entre estas, a bracatinga *Mimosa scabrella*, uma leguminosa de crescimento rápido, que pode formar povoamentos quase puros (bracatingais), além da própria araucária. Posteriormente, estabeleceram-se espécies que se desenvolvem sob a sombra, como a cabreúva *Myrocarpus frondosus*, várias canelas (*Nectandra lanceolata, N. megapotamica, Ocotea puberula, O.catharinensis*), a erva-mate *Ilex paraguariensis* e os pinhos-bravos *Podocarpus lambertii* e *P. sellowii*. Nas florestas com boa cobertura arbórea é comum um denso subosque de taquaras (habitat importante para muitos animais) e samambaiaçus ou xaxins como o ameaçado *Dicksonia sellowiana*.

É importante lembrar que não existem remanescentes de Floresta de Araucária primitiva, ou seja, que atingiu seu máximo potencial de diversidade, complexidade e biomassa. Essas florestas restam apenas nos relatos dos que as visitaram e destruíram. Predominam florestas jovens, com árvores ainda longe de atingir seu porte máximo e com comunidades vegetais longe de poder ser consideradas maduras.

A Floresta com Araucária, embora dominada por uma única espécie, mostra considerável riqueza, com 2.776 espécies vegetais catalogadas. Os níveis de endemismo de alguns grupos são importantes, como as Briófitas, com 103 das 600 espécies sendo endêmicas da formação, o mesmo sendo verdadeiro para 827 das 2.117 angiospermas e 15 das 57 petridófitas.

A flora arbórea apresenta pelo menos 352 espécies, das quais 47 são consideradas exclusivas e 161 ocorrem preferencialmente nessa formação. Isso sugere que a araucária e toda uma comunidade de árvores associadas evoluíram conjuntamente sob as condições de frio e umidade que caracterizam esse ecossistema, gerando uma flora distinta que não pode ser caracterizada como mero subconjunto da Mata Atlântica. Parte dessa comunidade ocorre mesmo nos enclaves isolados de araucárias, como atestado pelas bracatingas da Serra da Mantiqueira entre São Paulo e Minas Gerais, constituindo satélites da Floresta com Araucária mais contínua do sul do Brasil.

No entanto, sua dominância numérica e em biomassa é evidente. Ao mesmo tempo, a Floresta com Araucária apresenta vários elementos da flora, como os brincos-de-princesa *Fuchsia* spp., a casca-d'anta *Drimys* spp. e o pinho-bravo *Podocarpus lambertii*, que são de origem andina. Alguns desses elementos andinos, como as *Fuchsia*, também são compartilhados com as Matas Atlânticas das áreas mais elevadas do sul-sudeste.

A fauna da Floresta com Araucária apenas recentemente tem sido caracterizada de forma adequada, já que o fato de essa formação dos planaltos frios e altos se interdigitar com fisionomias da Mata Atlântica, como as florestas semidecíduas que ocorrem nos vales mais baixos e quentes, comumente mascarou padrões de ocorrência e a associação entre espécies e habitats. Ao mesmo tempo, essa associação estreita, ainda visível em áreas como parte do Parque Nacional do Iguaçu e no vale do rio Pelotas, mostra que trocas bióticas entre a Floresta com Araucária e a Mata Atlântica são comuns, assim como o compartilhamento de espécies. De fato, a Floresta com Araucária compartilha muitas espécies com as florestas atlânticas encontradas em altitudes mais elevadas de regiões como as serras da Mantiqueira, da Bocaina e do Mar, o que dificulta a identificação de espécies exclusivas.

A fauna de invertebrados das Florestas com Araucária ainda é pouco conhecida, embora alguns grupos como borboletas, planárias terrestres e moluscos, tenham recebido maior atenção. Há, no entanto, necessidade de definir padrões de endemismo, já que a distribuição da maior parte das espécies é imperfeitamente conhecida. Embora os campos associados às Florestas com Araucária tenham várias borboletas endêmicas, as espécies florestais são na maioria compartilhadas com a Mata Atlântica. As comunidades de aranhas também mostram grande influência da Mata Atlântica; na Floresta com Araucária do Rio Grande do Sul, apenas três de 240 espécies de aranhas parecem ser endêmicas.

Por outro lado, pelo menos 27 espécies de planárias terrestres, de um total de 66, parecem ser endêmicas das Florestas com Araucária, algumas com distribuição conhecida muito limitada. Entre os moluscos terrestres, o grande caracol terrestre *Megalobulimus proclivis*, espécie ameaçada hoje aparentemente restrita ao Rio Grande do Sul, parece ser restrito à Floresta com Araucária.

A Floresta com Araucária está localizada, em grande parte, em áreas de planaltos cortadas por rios correntosos de águas claras e bem oxigenadas que, embora não especialmente ricos em espécies, mostram um nível considerável de endemismo de peixes de pequeno porte (especialmente cascudos *Loricariidae*, lambaris *Characidae*, bagres *Trichomycteridae* e Ciprinodontiformes) e invertebrados aquáticos, como os crustáceos *Aegla* (por exemplo, com 11 endemismos no Planalto das Araucárias de Santa Catarina e Rio Grande do Sul) e esponjas de água doce. Muitas espécies ainda não foram descritas, sendo a biota de água doce das Florestas com Araucária ainda pouco conhecida. Rios de maior porte, como o Iguaçu e o Pelotas, têm parte de seu curso na região das araucárias e, como seus afluentes nas áreas planálticas, também podem mostrar uma biota muito particular. O rio Iguaçu, no Paraná, corta tanto florestas com araucária como florestas estacionais de parte da Mata Atlântica, abrigando uma ictiofauna com pelo menos 60% de espécies endêmicas.

A fauna de anfíbios da área-núcleo da Floresta com Araucárias no sul do Brasil inclui 82 espécies, das quais apenas duas possam ser consideradas um endemismo florestal (*Trachycephalus dibernardoi, Dendrophryniscus stawiarski*) e outras seis são restritas às formações campestres que se interdigitam com essa floresta. As espécies florestais desse ecossistema são, na grande maioria, compartilhadas com a Mata Atlântica adjacente. Riquezas locais de espécies de anfíbios em áreas de Floresta com Araucárias variam entre 26 e 39, incluindo táxons de áreas abertas amostrados nas bordas de fragmentos florestais. Em uma localidade no Paraná onde foram encontradas 32 espécies, 40% eram exclusivas do interior ou da borda da floresta, sendo o contingente mais vulnerável a alterações ambientais.

Os répteis das Florestas com Araucária incluem quatro quelônios, sete lagartos (um deles introduzido), cinco anfisbenas e 58 serpentes. Dessas espécies, um lagarto e 13 serpentes são considerados pela literatura como endêmicas desse ecossistema, mas, como ocorre com os anfíbios, o lagarto (*Cnemidophorus vacariensis*) e várias das serpentes estão associadas às formações campestres (Campos Gerais, Campos de Cima da Serra etc.) inseridas na área nuclear da Floresta com Araucária. Dentre as espécies associadas a ambientes florestais estão as mussuranas *Clelia hussami, Pseudoboa haasi* e a espetacular cotiara *Rhinocerophis cotiara*, uma das grandes serpentes peçonhentas do Brasil.

Refletindo uma conexão passada com as florestas sulinas, espécies irmãs, *C. montana* e *R. fonsecai*, consideradas ameaçadas de extinção, ocorrem nos enclaves com araucária nas serras de São Paulo, Minas Gerais e Rio de Janeiro, onde também ocorre uma população disjunta de *Ptycophis flavovirgatus*, serpente com distribuição ampla nos campos associados às florestas sulinas com araucária.

As áreas de Floresta com Araucária onde a avifauna foi inventariada apresentam riquezas entre 200 e 250 espécies de aves, com a fragmentação de habitats, provavelmente, influenciando esses valores baixos, se comparados a algumas localidades na Mata Atlântica. A avifauna das Florestas com Araucária inclui pelo menos 12 táxons que podem ser considerados restritos à sua "área-núcleo" no sul do Brasil (três espécies sendo restritas a essa região) e satélites nas serras do sudeste brasileiro e Rio Grande do Sul.

O grimpeiro *Leptasthenura setaria* é a espécie mais emblemática em virtude de sua associação estrita com a araucária, sobre a qual vive, forrageia e nidifica, raramente visitando árvores de outras espécies. A distribuição do grimpeiro é quase um espelho daquela da araucária, ocorrendo mesmo nos enclaves isolados das serras da Mantiqueira e do Mar. A espécie, facilmente encontrada mesmo sobre araucárias de parques urbanos em cidades como Curitiba, está expandindo sua distribuição na Argentina, aproveitando-se de plantios comerciais de araucárias em Misiones. Vale notar que a gralha-azul *Cyanocorax caeruleus*, apesar da crença contrária, não é restrita à Floresta com Araucária, ocorrendo também na Mata Atlântica e nos manguezais até o litoral de Bertioga, em São Paulo.

Algumas aves mostram afinidades com espécies dos Andes e Patagônia, como o papagaio-charão *Amazona pretrei*. Hoje restrito a uma pequena área entre o centro do Rio Grande do Sul e o sul de Santa Catarina (embora possa ter ocorrido até o Paraná e sul de São Paulo), esta espécie ameaçada realiza migrações entre áreas de reprodução no Rio Grande do Sul e áreas de alimentação no planalto catarinense, onde grupos com milhares de aves aproveitam a grande disponibilidade de pinhões maduros. Outro elemento andino, o grimpeirinho *Leptasthenura striolata*, talvez seja mais associado a arbustos nas bordas dos capões de araucária que à floresta propriamente dita.

Os mamíferos das Florestas com Araucária parecem ser na maioria espécies com ampla distribuição em vários biomas ou, no caso das restritas ao sul do Brasil, compartilhadas com a Mata Atlântica daquela região, especialmente as formações montanas. Um exemplo desse último caso é o veado-poca *Mazama nana*, que é largamente restrito à Floresta com Araucária e ecótonos com formações adjacentes. No entanto, algumas espécies de roedores dos gêneros *Juliomys, Scapteromys* e *Deltamys*, a maioria ainda em descrição, parecem restritas a essa formação e campos associado.

Os mamíferos de médio e grande porte, especialmente porcos do mato, cotias, pacas e primatas, parecem ter sido abundantes nas florestas com araucária em virtude da disponibilidade de alimento representado pelos pinhões, mas décadas de destruição de habitat e caça levaram a muitas extinções locais, mesmo em áreas protegidas, como atestado pela extinção recente dos queixadas *Tayassu pecari* no Parque Nacional do Iguaçu. Inventários em algumas áreas remanescentes, como o Parque Nacional das Araucárias, mostram a presença de 27-30 espécies de mamíferos de médio e grande porte e 10-20 espécies de roedores e marsupiais.

A história da destruição da Floresta com Araucárias mostra a incrível rapidez com que um ecossistema único foi destruído no Brasil, e os paralelos entre essa destruição e a que se observa hoje na Amazônia.

A Floresta com Araucárias do sul do Brasil ocupava uma área estimada em 200 mil km^2, ou 40% do território do Paraná, 30% de Santa Catarina e 25% do Rio Grande do Sul. A exploração madeireira, que já existia, foi intensificada com a abertura das estradas entre o planalto e o litoral, como a Estrada da Graciosa e a ferrovia Curitiba-Paranaguá, no Paraná. A facilidade de transporte causou o aumento das serrarias paranaenses de 64, na virada do século, para 108, em 1906. Estas empregavam 25% dos empregados da indústria do estado.

A Primeira Guerra Mundial bloqueou o comércio de madeira leve vinda do Báltico ("pinho-de-riga") que abastecia boa parte do mundo ocidental, criando mercado amplo para o "pinho-do-paraná" e o aumento no número de serrarias (174 no Paraná de 1920). Na década de 1930 o advento do caminhão resultou na conquista das áreas mais distantes pela indústria madeireira, que assumiu característica nômade, mudando-se quando o recurso explorado era esgotado, deixando para trás terras degradadas. Em 1937 havia 201 serrarias ativas no Paraná e 381 em Santa Catarina, com a madeira da araucária sendo um dos principais itens de exportação do Brasil.

Em 1948 havia 738 serrarias registradas no Paraná, 910 em Santa Catarina e 1.150 no Rio Grande do Sul. A produção de madeira de araucária superava 3,2 bilhões de metros cúbicos. A exploração continuou e em 1968 o Brasil exportou 1 bilhão de metros cúbicos de madeira, 45% vindos de Santa Catarina e 55% do Paraná e Rio Grande do Sul. Além da madeira serrada, as araucárias também forneciam matéria-prima para a nascente indústria de papel que se estabeleceu no Paraná na década de 1930.

Em paralelo ao incentivo econômico para a exploração madeireira, ações do governo federal incentivaram a ocupação das então fronteiras, gerando conflitos e destruindo florestas de uma forma muito similar ao observado na história recente da Amazônia. Uma das ações governamentais mais notáveis foi a concessão da estrada de ferro São Paulo-Rio Grande em terras devolutas na região do Contestado de Santa Catarina. A companhia ganhadora da concessão criou a maior madeireira sul-americana, responsável por massiva destruição ambiental e pela Guerra do Contestado.

O governo Getúlio Vargas instalou projetos de colonização (ou reforma agrária) em terras devolutas no oeste do Paraná, ocupadas por agricultores vindos do Rio Grande do Sul. Enquanto os projetos do governo se expandiam, o governo federal vendeu terras a companhias privadas de colonização, a mesma estratégia que depois deu origem a várias cidades nas áreas hoje mais destruídas da Amazônia. Esse processo foi rico em conflitos armados e corrupção fomentada por governos estaduais, notavelmente o do governador paranaense Moisés Lupion.

O ciclo econômico do pinho como grande produto de exportação durou até a década de 1970, encerrando-se pelo esgotamento das reservas madeireiras, já que a atividade foi gerenciada de forma totalmente insustentável, sendo antes uma "mineração de madeira". Isso não quer dizer que as madeireiras tenham encerrado suas atividades, pois até hoje araucárias são cortadas para abastecer o mercado local.

As áreas desmatadas passaram a ser ocupadas pela agricultura e pecuária, que se desenvolveram na esteira do agronegócio a partir da década de 1970 e deram novo ímpeto ao desmatamento, já que eram necessárias áreas "limpas". Em 1979 estimava-se que o Paraná derrubava 370 mil ha de florestas a cada ano.

O resultado de um ciclo econômico que durou poucas décadas foi a brutal redução das Florestas com Araucária, apesar de um Instituto Nacional do Pinho ter sido criado para "racionalizar" a atividade. As estimativas mais precisas indicam que as florestas na região biogeográfica da Floresta Araucária ocupam, hoje, cerca de 32 mil km^2 ou 12,6% de sua área original, total que pode incluir remanescentes em estágios iniciais de regeneração, como os bracaatingais.

A vasta maioria dos remanescentes é de pequenos fragmentos em estado médio de regeneração, muitos ainda sofrendo o impacto do pastejo pelo gado e extração de madeira. No Paraná, áreas consideradas maduras correspondem a apenas 0,8% da área original da Floresta com Araucária. Pouquíssimos remanescentes têm tamanho superior a 2 km^2 e menos de 1% das florestas restantes podem ser consideradas maduras. De fato, em 2008 havia apenas quatro remanescentes com área superior a 500 km^2. Na Argentina, onde a história foi similar, as Florestas com Araucária em 1990 estavam reduzidas a 5% de sua extensão.

Um aspecto interessante da história da destruição das Florestas com Araucária é que a exploração madeireira rapidamente se tornou a principal indústria do Paraná e de Santa Catarina, e do início do século XX até a década de 1970 o poder político dos empresários do setor foi consolidado e acabou sendo exportado para a Amazônia quando a indústria esgotou suas fontes e se deslocou para a nova fronteira. A destruição não resultou na geração de riqueza. As áreas onde a Floresta com Araucária deu lugar à agricultura é exatamente a que mais forneceu os colonos que emigraram para a Amazônia a partir da década de 1980.

A construção de represas, incluindo as chamadas "pequenas centrais hidrelétricas", é uma séria ameaça à biota das Florestas com Araucária. Uma área significativa de florestas foi destruída pela construção da barragem de Barra Grande, no rio Pelotas, que também extinguiu a maior parte das populações da bromélia *Dyckia distachya*, espécie restrita às rochas sujeitas à inundação que crescem nas margens e leito dos rios. Antes presentes ao longo dos rios Paraná, Uruguai e Pelotas, essa espécie e outras com os mesmos requisitos encontram-se criticamente ameaçadas em decorrência de barramentos que também ameaçam uma biota aquática altamente endêmica e pouco conhecida.

As Unidades de Conservação (UCs) ocupam uma parcela mínima da já reduzida área remanescente da Floresta com Araucárias, com as (UCs) mais significativas tendo sido criadas apenas a partir de 2005. O enorme atraso na adoção de medidas mais efetivas para conservar a Floresta com Araucárias mostra o descaso com que esse ecossistema, quase totalmente restrito ao Brasil, foi historicamente tratado pela sociedade e pelos governos. Talvez, em um futuro, quando humanos forem menos destrutivos, a resiliente araucária possa novamente se expandir pelo sul do Brasil como fez após a última era do gelo.

FIGURA 3.24 – O charão *Amazona pretrei* realiza migrações entre o Rio Grande do Sul e o Planalto das Araucárias de Santa Catarina durante a safra do pinhão. Sendo dependente da floresta com araucárias, essa espécie está ameaçada pelo tráfico de animais e a destruição de seu habitat.

FIGURA 3.25 – O cisqueiro *Clibanornis dendrocolaptoides* é uma espécie do sub-bosque das florestas com araucária do sul do Brasil.

FIGURA 3.26 – O Parque Nacional de Aparados da Serra (RS) abriga florestas com araucária sobre antigos derrames de basalto.

FIGURA 3.27 – O mosaico de florestas com araucária e campos nas proximidades de Jaquirana (RS).

Literatura recomendada

BARBERI, M. 2001. *Mudanças paleoambientais na região dos cerrados do Planalto Central durante o quaternário tardio*: o estudo da Lagoa Bonita-DF. Tese de Doutorado, USP.

BEHLING, H., V. D. PILLAR, 2007. Late Quaternary vegetation, biodiversity and fire dynamics on the southern Brazilian highland and their implication for conservation and management of modern Araucaria forest and grassland ecosystems. Philosophical Transactions of the Royal Society of London. *Biological Sciences* 362:243-251.

BEHLING, H., V. D.PILLAR, S.C. MÜLLER, G. E. OVERBECK, 2007. Late-Holocene fire history in a forest-grassland mosaic in southern Brasil: Implications for conservation. *Applied Vegetation Science* 10:81-90.

BISPO. A. A., P. SCHERER-NETO. 2010. Taxocenose de aves em um remanescente da Floresta com Araucária no sudeste do Paraná, Brasil. *Biota Neotropica* 10(1). Disponível em: <http://www.biotaneotropica.org.br/v10n1/pt/fullpaper?bn02010012010+pt>.

BITENCOURT, A. L. V., P. M. KRAUSPENHAR. 2006. Possible prehistoric anthropogenic effect on Araucaria angustifolia (Bert.) O. Kuntze expansion during the late Holocene. *Revista Brasileira de Paleontologia* 9(1):109-116.

CONTE, C. E., D. de C. ROSSA-FERRES, 2007. Riqueza e distribuição espaço-temporal de anuros em um remanescente de Floresta de Araucária no sudeste do Paraná. *Rev. Bras. Zool.* 24:1025-1037.

FONSECA, C. R., A. F. SOUZA, A. M. LEAL-ZANCHET, T. DUTRA, A. BACKES, G. GANADE. 2010. *Floresta de araucária*: ecologia, conservação e desenvolvimento sustentável. Ribeirão Preto: Holos Editora,.

KOCH, Z., M. C. CORRÊA. 2002. *Araucária*: a floresta do Brasil meridional. Curitiba Olhar: Brasileiro.

PROCHNOW, M. (org). 2009. *O Parque Nacional das Araucárias e a Estação Ecológica da Mata Preta*: unidades de conservação da Mata Atlântica. Rio do Sul: Apremavi.

VASCONCELOS, M. F., S. D'ANGELO NETO. 2009. First assessment of the avifauna of Araucaria forests and other habitats from extreme southern Minas Gerais, Serra da Mantiqueira, Brazil, with notes on biogeography and conservation. *Papéis Avulsos de Zoologia* 49:49-71.

3.6 Mata atlântica

"Mas quando em terra e caminhando pelas florestas sublimes, rodeado por vistas ainda mais sublimes que as que mesmo Claude pudesse ter imaginado, eu sinto um deleite que ninguém que não o tenha experimentado pode compreender."

Charles Darwin, naturalista britânico,
durante sua visita ao Rio de Janeiro

A Mata Atlântica foi o primeiro bioma terrestre brasileiro encontrado pelos colonizadores europeus. Essa precocidade o tornou tanto o primeiro bioma sobre o qual primeiro se escreveu como também aquele que mais sofreu com a construção do que se tornaria o Brasil. Também é o bioma com as florestas mais belas do Brasil e foi inspiração de artistas e cientistas como Darwin.

Originalmente, a Mata Atlântica ocupava uma área estimada em 1,5 milhão de km^2 distribuída entre o Brasil, Argentina e Paraguai. No Brasil, a área ocupada pela Mata Atlântica era de quase 1,1 milhão de km^2, total que exclui as Florestas com Araucária e as matas secas que crescem entre a Serra Geral e o rio

São Francisco, em Minas Gerais e Bahia. Como já discutido, estas mostram afinidades com a Caatinga e formações similares do chamado "Arco Pleistocênico" e não há afinidades biogeográficas que apoiem sua inclusão na Mata Atlântica.

A Mata Atlântica pode ser dividida em duas grandes unidades biogeográficas e ecológicas que, como a Floresta com Araucária, mostram afinidades e compartilham muitas espécies, mas também são distintas o suficiente para, talvez, merecer tratamento como biomas distintos. A primeira é o conjunto de restingas e florestas ombrófilas úmidas da Floresta Atlântica Brasileira, que se estende ao longo das latitudes 7° e 32° S, entre o Rio Grande do Norte e o Rio Grande do Sul, em uma estreita faixa paralela à linha da costa, limitada no interior pelas florestas semidecíduas da Mata Paranaense (a ser tratada adiante), pela Floresta com Araucária e pelo Pampa. Essa unidade ocorre sobre uma grande diversidade de solos: de argilosos e de boa fertilidade em partes do nordeste a solos arenosos e encharcados nas planícies litorâneas e rasos e pedregosos nas serras do sul e sudeste.

A Floresta Atlântica Brasileira é intimamente associada às planícies litorâneas, às vezes muito estreitas, e às montanhas do leste brasileiro, da Serra da Borborema em Pernambuco e Alagoas à Serra Geral de Santa Catarina e Rio Grande do Sul. O relevo muito complexo e a vasta faixa latitudinal na qual ocorre fazem com que a Floresta Atlântica Brasileira mostre uma enorme heterogeneidade climática e ambiental.

Em áreas com poucas dezenas de quilômetros de largura, como no leste do Rio de Janeiro, diversas fitofisionomias discretas se sucedem entre as planícies litorâneas, quase no nível do mar, e as montanhas de maciços como as Serras do Mar e Mantiqueira, acima de 2.000 m de altitude. Nessa faixa, as precipitações podem variar de pouco mais de 1.000 mm a mais de 3.500 mm, o clima varia de tropical quente e úmido a temperado, com geadas no inverno, e os solos variam de areias brancas a regolitos e afloramentos de granito. Nas planícies litorâneas é comum que o lençol freático seja raso ou aflorante, dando origem a florestas pantanosas com brejos sazonais, onde ocorre uma fauna própria, que inclui peixes anuais e pequenos bagres vermiformes que vivem no folhiço úmido. Nas encostas, o solo, ao contrário, é bem drenado.

Assim, é possível identificar, em uma mesma faixa altitudinal, restingas arbustivas, florestas de planície litorânea ("guanandizais" onde *Calophyllum brasiliense* é uma espécie dominante), florestas inundáveis de planície litorânea ("caxetais" dominados por *Tabebuia cassinoides*), florestas de tabuleiro, florestas de encosta, florestas baixo-montanas, florestas montanas, florestas nebulares e afloramentos de rocha, sem mencionar manguezais, campos de altitude e outras formações distintas, mas em conexão física com a Mata Atlântica.

Como veremos adiante, a Floresta Atlântica Brasileira mostra, claramente, a presença de unidades discretas com endemismos próprios, o que permitem dividi-la em áreas biogeograficamente distintas.

A segunda grande divisão da Mata Atlântica, a Floresta Paranaense, inclui várias fitofisionomias distintas, incluindo as florestas estacionais semidecíduas das bacias dos rios Paraná, Paraíba do Sul, Doce e do Leste, e as deciduais da bacia do rio Uruguai e parte do Paraná. Heterogêneas, essas florestas crescem (ou cresciam) sobre solos derivados de diferentes rochas, como as terras roxas do interior de São Paulo e norte do Paraná que sustentavam florestas, hoje praticamente extintas, com grande densidade de árvores de grande porte como jequitibás *Cariniana legalis*, o pau-d'alho *Galesia integrifolia* e perobas-rosa *Aspidosperma polyneuron*. De maneira geral, essas florestas compartilham a característica de crescerem em áreas com uma estação seca de dois a três meses, durante a qual muitas das árvores perdem suas folhas e florescem. Muitas espécies também são dispersas pelo vento, frutificando e liberando suas sementes nessa estação.

As "matas atlânticas do interior" ocupavam o interior de boa parte do sul e sudeste do Brasil e áreas adjacentes da Argentina e do Paraguai, estendendo-se até partes do nordeste do Brasil como uma faixa entre a Floresta Atlântica Brasileira, o Cerrado e a Caatinga. Áreas mais ou menos disjuntas dessas florestas também ocorriam em Goiás, como o quase extinto "Mato Grosso de Goiás" que existia na região de Goiânia-Anápolis, e no Triângulo Mineiro. Essas florestas mostram várias espécies de plantas e animais compartilhadas com as florestas inequivocadamente atlânticas da faixa costeira. O mesmo não pode ser dito de florestas incluídas no "bioma Mata Atlântica" por algumas fontes, como as da Serra da Bodoquena (Mato Grosso do Sul), as deciduais do oeste de Minas Gerais e Bahia e do sudeste do Piauí. Nestas faltam completamente, por exemplo, aves características da Mata Atlântica no seu sentido estrito.

Espécies características da Floresta Paranaense (talvez mais bem-denominada Mata Atlântica do Interior) incluem o mico-leão-preto *Leontopithecus chrysopygus* (endêmico da região entre os rios Tietê e Paranapanema), a borboleta *Zonia zonia diabo*, conhecida de poucas localidades no Brasil, a mais consistente sendo o topo do Morro do Diabo, no Parque Estadual do Morro do Diabo (SP), o cuitelão *Jacamaralcyon tridactyla*, a choca *Formicivora serrana* e o balança-rabo-leitoso *Polioptila lactea*.

Como seria de se esperar, e de forma similar à Floresta com Araucária, as comunidades biológicas dessas florestas compartilham muitas espécies com a Floresta Atlântica e as matas de galeria do Cerrado adjacente. Antes de serem quase completamente destruídas (especialmente por madeireiros, pecuaristas, carvoeiros e hidrelétricas), as florestas mais úmidas que acompanhavam grandes rios como o Tietê, Paranapanema, Grande, Iguaçu, Jequitinhonha, Doce etc. serviam de corredores que permitiram a colonização do interior por espécies das florestas ombrófilas do litoral, o que, juntamente com a instabilidade climática dos habitats durante os últimos milhares de anos, deve ter inibido o desenvolvimento de uma biota com alto grau de endemismo.

Como os demais biomas, a Mata Atlântica sofreu grandes alterações na sua extensão e distribuição, conforme sucessivas alterações climáticas ocorreram nas últimas centenas de milhares de anos, havendo diversos momentos em que a floresta foi fragmentada em refúgios (ou grandes ilhas) isolados entre si, o que influenciou a evolução de espécies endêmicas de cada uma das regiões onde estes refúgios persistiram.

Algumas áreas limitadas, notavelmente no sul da Bahia, litoral de Alagoas-Pernambuco e leste de São Paulo e Rio de Janeiro, mantiveram suas florestas mesmo em períodos de grande retração na cobertura florestal, permitindo a evolução de espécies endêmicas. Partes das montanhas do sudeste, onde há um contingente importante de espécies endêmicas, também deve ter mantido áreas florestadas significativas, apesar de o impacto dos climas mais frios e secos do Pleistoceno e início do Holoceno ter sido maior na região.

Durante parte do Pleistoceno (incluindo o último máximo glacial), quando o clima era mais úmido no nordeste do Brasil e partes da atual Caatinga e do Cerrado eram cobertas por florestas, a Mata Atlântica no nordeste do Brasil avançava muito mais para o interior, conectando-se com a borda oriental da Amazônia. Por exemplo, no atual Cerrado do Maranhão ocorriam florestas com pinho-bravo *Podocarpus sellowii* (espécie da Mata Atlântica montana e da Floresta com Araucária) entre 14 e 11 mil anos AP (antes do presente), o que indica um clima muito mais frio e úmido que o atual. Essas florestas mudaram sua composição com o aquecimento ao longo do Holoceno e deram lugar a savanas a partir de 7 mil anos AP.

A presença de diversas espécies "amazônicas" na Mata Atlântica do nordeste (algumas chegando ao Rio de Janeiro), como o jupará *Potos flavus*, o tamanduá-í *Cyclops didactylus* e várias aves mostram a existência de conexões não muito antigas. Por outro lado, os muitos táxons-irmãos, com espécies amazônicas e atlânticas bem diferenciadas (por exemplo, as surucucus *Lachesis muta* e *L. rhombeata* e as saíras *Tangara velia* e *T. cyanomelaena*) mostram que conexões foram criadas e interrompidas diversas vezes, permitindo a evolução de táxons em alopatria.

Remanescentes de uma expansão muito maior da Mata Atlântica no nordeste brasileiro são os "brejos" florestados de serras nordestinas como o Baturité, no Ceará, onde coocorrem táxons de origem atlântica, amazônica e endêmicas (entre os últimos, o periquito cara-suja *Pyrrhura griseipectus* e o sapo *Adelophryne baturitensis*), além das florestas da Chapada Diamantina, na Bahia, onde há aves mais típicas das montanhas do Rio de Janeiro do que das florestas da região cacaueira do litoral baiano.

Dados paleoambientais sugerem uma redução recente na área da Mata Atlântica nordestina com o fim do período glacial, mas no sul e sudeste o processo parece oposto, com as florestas se expandido nos últimos milhares de anos após o final do Pleistoceno. No sul-sudeste, a Mata Atlântica, durante os períodos de menores temperaturas (entre 28 e 17 mil anos AP), parece ter se reduzido a uma faixa entre a planície litorânea (muito aumentada em virtude da queda de 100-130 m no nível do mar causada pela expansão das geleiras) e as montanhas das serras do Mar e Paranapiacaba entre o Rio de Janeiro e o Espírito Santo, e entre o norte de Santa Catarina e São Paulo, e a blocos isolados no sudoeste do Paraná e noroeste do Rio Grande do Sul-sudoeste de Santa Catarina. Na maior parte da região, havia uma predominância de cerrado e cerradão cortado por matas de galeria e campos similares aos Campos Sulinos de hoje.

Com o aquecimento do clima e aumento das chuvas a partir do final do Pleistoceno, há uma expansão das florestas a partir de 10-14 mil anos AP, com maior incremento entre 7 e 9.000 anos AP. A floresta gradualmente substituiu áreas de Cerrado e Campos Sulinos ao longo dos últimos milhares de anos, atingindo sua distribuição pré-cabralina apenas após 3 mil anos AP. Colocando isso em perspectiva, a cidade de Jericó, na Palestina, começou a ser ocupada 11 mil anos atrás.

Embora seja possível afirmar que existem espécies "atlânticas" com vasta distribuição na Mata Atlântica e que definem o caráter de sua biota, quando se examinam gradientes latitudinais é bastante evidente que entre o Rio Grande do Norte e o Rio Grande do Sul existem florestas com composições distintas, caracterizadas por espécies endêmicas com distribuição geográfica limitada.

O primeiro desses "centros de endemismo" da Mata Atlântica Brasileira é o Centro Pernambuco, que corresponde às florestas úmidas do litoral entre a foz do rio São Francisco, em Alagoas e no Rio Grande do Norte, e aquelas na encosta atlântica da Serra de Borborema. Espécies restritas a essa região incluem o macaco-prego-galego *Cebus flavius*, a jararaca-de-murici *Bothrops muriciensis* e aves como o limpa-folha-de-alagoas *Philydor novaesi* e a choquinha-de--alagoas *Myrmotherula snowi*.

Todas estão à beira da extinção, enquanto outro endemismo, o mutum-de--alagoas *Mitu mitu*, hoje só sobrevive em cativeiro. Análises biogeográficas mostram uma forte afinidade entre a fauna e flora do Centro Pernambuco e a da Amazônia, a ponto de colocar esse centro de endemismo à parte do restante da Mata Atlântica.

Uma área de endemismo discreta, comumente ignorada, corresponde às florestas algo secas entre a foz do rio São Francisco e o Recôncavo Baiano. Espécies restritas a essa área são o guigó-de-sergipe *Callicebus coimbrai* e o olho-de-fogo-rendado *Pyriglena atra*. Essa é uma região de florestas algo mais secas que as encontradas mais ao sul, onde ocorrem manchas de vegetação similar ao Cerrado, especialmente nas proximidades do Recôncavo (por exemplo, em Camaçari).

As florestas na região que vai do sul do Recôncavo Baiano até a Baixada Fluminense do Rio de Janeiro, incluindo as matas de tabuleiro que já foram tão características de boa parte do Espírito Santo e vale do Rio Doce, formam uma área bastante complexa com vários endemismos. Um aspecto interessante dessa região é a presença de "mussunungas" em meio às florestas que crescem sobre tabuleiros derivados da Formação Barreiras, mesmo em regiões afastadas do litoral. Estas são áreas isoladas de vegetação similar à de algumas restingas litorâneas, caracterizada por cactos, bromélias terrestres e muitas árvores de pequeno porte espaçadas entre si, com uma fisionomia que varia de florestal até savânica. As mussunungas, que lembram algumas campinaranas amazônicas, se desenvolvem sobre solos bastante arenosos, úmidos e fofos, e às vezes estão associadas a lagoas temporárias ou perenes.

Espécies representativas dessa região incluem as tiribas *Pyrrhura leucotis* e *P. cruentata*, o mutum *Crax blumenbachii*, o crejoá *Cotinga maculata*, a choca-de-sooretama *Thamnophilus ambiguus*, a choquinha-chumbo *Dysithamnus plumbeus*, o rabo-amarelo *Tripophaga macroura* e a saíra *Tangara brasiliensis*. Várias espécies de origem amazônica atingem o limite sul de sua distribuição na Mata Atlântica nessa região, não atingindo o litoral paulista.

Embora compartilhe um grande número de espécies, essa grande área pode ser subdividida. Os micos-leões *Leontopithecus chrysomelas* e *L. rosalia,* o primeiro originalmente restrito ao sul da Bahia entre os rios Pardo e de Contas, e o último da baía de Sepetiba à foz do rio Doce, mostram que essas áreas têm histórias evolutivas distintas, e uma área de endemismo discreta no sul da Bahia, juntamente com áreas adjacentes de Minas Gerais e Espírito Santo, pode ser caracterizada por *L. chrysmelas* pelo rato-do-cacau *Callistomys pictus*, a jararaca *Bothrops pirajai* e aves como o macuquinho *Scytalopus psychopompus*, o acrobata *Acrobatornis fonsecai*, o balança--rabo-canela *Glaucis dohrnii*, o entufado-baiano *Merulaxis stresemanni,* e o lagarto *Alexandresaurus camacan*.

As florestas montanas das serras (do Mar, Paranapiacaba, Mantiqueira etc.) que vão do Espírito Santo ao Rio Grande do Sul abrigam comunidades biológicas distintas com relação às das baixadas adjacentes. Espécies características incluem os roedores *Delomys dorsalis* e *D. sublineatus*, o rato-vermelho *Phaenomys ferrugineus*, o entufado *Merulaxis ater*, as choquinhas *Drymophila malura, D. genei, D. rubricollis* e *Dysithamnus xanthopterus*, o trepadozinho *Heliobletus contaminatus*, a maria-pequena *Phylloscartes sylviolus*, a tovaca *Chamaeza ruficauda*, as cotingas *Tijuca atra, T. condita* e *Carpornis cucullatus*, e as saíras *Tangara desmaresti* e *Nemosia rourei*.

Aves e plantas características das serras do sudeste brasileiro ocorrem em populações mais ou menos isoladas nas serras da Bahia (incluindo a Chapada Diamantina) e sua fronteira com Minas Gerais, o que revela uma relação complexa entre essas florestas e aquelas nas montanhas do sudeste. Várias dessas espécies também são compartilhadas com a Floresta com Araucária e a Floresta Paranaense no sul do Brasil, Argentina e Paraguai. Por outro lado, algumas espécies podem ser genuinamente endêmicas das serras da Bahia e do extremo nordeste de Minas Gerais, como o borboletinha-baiano *Phylloscartes beckeri*.

A grande área de endemismo centrada nas montanhas do sudeste-sul pode ser subdividida em unidades discretas. Eventos tectônicos no Plioceno-Pleistoceno parecem ter influenciado o isolamento de populações e processos de evolução alopátrica que apenas agora começam a ser explorados. Aparentemente resultante de um desses eventos, uma disjunção mais ou menos coincidente com o vale do Paraíba paulista é evidenciada pela presença de pares de táxons-irmãos de aves ao norte e sul dessa área, tendo como exemplos os quetes *Poospiza cabanisi* e *P. lateralis*, os arapaçus *Lepidocolaptes squamatus* e *L. falcinellus* e as chocas *Myrmeciza loricata* e *M. squamosa*, além de mamíferos como os muriquis *Brachyteles archnoides* e *B. hypoxanthus* e dois clados da serpente *Bothropoides jararaca*

Uma área de endemismo que tem sido comumente ignorada corresponde às florestas de planície litorânea entre o sul de São Paulo e Santa Catarina. Espécies que definem essa região são o mico-leão-caiçara *Leontopithecus caissara*, o papagaio-chauá *Amazona brasiliensis*, o bicudinho *Formicivora acutirostris*, a maria-da-restinga *Phylloscartes kronei* e a maria-catarinense *Hemitriccus kaempferi*. Essa área corresponde à região onde a plataforma continental brasileira é mais ampla (cerca de 200 km de largura) e foi exposta durante os picos das glaciações. Ainda não temos elementos suficientes para avaliar como seria o paleoambiente nessa região, onde rios como o Ribeira de Iguape e aqueles que hoje deságuam em vales inundados, como a Baía de Guaratuba, tinham cursos mais extensos que os atuais, mas os dados disponíveis sugerem a presença de mosaicos de campos e áreas de floresta onde espécies próprias evoluíram.

A Mata Atlântica é famosa tanto pela sua riqueza de espécies quanto pelos altos níveis de endemismo, mas há grande variação entre regiões. No sul da Bahia, 144 espécies de árvores foram encontradas em 0,1 ha, uma riqueza local comparável às mais ricas florestas amazônicas (na Colômbia). Outros estudos encontraram 454 espécies lenhosas em 1 ha da Serra do Conduru (Bahia) e 443 espécies em área equivalente na serra capixaba. Em comparação, uma localidade em São Paulo (Parque Estadual da Ilha do Cardoso) teve 157 espécies.

O último inventário para o bioma, que incluiu no mesmo ecossistema a Floresta com Araucária, parte dos Campos Sulinos e os manguezais da Zona Costeira, lista 15.782 espécies de plantas distribuídas em 2.257 gêneros. Desse total, 132 gêneros (6%) e 7.155 espécies (45%) seriam endêmicos. Se excluirmos as 1.923 espécies endêmicas daqueles ecossistemas, a Mata Atlântica formada pelas florestas ombrófilas, florestas estacionais, restingas e afloramentos de rocha que pontuam as serras possui 13.859 espécies de plantas, das quais 5.232 (38%) são endêmicas.

A maior concentração de espécies (9.661) ocorre nas Florestas Ombrófilas seguidas pelas Florestas Estacionais Semideciduais (3.841), Restingas (1.808), Florestas Estacionais Deciduais (1.113), Afloramentos Rochosos (1.004) e Formações Aquáticas (178). Considerando apenas os endemismos, as Florestas Ombrófilas possuem 5.164 espécies, as Florestas Estacionais 1.081, as Restingas 742, os Afloramentos Rochosos 420, a Floresta Estacional Decidual 165 e as Formações Aquáticas 14.

A Mata Atlântica é bastante heterogênea e alguns componentes da flora variam drasticamente em importância e riqueza. Por exemplo, bromélias, orquídeas, aráceas, pteridófitas e outras epífitas são abundantes nas florestas ombrófilas, mas sendo mais raras nas florestas estacionais. Este componente pode comportar parcela importante da biomassa vegetal da floresta, além de comunidades de plantas e animais associados bastante específicos, como os que vivem nos reservatórios de água acumulada nas rosetas de bromélias. É interessante notar que uma comunidade de epífitas, bem desenvolvida pode levar mais tempo para se estabelecer que o próprio estrato arbóreo, sendo um indicador de maturidade da floresta.

Bromélias terrestres são um componente importante da flora das Restingas, de parte das Florestas Ombrófilas (especialmente nas cristas das montanhas) e dos afloramentos rochosos que surgem como ilhas em meio à floresta (por exemplo, montanhas como o Pão de Açúcar, no Rio de Janeiro).

Outro componente notável de algumas das Matas Atlânticas são os bambus, que podem dominar completamente grandes áreas de florestas ombrófilas e estacionais, e mesmo algumas florestas nas restingas litorâneas (e também as Florestas com Araucária). De porte e hábito variado, indo de grandes taquaruçus *Guadua* spp. e taquaras-poca *Merostachys* spp.e taquarinhas *Chusquea* spp., os bambus formam habitats especiais no sub-bosque das florestas que abrigam várias espécies estritamente associadas a moitas de bambu, como o rato-da-taquara *Kannabateomys amblyonyx* e a choca *Biatas nigropectus*. As moitas densas também inibem a regeneração de outras plantas, influenciando a sucessão vegetal.

A maioria dos bambus floresce, frutifica e morre de forma sincrônica a intervalos que variam de seis anos a várias décadas. Esses eventos resultam na produção maciça de sementes, que são consumidas por roedores oportunistas que se reproduzem rapidamente causando "pragas" de ratos (as "ratadas"). Algumas aves especializadas (como o pixoxó *Sporophila frontalis*, a patativa *S. falcirostris* e a misteriosa rola-espelho *Claravis godefrida*) "rastreiam" a presença dessa fonte de alimento em vastas áreas, surgindo em grande número como que por mágica.

Com o fim da frutificação e morte e decomposição dos bambus, abre-se uma janela temporal que permite o estabelecimento de outras plantas, que correm para se estabelecer antes que a nova geração de bambus cresça. Esse é um ciclo natural que permitiu a coevolução de espécies que dele dependem, mas a opinião de que a presença de bambus nativos é prejudicial à floresta é comumente veiculada.

Como a flora, a fauna da Mata Atlântica pode ser considerada razoavelmente rica. Fontes que consideram o bioma Mata Atlântica no seu sentido amplo indicam a presença de 270 mamíferos (73 endêmicos), 1.020 espécies de aves (214 endêmicas), 456 espécies de anfíbios (282 endêmicas), 201 répteis (60 endêmicos, dos quais 40 lagartos e anfisbenas) e 2.120 borboletas (948 endêmicas). Esses valores devem ser vistos como aproximações já que novas espécies são regularmente descobertas e revisões taxonômicas têm elevado subespécies a status de espécies plenas.

Muito foi escrito sobre a fauna da Mata Atlântica, especialmente os grupos mais carismáticos como mamíferos, aves e borboletas. Infelizmente, grupos menos chamativos, como répteis e quase todos os invertebrados, não têm recebido a mesma atenção, especialmente do ponto de vista conservacionista.

Entre os grupos mais fascinantes, e menos conhecidos, estão os peixes de água doce. Um inventário dos peixes encontrados nas florestas ombrófilas da faixa costeira e serras entre o Rio Grande do Sul e o Rio Grande do Norte nos rios das bacias do Leste, Alto Tietê, Ribeira de Iguape, Doce, Paraíba do Sul e Jequitinhonha listou 309 espécies, das quais 269 são endêmicas e 49 ameaçadas de extinção. Apenas na bacia do Alto Tietê, que abastece a Grande São Paulo com água potável, ocorrem pelo menos 11 espécies de peixes endêmicos.

O rio Paraná dá nome a uma das grandes divisões da Mata Atlântica e apresenta uma ictiofauna com pelo menos 250 espécies, muitas das quais também ocorrem no Pantanal e parte do Cerrado. Originalmente dividida em duas grandes províncias biogeográficas pelas cataratas de Sete Quedas, hoje afogadas pela represa de Itaipu, a bacia vê hoje um processo de colonização de seu trecho superior por espécies antes restritas a áreas à jusante das cataratas. Essa alteração ocorre em um contexto de grande alteração ambiental causada por cadeias de reservatórios que transformaram o Paraná, o Tietê, o Grande, o Paranapanema e o Paranaíba em sequências de lagos, destruindo migrações reprodutivas por espécies reofílicas e favorecendo espécies introduzidas como corvinas e tucunarés.

Um número crescente de espécies continua a ser descrito de riachos de cabeceiras em formadores do Paraná, como nos altos rios Paranaíba, Grande, e afluentes do Tietê e Paranapanema. É provável que um número igual já tenha sido extinto pelo desmatamento, pelo assoreamento e pela poluição. Os mesmos fatores afetam outros grupos menos carismáticos, mas ainda mais ameaçados, como moluscos bivalves.

A exuberância passada da ictiofauna da Mata Atlântica até um passado recente pode apenas ser imaginada. Por exemplo, o rio Paraíba do Sul é um dos cursos d'água mais degradados do sudeste brasileiro, mas em 1950, somente no seu trecho paulista foram capturadas cerca de duas toneladas de surubim--do-paraíba *Steindachneridion parahybae* – espécie hoje quase extinta, que depende de um programa de reprodução em cativeiro – e 22 toneladas de piabanha *Brycon insignis* – cuja situação é pouco melhor. A combinação de barragens, poluição, sobrepesca e introdução de espécies exóticas (à guisa de "enriquecimento" de represas) tem sido desastrosa para a ictiofauna nativa.

A história da destruição da Mata Atlântica na esteira da ocupação do território brasileiro e dos sucessivos ciclos econômicos nacionais e regionais (especialmente os da cana-de-açúcar, café, gado e madeira) foi exaustivamente tratada por diversos autores. As perdas não cessaram e continuam, especialmente em Minas Gerais, onde a produção de carvão para uma primitiva indústria siderúrgica é o principal motor do desmatamento, e no Paraná e Santa Catarina, onde assentamentos da reforma agrária – implantados em áreas florestadas, à revelia da lei – e pequenas e médias propriedades rurais respondem pela maioria das perdas.

Deve-se enfatizar que a Mata Atlântica corresponde à região com a maior parte da população brasileira, suas maiores cidades, maior renda e também maiores desafios sociais, especialmente quanto à sustentabilidade de regiões metropolitanas. Eventos recentes em Santa Catarina, como os deslizamentos e enchentes de 2008-2010, mostram como a ocupação de áreas florestais frágeis, como encostas e margens de rios, produz desastres que penalizam toda a sociedade e seriam evitáveis se mecanismos já existentes, como o Código Florestal, fossem respeitados.

Também é importante notar que todas as maiores metrópoles brasileiras – São Paulo e Rio de Janeiro –, assim como regiões como o litoral entre Salvador e Santa Catarina, dependem da água que é captada por áreas de Mata Atlântica. A influência da cobertura florestal em áreas de encosta para captura de água, tanto sob forma de chuva como de neblina, não deve ser menosprezada. De fato, em áreas como o leste de Alagoas e Bahia (por exemplo, em Murici e Jequié, respectivamente) é patente a redução na vazão de riachos em áreas de encosta que sofreram desmatamento para a implantação de pastagens.

As florestas criam superfícies de condensação muito maiores e um microclima mais frio que a vegetação herbácea, favorecendo a condensação de nevoeiros e o aporte de mais água para o sistema, sustentando florestas úmidas em encostas circundadas por áreas semiáridas, o vale do Rio de Contas em Jequié sendo um bom exemplo. Essa precipitação, muitas vezes, não é registrada por estações meteorológicas, o que subestima o papel das florestas na manutenção de cursos d'água e no reabastecimento de lençóis freáticos.

As melhores estimativas indicam que restam 11,7% da Mata Atlântica original, dividida em mais de 245 mil fragmentos. As subdivisões com as maiores áreas remanescentes são a faixa do litoral e serras entre o Rio de Janeiro e Santa Catarina (cerca de 4,2 milhões de ha ou 36,5% da floresta original), a Floresta Paranense (cerca de 4,8 milhões de ha ou 7% da floresta original) e as florestas da Bahia (cerca de 2,1 milhões de ha ou 17% da área original). No Centro Pernambuco restam apenas 380 mil ha de florestas, ou 12% de sua área original.

Muito da perda da Mata Atlântica é bastante recente. Em São Paulo, no período de 1962 a 1971-1973 houve um descréscimo de 39,45% da cobertura vegetal natural do estado e de 1971-1973 a 1990-1992, o descréscimo foi de 29,20%. No total, de 1962 a 1990-1992, a perda de vegetação foi de 57,13%, o que mostra que ainda existiam grandes áreas florestadas no interior do estado nas décadas de 1950-1970. Entre essas áreas, estava o Pontal do Paranapanema, oficialmente uma reserva florestal até ser loteada pelo governador Adhemar de Barros, conhecido pelo bordão "Rouba Mas Faz"[2] e entregue a

---

2 Cotta, L.C.V. 2008. *Adhemar de Barros (1901-1969):* a origem do 'rouba, mas faz'. Dissertação de mestrado, Faculdade de Filosofia, Letras e Ciências Humanas, USP.

amigos empreiteiros, grileiros e madeireiros, gerando tanto destruição ambiental como um conflito agrário que persiste até hoje.

As florestas do Espírito Santo e as do sul da Bahia também foram perdidas recentemente, as últimas a partir da pavimentação da BR 101 e a implantação de polos madeireiros nas décadas de 1970-1980. De fato, o padrão de desmatamento da Mata Atlântica, que envolve corrupção política, grilagem de terras, madeireiros e rodovias construídas pelo governo é muito similar ao observado na Amazônia.

Embora as áreas absolutas possam parecer extensas, o maior problema é que há muito poucos remanescentes que possam ser considerados "maduros" ou "primários". A maior parte do que resta da Mata Atlântica é composta por florestas secundárias, ainda longe de atingir seu potencial em termos de diversidade, riqueza e biomassa, processo que pode levar alguns séculos. Além disso, a maior parte do que resta da floresta está em remanescentes de pequeno porte e limitada viabilidade ecológica. Cerca de 83% dos remanescentes de Mata Atlântica têm menos de 50 ha – 40% menos de 100 ha – e restam áreas contínuas e extensas apenas na faixa litorânea de São Paulo e Rio de Janeiro (cerca de de 11 mil km^2), do Paraná e de Santa Catarina.

A perda de grande parte do habitat, a fragmentação das áreas remanescentes, a exploração humana direta e a poluição têm causado extinções na Mata Atlântica, mesmo em áreas protegidas. Por exemplo, queixadas *Tayassu pecari* foram extintos no Parque Nacional do Iguaçu (um dos mais rentáveis do País) em decorrência da caça comercial ali realizada, o que mostra que o maior problema na conservação da biodiversidade se refere mais à boa gestão que à disponibilidade de dinheiro. Extinções locais, tanto de vertebrados de maior porte – como onças, antas, mutuns, jabutis e surucucus – como de espécies ecologicamente sensíveis como anfíbios de solo de floresta, peixes de riachos florestais e aves de sub-bosque são um fenômeno amplo na Mata Atlântica que compromete vários processos ecológicos como a dispersão de sementes.

As queixadas de Iguaçu podem ser (teoricamente) reintroduzidas, já que essa foi uma extinção local, mas outras espécies foram completamente perdidas. Um exemplo é a perereca *Phrynomedusa fimbriata*, que antes ocorria no alto da serra de Paranapiacaba, em São Paulo, e pode ter sido eliminada pela contaminação oriunda do polo industrial de Cubatão. Ainda na Grande São Paulo, as plantas *Solanum spissifolium*, *Ruellia chamaedrys* e *Isoetes bradei* são conhecidas apenas de áreas hoje dentro da grande metrópole, todas sendo consideradas extintas.

A expansão urbana é uma ameaça constante aos remanescentes da Mata Atlântica. No Estado do Rio de Janeiro, a única população conhecida da borboleta *Heliconius melpomene nanna* (Nymphalidae), no limite sul de sua distribuição geográfica foi presumivelmente extinta com o avanço da urbanização no Morro da Rocinha. Um segundo caso bem documentado é da extinção local da ameaçada borboleta *Caenoptychia boulleti* (Nymphalidae) em Petrópolis, também no Estado do Rio de Janeiro. Uma das poucas populações conhecidas da espécie ocorria no topo do Morro Independência, tendo desaparecido com a ocupação do morro (teoricamente uma Área de Preservação Permanente) por habitações no final dos anos 1980.

No litoral de São Paulo, uma área de floresta de planície litorânea e restingas na Praia de São Lourenço em Bertioga, no interior de um condomínio "ecológico" foi transformada em um campo de golf já em 2008, mostrando como o conceito "verde" pode ser distorcido e como o novo-riquismo brega, que inspira loteamentos e resorts em todo o País (outro bom exemplo está na região de Sauípe, na Bahia), não apenas propaga o mau gosto como também é uma ameaça à biodiversidade.

Mesmo em áreas nominalmente protegidas, como a Serra do Mar paulista e paranaense, a Mata Atlântica mostra-se recortada por rodovias, linhas de transmissão e dutos, além de áreas urbanizadas. Isso significa uma paisagem frequentemente fragmentada por barreiras muito efetivas contra a dispersão de animais e plantas, um impacto raramente mitigado quando do planejamento de empreendimentos como rodovias. Um impacto menos divulgado é o da poluição luminosa, virtualmente onipresente em regiões como o sudeste do Brasil e que causa grande mortalidade de insetos em áreas próximas a remanescentes florestais.

Algumas espécies de vaga-lumes estão em declínio em decorrência da ruptura de seu sistema de comunicação em virtude da poluição luminosa, e alguns insetos, como os grandes besouros-rinoceronte do gênero *Megasoma*, podem ter seu status atual precário como resultado da grande mortalidade sofrida pelos adultos atraídos pela iluminação de rodovias e outras instalações em áreas adjacentes a florestas, como pudemos observar na Serra do Mar paulista, nas décadas de 1970 a 1990.

É interessante notar que a conservação de remanescentes de Mata Atlântica de maior ou menor porte se deu, em larga parte, por resultado de topografia, que dificultou a ocupação, juntamente com o colapso econômico de algumas regiões. Por exemplo, a atual presença de florestas no litoral norte e Vale do Ribeira em São Paulo se deve, em boa parte, ao declínio econômico regional e ao abandono de portos como Iguape, Cananeia e Ubatuba quando se optou pelo porto de Santos como principal via de exportações.

Também não deve ser menosprezado o impacto da criação de Unidades de Conservação. Os maiores remanescentes da Floresta Paranaense estão todos em áreas protegidas criadas pelo Estado, como o Parque Nacional do Iguaçu e o Parque Estadual do Morro do Diabo (SP), apesar de o manejo das áreas ser deficiente e sofrer com a caça ilegal e a presença de rodovias. Os maiores blocos de floresta no leste do Paraná, São Paulo e Rio de Janeiro também estão, em boa parte, incluídos em unidades de conservação que ajudaram a frear o desmatamento embora, novamente, sua implementação ainda deixe a desejar.

Apesar de seu papel em conservar um bioma quase terminal, a cobertura de unidades de conservação na Mata Atlântica é muito deficiente, correspondendo a apenas 9% das florestas remanescentes, além de se concentrar na região leste entre Santa Catarina e Rio de Janeiro. Alguns dos centros de endemismo e fitofisionomias da Mata Atlântica carecem de proteção, como região entre o Recôncavo Baiano e foz do São Francisco, onde assentamentos da reforma agrária, quilombos, resorts e reflorestadoras estão destruindo as florestas remanescentes (mesmo em "áreas de proteção ambiental") sem que isso desperte atenção.

O Centro Pernambuco merece atenção especial. O menor, mas mais biologicamente distinto centro de endemismo da Mata Atlântica, começou a perder suas florestas já no século XVI, com a construção dos primeiros engenhos de cana. No entanto, foram os incentivos governamentais e o desrespeito institucionalizado à legislação associados ao Proalcool, a partir de 1975, que resultaram nos grandes desmatamentos e na perda quase total das florestas da região. Restam menos de 5% dessas florestas, a maioria das áreas remanescentes é de fragmentos menores que 100 ha, localizados em topos de morro, e nenhuma área florestal contínua tem mais que 2,5 mil ha. Além da alta fragmentação, nenhum remanescente pode ser considerado de floresta madura, com todas as áreas mostrando sinais de, no mínimo, extração seletiva de madeira.

Essa situação calamitosa faz com que o Centro Pernambuco tenha a dúbia honra de abrigar a maior concentração de espécies ameaçadas do País, incluindo uma já extinta na natureza (o mutum-de-alagoas *Mitu mitu*). Outras espécies certamente foram extintas antes mesmo de descritas formalmente pela ciência, como sugerem aves ilustradas no século XVII por Marcgrave e outros artistas da corte de Maurício de Nassau e hoje inidentificáveis. É notável que o macaco-prego-galego *Cebus flavius*, originalmente retratado nesse mesmo material, tenha sido "redescoberto" apenas em 2005, o que demonstra bem o desconhecimento sobre a biota da região, bem como o descaso em relação a ela.

A situação do Centro Pernambuco não é otimista. A maior unidade de conservação da região, a estação ecológica de Murici, proposta em 1979 e criada

FIGURA 3.28 – O mico-leão-caiçara *Leontopithecus caissara* ocorre apenas em uma área muito restrita no litoral norte do Paraná e sul de São Paulo.

FIGURA 3.29 – Peixes reofílicos hoje associados a regiões "selvagens" como o Pantanal, como este dourado *Salminus maxillosus*, já foram comuns em rios como o Tietê, Grande, Paraná e Paranapanema, totalmente alterados por barragens, poluição e ocupação de suas margens e várzeas.

FIGURA 3.32 – Queixadas *Tayassu pecari* já foram extintas da maior parte da Mata Atlântica pela caça, inclusive em áreas "protegidas" como o Parque Nacional do Iguaçu. A foto mostra parte da população remanescente no Parque Estadual da Serra do Mar (SP).

FIGURA 3.30 – Um jacu-guaçu *Penelope obscura* alimentando-se dos frutos de uma palmeira juçara *Euterpe edulis*. Esta espécie é importante na dieta de vários mamíferos e aves, mas foi dizimada em decorrência do extrativismo de palmito.

apenas em 2000, quando boa parte da floresta havia sido convertida em pastagens, continua não implantada e a ser destruída, pelo fato de a área pertencer a políticos influentes. Outras áreas, como a reserva biológica de Pedra Talhada, continuam a sofrer com a extração de madeira e a produção de carvão. A irresponsável sistemática de implantar assentamentos da reforma agrária junto a remanescentes florestais, como no entorno da estação ecológica de Murici, é outro prego no caixão do Centro Pernambuco.

Um fator complicador é que a grande fragmentação das florestas que restam favorece o estabelecimento de comunidades dominadas por espécies de

FIGURA 3.31 – O rabo-amarelo *Tripophaga macroura* é um dos endemismos da porção da Mata Atlântica entre o sul da Bahia e o norte do Rio de Janeiro.

FIGURA 3.35 – Área invadida por índios guarani mbya no Parque Estadual Intervales em 2002. As reinvindicações de povos tradicionais e a exploração insustentável da fauna e flora estão entre as maiores ameaças às unidades de conservação da Mata Atlântica (foto Rinaldo Campagnã).

FIGURA 3.33 – No vale do Rio de Contas em Jequié (BA) fragmentos de floresta úmida persistem no alto das colinas, enquanto áreas mais baixas foram colonizadas por arbustos da Caatinga. Esse processo de desertificação causado pela agropecuária e extração de madeira ameaça parte importante da Mata Atlântica.

FIGURA 3.34 – Mangues-brancos *Laguncularia racemosa* e caxetas *Tabebuia cassinoides* perfiladas em frente à Serra dos Itatins, litoral sul de SP. A rápida variação altitudinal da Mata Atlântica resulta em grande heterogeneidade de habitats.

Literatura recomendada

CARNAVAL, A. C., M. J. HICKERSON, C. F. B. HADDAD, M. T. RODRIGUES, C. MORITZ. 2009. Stability predicts genetic diversity in the Brazilian Atlantic Forest Hotspot. *Science* 323:785-789.

COSTA, L. P. 2003. The historical bridge between the Amazon and the Atlantic Forest of Brazil: a study of molecular phylogeography with small mammals. *Journal of Biogeography* 30:71-86.

COSTA, L. P., Y. L. R. LEITE, G. A. B. DA FONSECA, M. T. DA FONSECA. 2000. Biogeography of South American forest mammals: endemism and diversity in the Atlantic Forest. *Biotropica* 32:872-881.

DE VIVO, M. & A. P. CARMIGNOTTO. 2004. Holocene vegetation change and the mammal faunas of South America and Africa. *Journal of Biogeography* 3:943-95.

DEAN, W. 1996. *A ferro e a fogo*: a história e a devastação da mata atlântica brasileira. São Paulo: Companhia das Letras.

GALINDO-LEAL, C., I. G. CÂMARA. 2003. *The Atlantic forest of South América*: biodiversity status, threats and outlook. Washington: Island Press.

LEDRU, M. P., P. MOURGUIART, C. RICCOMINI. 2009. Related changes in biodiversity, insolation and climate in the Atlantic rainforest since the last interglacial. *Palaeogeogr. Palaeoclimatol. Palaeoecol.* 271:140-152.

MARTINI, A. M. Z., P. FIASCHI, A. M. AMORIM, J. L. PAIXÃO. 2007. A hot-point within a hotspot: a high diversity site in Brazil's Atlantic Forest. *Biodiversity and Conservation* 11: 3111-3128.

PÔRTO, K. C., J. S. DE ALMEIDA-CORTEZ, M. TABARELLI (orgs.). 2006. Diversidade biológica e conservação da Floresta Atlântica ao norte do rio São Francisco. Brasília: Probio/MMA.

SANTOS, A. M. M., D. R. CAVALCANTI, J. M. C. SILVA, M. TABARELLI. 2007. Biogeographical relationships among tropical forests in north-eastern Brazil. *Journal of Biogeography* 34:437-446.

STRAUBE, F. C., A. DI GIÁCOMO. 2007. A avifauna da região subtropical e temperada da América do Sul: desafios biogeográficos. *Ciência & Ambiente* 35:137-166.

STEHMANN, J. R., R. C. FORZZA, A. SALINO, M. SOBRAL, D. P. DA COSTA L. H. Y. KAMINO. 2009. *Plantas da Floresta Atlântica*. Rio de Janeiro: Jardim Botânico do Rio de Janeiro.

THOMÉ, M. T. C., K. R. ZAMUDIO, J. G. R. GIOVANELLI, C. F. B. HADDAD, F. A. BALDISSERA JR., J. ALEXANDRINO. 2010. Phylogeography of endemic toads and post-Pliocene persistence of the Brazilian Atlantic Forest . *Molecular Phylogenetics and Evolution* 5:1018-1031.

YOUNG, C. E. F. 2005. Causas socioeconômicas do desmatamento da Mata Atlântica brasileira. p. 103-118. In: GALINDO-LEAL C., I. DE GUSMÃO CÂMARA. (org.). *Mata Atlântica*: biodiversidade, ameaças e perspectivas. Belo Horizonte e São Paulo: Conservação Internacional e Fundação SOS Mata Atlântica.

Os campos de altitude

A Serra do Mar e a Serra da Mantiqueira nos estados de São Paulo, Minas Gerais, Rio de Janeiro e Espírito Santo inclui algumas das áreas mais elevadas do Brasil, como o Pico da Bandeira (ES-MG) com 2.892 m, a Pedra da Mina (SP) com 2.798 m e o Pico das Agulhas Negras (RJ) com 2.791 m, assim como extensas áreas acima de 1.500 m de altitude. Essas regiões comumente mostram condições de clima (com temperaturas negativas frequentes) e solos em que as florestas têm dificuldade em se estabelecer e formações campestres, denominadas Campos de Altitude, que formam ilhas ecológicas isoladas na Mata Atlântica.

Embora os Campos de Altitude da Serra do Mar e da Mantiqueira e os Campos Rupestres da Cadeia do Espinhaço possam mostrar similaridades em sua fisionomia, suas floras são bastante distintas, os primeiros sendo mais afins de formações dos Andes e dos campos Sulinos, enquanto os últimos têm elementos do Cerrado, do Escudo das Guianas e das restingas do litoral, além de um numeroso grupo de táxons endêmicos. No maciço de Itatiaia ocorrem populações isoladas de gêneros (como *Jamesonia* e *Eriosorus*) e espécies (como *Polystichun aculeatum* e *Blechnun andinum*) compartilhadas apenas com os Andes.

Os Campos de Altitude são o remanescente de formações muito mais extensas que, pelo menos no caso daqueles da Mantiqueira, estavam em conexão física com os Campos Sulinos (incluídos aqui os Campos Gerais do Paraná e Santa Catarina) durante a última glaciação (e as anteriores). Como os Campos Sulinos, os Campos de Altitude mostram muitos elementos andinos e patagônicos que colonizaram a região durante períodos de clima mais frio, o que deu aos últimos o título de "*paramos* brasileiros", em virtude da semelhança com aquela vegetação andina.

Como seu nome indica, os Campos de Altitude são dominados por espécies herbáceas, especialmente gramíneas e ciperáceas como *Cortaderia modesta* e *Cladium ensifolium*, mas arbustos (como *Tibouchina* spp. e *Bacharis* spp.), bambus (especialmente *Chusquea pinifolia*), sempre-vivas (como *Actinocephalus polyanthus*), línguas-de-tucano *Eryngium* spp., lírios, pteridófitas também são componentes importantes da flora. Orquídeas e bromélias, várias endêmicas (como *Fernseea itatiae*, restrita aos altos de Itatiaia e Serra Fina), ocorrem nos afloramentos de rocha onde comunidades de liquens são bastante notáveis. Em alguns trechos formam-se brejos com turfeiras de *Sphagnum*.

O fogo parece ser um elemento importante na dinâmica da vegetação dos campos, induzindo a floração e a frutificação de espécies que vão de ciperáceas a bromélias, e reduzindo a cobertura de bambus e arbustos. Enquanto algumas espécies parecem até ser favorecidas por incêndios, outras desaparecem após as queimadas, como algumas samambaias endêmicas.

A flora dos Campos de Altitude combina uma riqueza comparativamente alta (por exemplo, 460 espécies no Planalto de Itatiaia, 347 no Campo das Antas da Serra dos Órgãos e 215 nos Campos da Bocaina) com a presença de muitos endemismos (por exemplo, 13 no Campo das Antas e seis na Bocaina). A região de Itatiaia e cristas próximas, como a ainda pouco estudada Serra Fina, na Mantiqueira, onde os campos ocorrem acima de 1.800 m, mostra 44 endemismos como a já citada bromélia *F. itatiae*, as samambaias *Doryopteris itatiaiensis*, *D. feei*, *Jamesonia brasiliensis* e *Eriosorus cheilanthoides*, e a rubiácea *Hindsia glabra*.

Em diversas áreas, os Campos de Altitude formam mosaicos com formações arbóreas. Em Campos do Jordão (SP), ocorrem mosaicos de Campos e Florestas com Araucária, enquanto na Serra dos Órgãos, no maciço de Itaguaré e Marins (SP-MG) e em Itatiaia (RJ), os campos estão em contato com florestas nebulares (ou alto-montanas), estas, às vezes, formando ilhas cercadas por campos.

A fauna dos Campos de Altitude é comparativamente pouco diversa, mas também com alguns endemismos. Em Itatiaia, 21 espécies de mamíferos foram registradas nos campos de altitude, incluindo o lobo-guará *Chrysocyon brachyurus* e o zorrilho *Conepatus semistriatus*, os roedores *Delomys collinus* e *Juliomys rimofrons*, que parecem restritos a esse habitat, assim como uma população isolada de *Akodon paranaensis*, uma espécie dos campos sulinos. No Caparaó, o roedor *A. mystax* é endêmico dos Campos de Altitude, sendo mais relacionado a espécies do Brasil Central.

Os campos de altitude de Itatiaia abrigam uma população isolada de *Akodon paranaensis*, uma espécie dos campos sulinos. Esse táxon mostra a afinidade entre os campos de altitude da Serra do Mar e da Serra da Mantiqueira e as formações abertas do sul do Brasil, incluindo os Campos Gerais e os Campos de Cima da Serra já discutidos. Outra espécie com distribuição similar é a serpente *Ptycophis flavovirgatus*, enquanto a borboleta *Orobrossalis ornamentalis*, endêmica dos Campos de Altitude da Mantiqueira, tem seus parentes mais próximos nos Campos Gerais do Paraná.

Poucas aves utilizam os Campos de Altitude de forma regular, sendo a maioria encontrada também nas florestas nebulares adjacentes e mais associadas às moitas de bambu que à vegetação campestre propriamente dita. Nesta, vivem populações isoladas de algumas poucas espécies compartilhadas com as formações campestres meridionais e parte do Cerrado (como *Embernagra platensis* e *Emberizoides ypiranganus*) e um único quase-endemismo, a garrincha-chorona *Asthenes moreirae*, que ocorre em poucas áreas no extremo sul da Cadeia do Espinhaço. Em contrapartida, um quase-endemismo dos Campos Rupestres, o papa-moscas *Polystictus superciliaris*, ocorre nos Campos de Altitude da Serra da Bocaina (SP-RJ).

FIGURA 3.36 – Os campos de altitude do Planalto de Itatiaia são os mais conhecidos.

FIGURA 3.37 – A garrincha-chorona *Asthenes moreirae* é um endemismo dos campos de altitude entre São Paulo e o Espírito Santo, com uma população no extremo sul da Serra do Espinhaço, em Minas Gerais.

Os anfíbios dos Campos de Altitude apresentam um grande número de espécies endêmicas. Uma das mais conhecidas é o sapo-flamenguinho *Melanophryniscus moreirae*, endêmico de Itatiaia e da Pedra da Mina, mas há um conjunto importante de espécies menos conhecidas como *Ischnocnema holti*, *Paratelmatobius lutzi*, *Holoaden bradei*, *Megaelosia lutzae*, *Hylodes regius* e *H. glaber*, também de Itatiaia, e *Holoaden luerderwaldti*, da Serra da Bocaina, e *Thoropa petropolitana*, da serra dos Órgãos. Muitas dessas espécies apresentam distribuição conhecidas muito restritas, (por exemplo, *P. lutzii* e *H. bradei* são conhecidos apenas do Brejo da Lapa, em Itatiaia) e várias não têm sido encontradas nos últimos anos, o que gera o temor de sua extinção.

Os Campos de Altitude são naturalmente restritos e sua área de distribuição deve diminuir ainda mais nas próximas décadas, conforme as mudanças climáticas favoreçam o crescimento de florestas nas áreas mais elevadas. Essa ameaça se soma à destruição do habitat por atividades como a pecuária, incêndios e a construção de condomínios. Vale lembrar que muitas áreas de Campos na Mantiqueira, mesmo no interior de unidades de conservação, foram alteradas por reflorestamentos que não respeitaram áreas de preservação permanente, como é visível mesmo no interior de unidades de conservação, como Itatiaia, Campos do Jordão e Serra da Bocaina.

Literatura recomendada

Aximoff, I. 2007. *Impactos do fogo na vegetação do Planalto do Itatiaia*. Relatório Técnico – Parque Nacional do Itatiaia, Instituto Chico Mendes/ MMA. Disponível em: <http://www4.icmbio.gov.br/parna_itatiaia/download.php?id_download=139>. Acesso em: 12 jan. 2011.

Brade, A. C. 1956. A flora do Parque Nacional do Itatiaia. *Boletim do Parque Nacional do Itatiaia*, 5:1-114.

Martinelli, G., J.Bandeira, J. O. Bragança. 1989. *Campos de altitude*. Rio de Janeiro: Editora Index.

Safford, H. 1999a. Brazilian Páramos I – An introduction to the physical environment and vegetation of the campos de altitude. *Journal of Biogeography* 26:693-712.

Safford, H. 1999b. Brazilian Páramos II – Macro and mesoclimate of the campos de altitude and affinities with high moutain climates of the tropical Andes and Costa Rica. *Journal of Biogeography* 26:713-737.

Safford, H. 2001. Brazilian Paramos III – Patterns and rates of postfire regeneration in campos de altitude. *Biotropica*,33 (2):282-302.

Teixeira, W. & R. Linsker. 2007. *Itatiaia*: sentinela das alturas. São Paulo: Terra Virgem.

Vasconcelos M. F., M. Rodrigues. 2010. Patterns of geographic distribution and conservation of the open-habitat avifauna of southeastern Brazilian mountaintops (campos rupestres and campos de altitude). *Papéis Avulsos de Zoologia* 50:1-29.

As restingas do litoral

O termo restinga é utilizado para nomear um tipo de depósito de origem marinha que, em geral, se apresenta como uma língua de areia depositada de forma paralela à linha da costa. Esses depósitos incluem praias, dunas, lagoas, brejos e manguezais, em cordões litorâneos ou ilhas -barreira, formados durante as seguidas alterações no nível do mar, ao longo da costa brasileira. Ao final da última glaciação, o nível do mar estava pelo menos 100 m mais baixo que o atual e a plataforma continental era terra seca. Com o final da glaciação e o início do Holoceno o nível do mar não apenas subiu até o nível atual, mas até o ultrapassou em pelo menos três eventos (cerca de 5100 anos AP, 900-3600 anos AP e 2700-2500 anos AP). O resultado são conjuntos de cordões arenosos que formam restingas.

A vegetação que se desenvolve sobre esses cordões arenosos e essas dunas também é comumente chamada de restinga e, como outras formações vegetais, mostra diferentes fisionomias, desde a vegetação baixa encontrada logo acima da linha da maré alta (o jundú) até formações florestais nas áreas mais afastadas da praia que se mesclam com a Mata Atlântica propriamente dita e são comumente chamadas de matas de restinga. No entanto, são as restingas arbustivas que melhor caracterizam esse ecossistema especial.

Embora consideradas parte do bioma Mata Atlântica, as formações arbustivas e abertas, se encaixam de forma desconfortável em um conjunto dominado por florestas. Alguns dos melhores exemplos dessas formações estão na Bahia, no Espírito Santo e no Rio de Janeiro, além de haver remanescentes nas ilhas-barreira de São Paulo (ilhas Comprida e do Cardoso) e Paraná (Superagui).

As restingas arbustivas crescem sobre solos arenosos com pouca capacidade de reter água e com pouca matéria orgânica, o que impõe a pressão do déficit hídrico associado à pouca fertilidade e deposição de sal trazido pelos ventos marinhos. As restingas arbustivas são caracterizadas por arbustos (como *Protium icicariba*, *Clusia hilariana*, *C. fluminensis* e muitas mirtáces), palmeiras acaules (como *Allagoptera* spp.), bromélias terrestres (por exemplo, *Aechmea nudicaulis* e *Neoregelia cruenta*), cactos (por exemplo, *Pilosocereus arrabidae* e *Cereus fernambucensis*) e orquídeas terrestres e outras herbáceas, que muitas vezes formam "ilhas" de vegetação separadas por áreas de solo nu ou coberto por serrapilheira e liquens. Muitas plantas conseguem se estabelecer apenas sob o abrigo de outras ou utilizando bromélias como locais de germinação, já que a temperatura na areia exposta pode superar 70 °C durante o verão e poucas sementes têm a capacidade de germinar ali (a *Allagoptera* spp. é uma dessas plantas).

Nas depressões do terreno, em geral associadas aos espaços entre cordões arenosos, o lençol freático pode aflorar e, então, ocorrem brejos ou mesmo lagoas onde macrófitas são comuns. Alguns brejos e lagoas pequenas são sazonais, secando durante as secas, e abrigam espécies particulares como vários peixes anuais de distribuição geográfica muito restrita. Em algumas áreas há lagoas de extensão maior que podem ser doces ou salobras e têm dinâmica complexa afetada por conexões irregulares com o mar e variações na altura do lençol freático.

A flora das restingas (incluindo as formações florestais) inclui 1.705 espécies de plantas com flores (740 endêmicas), uma gimnosperma, 14 pteridófitas (uma endêmica) e 88 briófitas (uma endêmica). Embora endemismos correspondam a cerca de 11-12% da flora, essa é uma combinação de espécies de ampla distribuição com outras das florestas atlânticas (cerca de 60%) que se adaptaram a um habitat mais seco. É interessante que muitas espécies das restingas reapareçam nas cristas das montanhas e nos campos rupestres onde condições de alta insolação, solos pobres e stresse hídrico se repetem.

Da mesma forma que a flora, a fauna das restingas arbustivas é composta principalmente por espécies com ampla distribuição ou compartilhadas com as florestas próximas. Estas abrigam algumas espécies que podem ser consideradas endêmicas das "matas de restinga" ou, mais propriamente, das florestas de planície litorânea. Como exemplos, temos a serpente *Liophis amarali*, o sapo *Sterocyclops parkeri*, o papagaio *Amazona brasiliensis* e os tiranídeos *Phylloscartes kronei* e *Hemitriccus kaempferi*. Todos ameaçados de extinção. A área entre o norte de São Paulo e a Bahia mostra algumas espécies endêmicas das restingas arbustivas propriamente ditas. Nessa região ocorrem quatro espécies de anfíbios (incluindo a perereca que se alimenta de frutos *Xenohyla truncata*), uma de mamífero (o rato-de-espinho *Thrinomys eliasi*) e uma de ave (a choca *Formicivora littoralis*) restritas a restingas no Rio de Janeiro, e oito de répteis com padrões de distribuição mais variados. O pequeno número de endemismos e a concentração nas restingas no Rio de Janeiro e partes próximas do Espírito Santo sugerem que essa região abrigou refúgios que permitiram a manutenção dessas espécies durante os períodos de transgressão marinha que afogaram outras partes da costa e devem ter extinguido espécies que não puderam encontrar habitats adequados nas áreas emersas.

Os lagartos endêmicos também sugerem padrões históricos interessantes. *Cnemidophorus littoralis*, ocorre da restinga da Marambaia até a foz do rio Paraíba do Sul, enquanto a espécie-irmã *C. nativo* ocorre de Guarapari (ES) até Trancoso (BA). Ao norte, *C. abaetensis* (e *Tropidurus hygomi*) ocorre do Recôncavo até Sergipe. Ao mesmo tempo, um lagarto não aparentado de um grupo muito mais comum na Argentina e Uruguai, *Liolaemus lutzae*, ocorre entre a Restinga da Marambaia e Cabo Frio (RJ).

O padrão de distribuição dos *Cnemidophorus* sugere que podem ter evoluído na plataforma continental exposta durante os vários períodos glaciais. Os habitats abertos e secos desta região hoje submersa seriam seccionados por rios

FIGURA 3.38 – A saíra-sapucaia *Tangara peruviana* é uma espécie característica das restingas e florestas de planície costeira entre Santa Catarina e o Espírito Santo, e realiza migrações ainda pouco compreendidas.

formando corredores florestais e/ou pântanos que lagartos heliófitos não puderam cruzar, levando ao isolamento reprodutivo. As várias transgressões marinhas reduziram drasticamente o habitat e isolaram ainda mais as populações remanescentes, o que teria criado uma pressão evolutiva importante para a diferenciação destas espécies e a evolução de características como a partenogenia de *C. nativo*.

A maior parte das restingas foi alterada ou mesmo destruída por expansão urbana, introdução de resorts e especulação imobiliária, como é evidente na Região dos Lagos do Rio de Janeiro, no litoral sul de São Paulo e ao longo da Linha Verde da Bahia. A destruição desses habitats ameaça várias espécies restritas a esse ecossistema, destacando-se vários peixes anuais, como *Leptolebias citripinnis, L. cruzi, L. fractifasciatus, minimus, Nematolebias whitei* e *Symponinchthys constanciae* (todos endêmicos do Rio de Janeiro), a saúva *Atta robusta* (endêmica do Rio de Janeiro e Espírito Santo) e o lagarto *Liolaemus lutzae* (encontrado no Rio de Janeiro e introduzido no extremo sul do Espírito Santo).

Literatura recomendada

ALVES, R. J. V., L. Cardim, M. S. KROPF. 2007. Angiosperm disjunction "Campos rupestres – restingas": a re-evaluation. *Acta Botanica Brasilica* 21:675-685.

ESTEVES, F. A., L. D. LACERDA (eds.). 2000. *Ecologia de restingas e lagoas costeiras.* Rio de Janeiro: Nupem/UFRJ.

MACHADO, A. B. M., G. M. DRUMMOND & A. P. PAGLIA (orgs.). 2008. *Livro vermelho da fauna brasileira ameaçada de extinção.* Brasília: MMA.

ROCHA, C.F.D., F. A. ESTEVES, F. R. SCARANO (orgs.). 2004. *Pesquisas de longa duração na restinga de Jurubatiba*: cologia, história natural e conservação. São Carlos: RIMA.

3.7 Amazônia

"A melhor maneira de roubar um banco é ser o dono de um."

William Crawford, Comissário da California Commission of Loans and Savings

A Amazônia é o maior dos biomas brasileiros, e certamente um dos mais famosos. Qualquer menção a florestas no Brasil, ou mesmo na América do Sul, imediatamente traz à mente imagens de uma floresta ininterrupta que chega ao horizonte e o maior banco de biodiversidade do planeta. O mesmo cenário era visível no oeste de São Paulo ou no centro-oeste do Paraná ainda na década de 1950, o que deveria causar reflexões sobre o futuro da última grande floresta tropical.

A Amazônia[3] ocupa 6,86 milhões de km^2 na bacia do rio Amazonas e seus afluentes, incluindo não apenas o Brasil, mas também partes da Bolívia, do Peru, do Equador, da Colômbia, da Venezuela, da Guiana, da Guiana Francesa e do Su-

---

3 Que é distinta da chamada Amazônia Legal, que inclui boa parte do Cerrado a fim de favorecer alguns Estados com incentivos econômicos para que ampliem suas áreas agrícolas e, consequentemente, o desmatamento. A Amazônia biogeográfica cobre 49% do Brasil, a Legal 59,8%.

riname. Dessa área, cerca de 5,5 milhões de km^2 correspondem a florestas e as demais áreas correspondem a enclaves de Cerrado, áreas semelhantes ao Pantanal (como no rio Guaporé e em Marajó) e savanas, como os Lavrados de Roraima e as savanas da Guiana, que provavelmente merecem status de bioma próprio.

Cerca de 4 milhões de km^2 das florestas do bioma estão em território brasileiro (assim como mais de 510 mil km^2 de ecótonos com o Cerrado e Caatinga), bem como as cabeceiras de alguns dos principais afluentes do rio Amazonas (como o Branco, Negro, Xingu, Tocantins e Tapajós) e ecorregiões inteiras, o que torna o País o ator mais importante para o futuro do bioma.

A Amazônia brasileira se situa, grosso modo, entre o Planalto Central dominado pelo Cerrado e o Planalto das Guianas. Entre essas áreas elevadas há uma grande região dominada (74% da área) por uma topografia irregular de morros e vales. Cerca da metade da Amazônia está em áreas com até 100 m de elevação, a outra metade se situa quase totalmente na faixa entre 100 e 500 m. Planícies com desnível muito leve ocorrem em associação com os cursos dos grandes rios, notavelmente o Solimões-Amazonas. Tabatinga, na fronteira Brasil-Colômbia, está a apenas 65 m acima do nível do mar, enquanto Manaus está a 40 m. O canal do rio Amazonas varia, na maior parte, entre 15 e 40 m de profundidade, mas alguns pontos podem ser muito profundos. Por exemplo, em áreas próximas da foz o rio Negro o leito do rio Amazonas chega a 100 m de profundidade, ou 60 m abaixo do nível do mar.

O terreno plano dos vales dos grandes rios e as variações no nível das águas associadas à estação chuvosa resultam em grandes áreas sazonalmente inundadas que correspondem a 3-5% da Amazônia brasileira. A amplitude da inundação varia conforme a topografia das planícies de inundação e do canal do rio. Em geral a amplitude é menor no alto Amazonas (por exemplo, 7 m em Iquitos, no Peru) que no médio Amazonas (cerca de 10 m em Manaus). No grande estuário do Amazonas e Tocantins (que tecnicamente não é um afluente do Amazonas) o nível do rio é controlado pelas marés, com variações diárias de 4 m que representam uma fonte de energia limpa e de baixo impacto que ainda não se cogitou utilizar.

A Amazônia inclui maciços como a Serra dos Carajás no Pará (com 889 m de altitude), a Serra dos Pacaás Novos em Rondônia (com 1.126 m e ainda biologicamente inexplorada) e o grande conjunto de diferentes maciços que se estende ao norte dos estados do Amazonas, Roraima, Pará e Amapá que inclui o Pico da Neblina (2.994 m), o Monte Roraima (2.810 m) e a Serra do Tumucumaque (701 m). O Monte Roraima, formado por rochas com mais de 2 bilhões de anos, é parte de um conjunto de montanhas de topo aplainado limitado por paredões verticais conhecidos como *tepuis*.

O clima da Amazônia é caracterizado por altas temperaturas (médias de 24-26 °C) e pluviosidade média de 2.300 mm, mas com grandes variações regionais. De maneira geral as precipitações aumentam e a duração da estação seca diminui no sentido leste-oeste, com os maiores índices pluviométricos ocorrendo no sopé dos Andes e os menores no sudeste do Pará, no leste do Amapá e no ecótono Amazônia-Cerrado, onde há formações com muitas árvores que perdem as folhas durante a seca. Essa região corresponde à parte importante do "Arco do Desmatamento" brasileiro.

O clima regional é fortemente influenciado pela Zona de Convergência Intertropical (ZCI), que afeta a quantidade de umidade transportada pelos ventos que sopram do Atlântico para o interior do continente. Em grandes escalas temporais a localização da ZCI é afetada pelo ciclo de precessão da Terra, com período de 23 mil anos. Este desloca a ZCI para norte ou sul, afetando padrões de insolação e precipitação, o que resulta, na Amazônia, em um clima mais estável na sua região centro-oeste que nas suas margens.

Outros eventos que causam o deslocamento da ZCI para o norte, como o El Niño e o aquecimento do Atlântico Norte observado em 2005, resultam em baixas precipitações e mesmo estiagens anômalas que causam graves impactos na floresta. Nos últimos poucos milhares de anos, El Niños de grande intensidade fizeram com que áreas de floresta sofressem incêndios com periodicidade de 400 a 900 anos, conforme a região da Amazônia, o que certamente implica uma dinâmica bem distinta de um "clímax" estável. No sudoeste da Amazônia também ocorre o fenômeno das "friagens", a penetração de massas de ar muito frias vindas do sul que podem baixar as temperaturas a menos de 10 °C.

Os rios dominam a Amazônia e são determinantes de sua história e ecologia. Os rios que drenam os terrenos antigos do Planalto Central brasileiro, como o Xingu e o Tapajós, carregam poucos sedimentos e são conhecidos como rios de "água clara". Os que drenam terrenos recentes sob erosão ativa e carregam muitos sedimentos, como o rio Madeira e o Solimões, são rios de "água branca". Outros rios drenam terrenos de solos ácidos e pobres, comumente arenosos, tendo águas escurecidas pela presença de ácidos húmicos. São os rios de "água preta".

Os rios de água branca são importantes na dinâmica fluvial, pois as deposições de seus sedimentos formam ilhas e alteram o curso dos rios. Ilhas e praias fluviais constituem habitats sucessionais em permanente mudança com fauna e flora particulares, como várias espécies de aves terrestres associadas às ilhas fluviais, como as chocas *Thamnophilus cryptoleucus*, *Myrmotherula assimilis* e *Myrmochanes hemileucus*. Esses sedimentos também carregam nutrientes que resultam em maior produtividade primária, determinando padrões bastante complexos de diferenciação entre as biotas das sub-bacias.

A maior parte (65%) da produtividade primária dos rios amazônicos é oriunda de macrófitas aquáticas que comumente mostram ciclos sazonais associados às cheias que enchem lagos (na realidade braços abandonados dos rios) ou criam campos inundados. Essas plantas são consumidas diretamente por peixes (e pelo peixe-boi *Trichechus inunguis*) ou por invertebrados que são predados pelos peixes. Seus detritos, permeados por fungos e bactérias que quebram a celulose e a convertem em proteína, são alimento de alguns dos peixes mais abundantes da bacia, os jaraquis e corimbas dos gêneros *Cyphocharax*, *Curimata* e *Prochilodus*. Os lagos também favorecem florações de algas que alimentam não apenas o zooplâncton como peixes planctófagos. Isso explica que reservatórios como Tucuruí suportem grandes pescarias de mapará *Hypophthalmus marginatus*, um bagre que filtra plâncton da coluna d'água.

Outra fonte importante de biomassa são as florestas inundáveis, onde grande número de peixes, incluindo migratórios, se alimenta de frutos e animais que caem das árvores. Tanto lagos como várzeas e igapós mostram grande dinâmica sazonal e durante a seca a baixa no nível das águas faz com que peixes, peixes-boi e outros organismos, de botos a crustáceos, migrem para o canal principal dos rios, onde os herbívoros podem ter de jejuar até a cheia seguinte.

Migrações locais e mesmo de longo curso são um fenômeno comum nos rios amazônicos. Uma das mais notáveis é a realizada por bagres migratórios como a dourada *Brachyplatystoma filamentosum* e a piramutaba *B. vaillantii,* que se deslocam do estuário do Amazonas para as cabeceiras de afluentes como o Madeira e Purus e para o alto Solimões, já na Bolívia, no Peru e na Colômbia. Essa é uma das maiores feitas por qualquer peixe. De grande importância econômica, o ciclo biológico dessa espécie e de outras que migram para o alto Madeira será afetado pela construção de hidrelétricas nesse rio.

Os solos da Amazônia foram, na maioria, bastante lixiviados e são pobres em nutrientes. Na maior parte da região, são ácidos, têm alto teor de alumínio e baixas concentrações de fósforo e potássio. Na Amazônia brasileira apenas 10,7% da área foram considerados de média a alta fertilidade, concentrando-se em áreas como a Serra dos Carajás, Rondônia, oeste de Mato Grosso, oeste do Acre e sudoeste do Amazonas. Uma fonte importante de nutrientes para a floresta é a poeira originária do Saara, transportada através do Atlântico por ventos a vários quilômetros de altitude. Essa poeira traz nutrientes soprados de leitos de antigos lagos, hoje secos, presentes no Saara no início do Holoceno (entre 10 e 5 mil anos atrás), como o Mega Chad, que cobria 375 mil km^2.

A baixa fertilidade faz com que a vegetação tenha sistemas de ciclagem de nutrientes muito eficientes, como uma densa camada de raízes superficiais com fungos simbiontes que rapidamente decompõem matéria orgânica morta e transferem os nutrientes para as plantas hospedeiras. Também são comuns associações entre plantas e formigas, que não apenas fornecem nitrogênio e fósforo por meio de seus dejetos, mas também são uma defesa contra herbívoros e competidores.

Embora raízes superficiais constituam uma característica comum e por isso muitas árvores mostrem raízes-escora ou sapopembas, nas partes da Amazônia sujeitas a estações secas definidas a maior parte das árvores tem raízes profundas que chegam a camadas com água subterrânea a profundidades superiores a nove metros, a fim de suprir suas necessidades durante as secas. Esse mecanismo de bombeamento de águas subterrâneas para a atmosfera é mediado pelas árvores e pode ser uma chave para a resiliência da floresta durante períodos longos de secas extremas.

As raízes que chegam ao lençol freático sustentam uma comunidade subterrânea muito pouco conhecida que vive no labirinto de canais inundados que permeia as camadas de rocha porosa (em geral laterita) sob a floresta. Um dos exemplos mais notáveis desse mundo quase totalmente ignorado são os bagres cegos e despigmentados do gênero *Phreatobius*, predadores de invertebrados com os quais compartilha seu estranho mundo. Uma das duas espécies conhecidas vive em aquíferos no Pará e no Amapá, não se sabendo se também existe nos sedimentos abaixo da atual foz do Amazonas. Outra espécie foi originalmente capturada em poços cavados ao sul de Porto Velho (Rondônia).

Um tipo de solo peculiar, de alta fertilidade, é a "terra preta de índio", que mostra grande concentração de carvão e restos cerâmicos. A ocorrência desses solos corresponde a antigos povoamentos humanos, onde a concentração de restos orgânicos, fezes e de fogueiras resultou no acúmulo local de nutrientes que parecem ser adsorvidos pelo carvão, reduzindo a lixiviação. Estudos têm procurado reproduzir esse tipo de solo de forma a permitir cultivos mais pere-

regiões de solo pouco fértil e também como uma forma de armazenar carbono no solo como *bio-char*.

A área atualmente ocupada pela Amazônia tem uma história geológica bastante complexa que influenciou o caráter dos ecossistemas atuais e os padrões de diversidade biológica. Acredita-se que grandes áreas florestais começaram a se estabelecer na atual bacia amazônica no final do Eoceno (cerca de 56-34 milhões de anos atrás), conforme um Atlântico mais largo e novos padrões de circulação atmosférica aumentaram o transporte de umidade para o interior do continente. Além disso, a Terra estava se recuperando de um evento de aquecimento global (o Máximo Térmico Paleoceno-Eoceno) que elevou as temperaturas médias em cerca de 6 °C. O fim desse evento acabaria permitindo a expansão das florestas nos trópicos e a formação de calotas polares.

Antes de 23 milhões de anos atrás, a maior parte da drenagem amazônica corria para o oeste (ao contrário do que ocorre hoje) e alimentava um antecessor do rio Orenoco que desaguava no Caribe. Nessa época, o Istmo do Panamá ainda não existia e havia comunicação com o Oceano Pacífico. No início do Mioceno (23 milhões de anos atrás), essa drenagem formou um vasto sistema de pântanos e lagos que atingiu seu clímax com a formação do vasto Lago Pebas (mais de 1 milhão de km^2), que cobria a maior parte do oeste da Amazônia entre 17 e 9 milhões de anos atrás.

O Lago Pebas seria um análogo aumentado de partes do Pantanal atual, uma grande bacia de deposição com grandes lagoas, campos inundáveis e matas de galeria, além de uma fauna que incluía jacarés com 15 m de comprimento (o incrível *Purussaurus*). Fósseis sugerem vários episódios de intrusão marinha no sistema lacustre ao longo de sua história, assim como a presença de florestas tropicais nas áreas não inundadas, bem como vegetação similar às florestas de várzea e pântanos de palmeiras *Mauritia* spp. atuais.

Com o início do soerguimento dos Andes, no final do Mioceno (8-9 milhões de anos atrás), a elevação e a inclinação do terreno para leste levaram a drenagem a correr para o Atlântico e à abertura da atual foz do Amazonas. Ao mesmo tempo, sedimentos erodidos das montanhas em elevação (processo que continua hoje) encheram a antiga bacia lacustre, resultando em um sistema fluvial similar ao atual a partir do Plioceno, há 5 milhões de anos.

A drástica transformação de uma região ocupada por um mega lago em uma floresta, o soerguimento dos Andes e de maciços "colaterais" como a Serra do Divisor (Acre), a formação do Istmo do Panamá e o estabelecimento do atual sistema fluvial, todos esses fenômenos associados, tiveram profunda influência na evolução da biota amazônica. O mesmo é verdadeiro para a alternância entre períodos úmidos e secos associados aos ciclos glaciais dos últimos milhões de anos.

Como em outros biomas, alterações climáticas associadas a eventos de esfriamento global no Plioceno e Pleistoceno resultaram em repetidos episódios de contração das florestas e expansão das savanas na Amazônia. O fato de a Amazônia ser uma região vasta e com padrões climáticos regionais diferenciados faz com que os ciclos de expansão-contração florestal não sejam absolutamente sincrônicos ao longo de toda a região. Durante o Pleistoceno, mesmo durante o máximo glacial, a região oeste da Amazônia não apenas era coberta por florestas, como também abrigava espécies hoje associadas a climas úmidos e frios – como os *Po-*

docarpus das montanhas andinas, que gozavam de ampla distribuição nas terras baixas. A persistência das florestas foi resultado da influência das montanhas (Andes, Inambari) na formação e condensação de nuvens. Enquanto isso, na Amazônia Oriental (Pará), há evidências de redução das áreas de florestas e presença de savanas mais ou menos arborizadas em grandes áreas.

As alterações climáticas ao longo do Pleistoceno e Holoceno são resultado de mudanças no padrão de insolação da Terra associados a seu ciclo de precessão. Com o final do período glacial, há evidências de que do início a meados do Holoceno (entre 10-8 e 5-4 mil anos AP) houve um período de menores precipitações que alterou a composição das florestas na Amazônia Ocidental, com a redução das espécies "montanas", enquanto, em outras regiões, savanas se expandiram e houve aumento na frequência de incêndios. Com a prevalência de um clima mais úmido a partir de 5-3 mil anos AP (conforme a região) as florestas tornaram a se expandir, mas em um contexto de clima mais quente.

Enclaves de Cerrado na Amazônia, como em Humaitá (Amazonas), Monte Alegre (Pará) e no Amapá correspondem a áreas sujeitas aos maiores déficits hídricos durante as secas extremas que ocorrem a intervalos de décadas, como a observada em 2005. Esses enclaves também incluem os Lavrados (campos limpos) de Roraima e a savana de Sipaliwini, no Suriname.

A Amazônia está longe de ser homogênea com relação à composição de sua biota. Como esperado, as antigas montanhas, como a Serra de Imeri (onde está o Pico da Neblina) e os tepuis, constituem centros de endemismo com espécies muito particulares, como bromélias e plantas carnívoras rupícolas. Essas montanhas também abrigam comunidades com afinidades andinas e como são mais antigas que os Andes, podem ser a área de origem de algumas das espécies hoje consideradas "andinas", como alguns grupos de beija-flores.

De maneira geral, o oeste amazônico mostra maior riqueza de espécies do que as regiões mais a leste, aparentemente consequência de processos de especiação que resultam em muitas espécies "microendêmicas" e podem estar associados tanto ao início da elevação dos Andes e seu impacto sobre o clima e a drenagem como à maior estabilidade da cobertura florestal nessa região. Por exemplo, a área entre os rios Xingu e Tocantins abriga nove espécies de primatas, enquanto a região entre o rio Madeira e o Solimões abriga 44. Ao mesmo tempo, há uma clara diferença entre as comunidades ao norte e ao sul do Solimões-Amazonas, sendo comum a existência de espécies-irmãs em cada uma dessas grandes regiões.

Em adição a esse padrão geral, centros de endemismo bem definidos correspondem aos interflúvios dos maiores rios. Em território brasileiro, esses grandes centros de endemismo correspondem a oito vastas regiões definidas como segue: entre o rio Tocantins e o ecótono entre a floresta e o Cerrado, no Maranhão e Tocantins (o Centro Belém); ao interflúvio entre os rios Tocantins e Xingu (Centro Xingu); aquele entre os rios Xingu e Tapajós (Centro Tapajós); entre os rios Tapajós e Madeira (Centro Rondônia); entre o rio Madeira e o Solimões (Centro Inambari); entre o Solimões e o rio Napo (Centro Napo); entre o Napo e o rio Negro (Centro Imeri), e a região entre o rio Negro e o litoral das Guianas e Amapá (Centro Guianas).

Obviamente, esses padrões gerais são permeados por detalhes. Um fator importante, no oeste da Amazônia foi a expansão da floresta sobre o antigo

Lago Pebas e a maior complexidade geomorfológica da região, juntamente com uma maior estabilidade climática. O resultado é uma biota mais diversa que aquela no leste do bioma, com a presença de espécies que evoluíram em pequenos interflúvios, como na área entre os rios Madeira e Purus ou na do rio Aripuanã. Esse padrão é bastante notável entre primatas, como os dos gêneros *Mico* e *Callicebus*, dos quais novas espécies têm sido descritas regularmente.

A Amazônia também é bastante heterogênea com relação aos habitats presentes em cada centro de endemismo. Como mencionado, há áreas de savana que constituem filiais disjuntas do Cerrado, assim como outras com caráter distinto em termos de composição de espécies, como os Lavrados de Roraima. Também há grandes áreas de campos inundáveis, às vezes, com muitas palmeiras. Mas as florestas dominam a Amazônia e constituem seus principais habitats.

De maneira geral podem ser identificadas florestas de terra firme, que crescem em áreas não sujeitas à inundação periódica; florestas de várzea sujeitas à inundação por rios de água branca; florestas de igapó sujeitas à inundação por rios de água preta; e campinaranas, florestas de menor desenvolvimento que crescem sobre areia branca com poucos nutrientes. Além disso, há vastas áreas pantanosas dominadas por palmeiras *Mauritia vinifera* e *M. aculeata* que podem formar depósitos importantes de turfa, sendo assim, reservatórios importantes de carbono, além de manguezais que gradualmente se mesclam com florestas inundáveis e açaizais conforme aumenta o aporte de água doce.

Essa divisão é uma supersimplificação, já que tanto há formações intermediárias, como as florestas de baixios que têm o solo encharcado durante as chuvas, mas não chegam a ficar submersas, como há variações regionais importantes. Por exemplo, florestas de terra firme na bacia do rio Tocantins tendem a ter muito mais cipós e espécies decíduas que as do Acre ou norte do Amazonas. Florestas de várzea também tendem a ter menos espécies que as de terra firme, embora em todo o bioma haja pelo menos 900 espécies de árvores registradas nesse habitat.

Analisando apenas esse tipo de floresta ficam patentes as variações regionais em riqueza de espécies. Um hectare em Guamá (Pará) pode ter 62 espécies com mais de 10 cm de diâmetro. No rio Solimões (Amazonas) podem ocorrer apenas 35 espécies na mesma área, enquanto no Japurá (Amazonas) a riqueza de árvores desse porte na mesma área varia de 30 a 135.

A flora das florestas amazônicas tende a ter um grande número de espécies raras. Por exemplo, na região de Manaus, onde a riqueza regional é de cerca de 1.300 espécies de árvores, apenas 160 ocorrem com densidades de pelo menos um exemplar por hectare. De maneira geral, a maior parte das espécies, tanto da flora como da fauna, tende a ocorrer de forma descontínua, com áreas relativamente próximas mostrando grandes diferenças na composição de espécies. Essa microvariabilidade é uma das características mais notáveis das florestas que não sofreram perturbações humanas.

As maiores árvores não são necessariamente as mais antigas. Em uma área estudada na Amazônia Central brasileira, os gigantescos angelins-vermelhos *Dinizia excelsa*, uma emergente que pode superar 50 m, nunca ultrapassaram 300 anos de idade. Por outro lado, tauaris *Cariniana micrantha* de altura similar podiam ter 1.400 anos. Duas árvores dessa espécie com porte similar mostraram uma diferença de idade da ordem de 900 anos.

Embora alguns estudos sugiram que florestas amazônicas que crescem em áreas desmatadas possam recuperar sua biomassa (e estoque de carbono) em um período de 140 a 200 anos, a demografia de espécies de árvores muito longevas e de crescimento lento resulta em uma composição e estrutura bastante distintas da original. Por exemplo, tauaris e ipês *Tabebuia serratifolia* na Amazônia Central levam cerca de 720 e 560 anos, respectivamente, para atingir porte máximo ou equivalente ao de corte.

Como mencionado, eventos climáticos extremos como El Niños de grande intensidade resultam em incêndios florestais. Conforme a região, esses eventos afetam determinada área de floresta a intervalos de quatro a nove séculos. A ação humana atual alterou drasticamente essa dinâmica e, nas áreas mais fragmentadas da Amazônia Oriental (Pará, Maranhão e Tocantins), os incêndios ocorrem a intervalos bem mais curtos, de 12 a 24 anos, em média. O aumento da frequência dos incêndios resulta em mudanças na estrutura e composição das florestas, favorecendo espécies resistentes ao fogo, como o babaçu *Attalea speciosa*. De fato, a "Zona dos Cocais" do Maranhão e do Piauí, com florestas totalmente dominadas por babaçus, parece ser resultado de incêndios constantes, produzidos por ação humana, que alteraram radicalmente a composição da floresta original tornando-a uma virtual monocultura pobre em espécies.

Outro fator de perturbação que pode ser regionalmente importante são as correntes descendentes de vento extremamente fortes (*blow downs* ou "roça de vento") que podem derrubar árvores de forma simultânea em áreas de 1-2 km de extensão. Em áreas de Rondônia afetadas por esse fenômeno palmeiras e sororocas se beneficiaram da perturbação causada, resultando em uma floresta de caráter bem distinto ao original. Tempestades com ventos fortes causando grandes derrubadas também foram associadas à grande seca de 2005, somando-se aos impactos da estiagem e incêndios.

Muitas espécies de árvores são intolerantes à sombra e precisam de perturbações como incêndios, quedas de árvores e *blow-downs* para estabelecer uma nova coorte. Um exemplo é o mogno *Swietenia macrophylla*, espécie hoje dizimada pelas madeireiras. Os indivíduos que abasteceram o mercado de madeira nas últimas décadas podem ter germinado e crescido aproveitando as perturbações causadas por El Niños que ocorreram a 450, 700, 1.000 ou 1.500 anos atrás. Hoje, ao contrário do que ocorria, a ocorrência mais frequente de incêndios inibe o crescimento das plântulas que conseguem se estabelecer.

Os humanos têm estado presentes na Amazônia pelo menos desde o final do Pleistoceno, quando áreas de savanas eram mais extensas, e os incêndios associados à nossa piromania inata certamente influenciaram a evolução recente da floresta e a manutenção dos enclaves de savana. É muito provável que o Lavrado de Roraima e a Gran Sabana da Venezuela fossem muito menores, ou, no mínimo, mais arborizadas, sem os incêndios anuais provocados pelas populações humanas.

A influência humana certamente afetou a composição da própria floresta. Grandes extensões de florestas "oligárquicas" dominadas por algumas poucas espécies de palmeiras utilizadas extensivamente por seres humanos, como o açaí *Euterpe oleracea* no estuário do Amazonas, e o patauá *Oenocarpus bataua* e o inajá *Attalea maripa* em Rondônia, Acre e Amazonas, parecem ser resultado da ação humana. O mesmo parece válido para sororocais de *Phe-*

nakospermum guianensis, espécie que tanto é consumida como alimento, como favorecida pela perturbação na floresta. Essas florestas dominadas por poucas espécies de interesse humano mostram não apenas uma (esperada) menor riqueza florística, mas também, se a avifauna for um indicador geral, menor riqueza faunística.

A intersecção entre heterogeneidade de habitats e áreas de endemismo faz com que a Amazônia brasileira seja dividida em, pelo menos, 23 ecorregiões terrestres, além de pelo menos nove ecorregiões aquáticas. É bastante claro que não há uma Amazônia, e sim várias. Isso comumente torna generalizações não apenas sem sentido, como errôneas.

A diversidade de espécies da Amazônia é famosa, mas também pouco conhecida. Novas espécies de primatas e aves (dois dos grupos mais bem conhecidos) têm sido descritas a cada ano durante a última década e a riqueza estimada para vários grupos é assumidamente subestimada tanto por questões taxonômicas quanto por falta de conhecimento básico. Um padrão geral é que a riqueza de espécies de determinado setor da Amazônia está associada à sua estabilidade climática, e estimativas recentes (mas já defasadas) indicam que a Amazônia brasileira abriga cerca de 1.400 espécies de peixes, 163 espécies de anfíbios (87% endêmicos), 378 espécies de répteis (62% endêmicas), 1.300 espécies de aves (263 endêmicas) e 90 espécies de primatas (87 endêmicas). Obviamente, há grande variação nas riquezas de determinado grupo entre diferentes ecorregiões ou bacias hidrográficas. Por exemplo, no rio Negro há cerca de 450 espécies de peixes, enquanto no Guaporé foram registradas 174 e no baixo Tocantins, 265. Esses números certamente aumentarão consideravelmente com a inclusão da ictiofauna dos pequenos cursos d'água afluentes dos rios de maior porte.

Inventários feitos em áreas com bom histórico de pesquisa dão uma boa ideia de riquezas regionais em ecossistemas terrestres. A área ao norte de Manaus (Amazonas) é a mais pesquisada na Amazônia brasileira e ali foram registradas cerca de 1.300 espécies de árvores, 48 espécies de anuros, 62 de serpentes, 23 de lagartos, 394 de aves e 51 de mamíferos não voadores (seis primatas). Em um hectare dessas florestas podem ocorrer 280-285 espécies de árvores com mais de 10 cm de diâmetro basal, mas em uma área da Amazônia equatoriana foram encontradas 307 espécies com mais de 10 cm em um hectare.

Registros arqueológicos (incluindo os grandes depósitos de terra preta) e relatos dos primeiros exploradores são evidências da presença de grandes populações humanas na Amazônia quando da chegada dos europeus. Há relatos de que partes do Solimões e Amazonas tinham suas margens ocupadas por vilas que se distribuíam ininterruptamente por centenas de quilômetros. Doenças trazidas pelos europeus, já nos séculos XVI e XVII, causaram o colapso das populações e a consequente regeneração da floresta sobre áreas antes ocupadas por cultivos e vilas. Também permitiram que espécies intensivamente exploradas pudessem recuperar suas populações ao ponto de, 300 anos depois, serem consideradas extremamente abundantes.

Após a colonização europeia, a floresta amazônica foi comparativamente pouco afetada pela conversão de habitats naturais em áreas agrícolas, embora o impacto do extrativismo de produtos como a borracha, a castanha-do-brasil, peles de animais, além de óleo de peixe-boi e de tartaruga, tenha sido pesado, causando extinções locais em grandes áreas. Mesmo assim, estima-se que antes de 1970 o desmatamento acumulado na Amazônia (não a Amazônia Legal) equivalia a pouco mais que a área de Portugal.

A perda de habitat tornou-se uma questão urgente apenas a partir da década de 1970, com o surgimento de uma política deliberada de colonização e desmatamento subsidiados pelo Estado. Datam dessa época as estradas (Transamazônica, Cuiabá-Santarém, Porto Velho-Manaus, Cuiabá-Porto Velho-Rio Branco, Rio Branco-Boca do Acre) que se tornaram os grandes vetores do desmatamento. É interessante notar que o processo de colonização iniciado naquele momento servia tanto a uma geopolítica baseada na crença da existência de poderes estrangeiros interessados em ocupar a Amazônia como serviu de válvula de escape (momentânea) para excedentes populacionais oriundos da zona rural do sul e sudeste, em um momento de crescimento explosivo da população brasileira.

Incentivos fiscais, financiamentos generosos por bancos públicos, fundos constitucionais e a doação de terras (incluindo o recente programa Terra Legal Amazônia) serviram como instrumentos para incentivar a rápida conversão de florestas em pastagens e, em área bem menor, plantações. Mais recentemente, ao longo do período 2005-2010, financiamentos do BNDES (Banco Nacional do Desenvolvimento) a frigoríficos resultaram em nova expansão do desmatamento em estados como o Pará, o Mato Grosso e Rondônia. Esse foi apenas um novo capítulo do continuado uso de recursos públicos para a destruição da floresta amazônica.

Entre 1988, quando a região passou a ser monitorada por satélites, e 2009 as taxas de desmatamento variaram de 7.464 a 29.059 km^2/ano. Após um período de desmatamento crescente entre 1997 e 2004, quando atingiu um pico de 27.423 km^2, o valor tem se reduzido nos últimos cinco anos. Estimativas para 2009 indicam uma área desmatada de "apenas" 7.000 km^2 ou 2,3 Bélgicas (população 10,7 milhões).

A dinâmica do desmatamento tem sido fortemente influenciada por fatores como crises econômicas e anos eleitorais, assim como pelos estímulos (positivos e negativos) dados a projetos pecuários e assentamentos da reforma agrária. Os últimos representam um dos setores que mais desmata na Amazônia (22,8% do desmatamento registrado em 2009), beneficiando-se do nulo interesse governamental em impor a obediência à lei nessas áreas. Pelo contrário, o Instituto Nacional de Colonização e Reforma Agrária promove o desmatamento como "benfeitoria".

De maneira geral, a probabilidade de desmatamento de uma determinada área na Amazônia é uma função da distância em relação a estradas, da proximidade de centros pecuários, polos madeireiros e assentamenos da reforma agrária, e da presença ou não de agentes de controle, como os presentes em unidades de conservação ou em áreas sob controle de ocupantes que se oponham ao desmatamento, como alguns grupos indígenas (por exemplo, em Rondônia) e algumas empresas privadas (por exemplo, no leste do Pará).

Em 2003, a área cumulativa de florestas destruídas na Amazônia brasileira somava 648.500 km^2, ou 16,2% dos cerca de 4 milhões de km^2 de florestas que se supõe existiam originalmente. Em agosto de 2009 o desmatamento acumulado[4] atingiu 741.598 km^2, ou 18,5% da floresta original. É interessante notar

---

4 Dados disponíveis em: <http://www.obt.inpe.br/prodes/>.

que a população humana na Amazônia é de cerca de 25 milhões de habitantes e cerca de 70% vivem em áreas urbanas, enquanto a área que já sofreu desmatamento equivale a 1,4 vezes o território da França, país com 65,4 milhões de habitantes. O uso ineficiente do território, subsidiado por dinheiro público, é a tônica da ocupação da Amazônia, sendo emblemática a minúscula taxa de ocupação das pastagens, com até 0,25 cabeça de gado/ha.

O desmatamento na Amazônia não ocorre de maneira homogênea. Historicamente, os estados com maiores taxas de desmatamento são o Pará, Mato Grosso, Rondônia e o Maranhão, como resultado de uma melhor malha de estradas, grandes fazendas de gado, projetos de colonização e baixíssima governança. Isso afeta o estado e as prioridades de conservação das diferentes áreas de endemismo e ecorregiões amazônicas.

Cerca de 27% da Amazônia estão em unidades de conservação e 21% em terras indígenas. Embora o percentual sugira uma cobertura adequada, apenas 9,6% (385 mil km^2) estão protegidos por unidades de proteção integral. Algumas categorias de unidades de conservação não têm efeito prático para conservação da biodiversidade ou em barrar o desmatamento, e embora a média das terras indígenas tenha um bom histórico como barreira ao desmatamento, nada impede que a situação mude conforme seus habitantes decidam explorar os recursos naturais de forma mais intensiva.

A proteção para alguns centros de endemismo é bastante inadequada. A região entre o rio Tocantins e o oeste do Maranhão, que corresponde ao centro de endemismo Belém, já havia perdido 68% de suas florestas até 2002 e a situação certamente não melhorou nos últimos anos, já que o Maranhão e o leste do Pará continuam entre as áreas com maiores índices de desmatamento nos últimos anos. O Centro Belém possui uma única unidade de conservação de proteção integral, a Reserva Biológica do Gurupi (2.711 km^2) e ela continua sendo vítima de madeireiros, grileiros e assentamentos da reforma agrária, os mesmos fatores que afetam as terras indígenas que fazem fronteira com a reserva. Nessas terras, o plantio comercial de maconha é outro problema.

O Centro Xingu, entre os rios Tocantins e Xingu, também já perdeu 27-28% de suas florestas, enquanto as perdas no Centro Rondônia chegam a 14%. Os centros de endemismo com menores perdas são aqueles em que nenhuma rodovia de porte foi construída (Napo, Imeri, Guiana e Inambari).

Reduzindo a escala espacial, ecorregiões nas áreas sob maior pressão já sofreram grandes perdas. As Florestas Secas de Mato Grosso (que formam o ecótono com o Cerrado) já haviam perdido 25% de sua área em 2002 e hoje devem estar ainda mais reduzidas, visto que estão localizadas no Arco do Desmatamento onde a fronteira agrícola está em expansão. O mesmo ocorre com o Interflúvio Xingu-Tocantins (24% de perdas), as Várzeas de Iquitos (23% desmatadas) e o Interflúvio Uatumã-Trombetas (13%). Essa situação é agravada pela falta de áreas protegidas em várias das ecorregiões, além da crônica desobediência à legislação ambiental.

O nível de desmatamento do Centro Belém é comparável ao da Mata Atlântica, ameaçando espécies endêmicas como os primatas *Cebus kaapori* e *Chiropotes satanas*, o jacamin *Psophia obscura* e o mutum *Crax pinima*, que já pode estar extinto. Essa região concentra a maioria das espécies ameaçadas consideradas restritas ao bioma amazônico e outras regiões importantes em termos de presença de espécies ameaçadas, como a que se localiza entre a BR 163 (Cuiabá-Santarem) e o rio Tapajós – onde ocorre o tangará *Lepidothrix vilasboasi*, recentemente redescoberto –, a bacia do rio Branco em Roraima – onde o furnarídeo *Synallaxis kollari* é ameaçado pela destruição de matas ciliares por plantios de arroz e a jandaia-sol *Aratinga solstitialis* pelo tráfico de animais – e a região de Manaus – onde a expansão urbana está destruindo a pequena área em que ocorre o sauí-de-coleira *Saguinus bicolor*.

A situação da jandaia remete a um fator de extinção local que afeta praticamente toda a Amazônia, mas tem sido largamente desconsiderado em virtude da maior atenção dada ao desmatamento. Estudo publicado em 2000 sugere que a população rural da floresta amazônica brasileira (na época estimada em 8,1 milhões de pessoas) consumia algo como 23,5 milhões de mamíferos, aves e répteis por ano, o que explica o porquê de muitas das espécies amazônicas serem consideradas ameaçadas, pois são procurados para a panela de macacos-barrigudos *Lagothrix* spp. a peixes-boi *Trichecus inunguis* e mutuns *Crax globulosa*.

Não é surpresa que seja muito incomum achar uma localidade amazônica com concentrações de araras, capivaras, cervos, queixadas, mutuns e ariranhas – como as facilmente encontradas em locais protegidos em outros biomas, como o Pantanal –, e que extinções locais de espécies cinegéticas sejam um fenômeno comum em áreas "protegidas" como terras indígenas e reservas extrativistas.

Uma ameaça crescente à Amazônia é a ênfase da política energética brasileira na construção de hidrelétricas que não apenas formam uma barreira para peixes migratórios como extinguem habitats localizados como florestas ripárias e corredeiras. Corredeiras, como as dos rios Xingu, Teles Pires, Juruena, Jari e outros que descem dos planaltos que cercam a planície Amazônia formam um habitat aquático muito particular com espécies restritas, tanto de peixes como invertebrados e plantas aquáticas, notavelmente da família Podostemaceae.

Hidrelétricas no rio Tocantins, como Tucuruí e Lageado, já extinguiram ou tornaram ameaçadas pelo menos 16 espécies de peixes, muitas das quais nem constam nos seus estudos de impacto ambiental, e seus efeitos sobre outros grupos como moluscos e insetos aquáticos não são mencionados apenas porque não há pesquisas direcionadas. Estudos recentes também mostram que 71 de 481 espécies de aves existentes na região de Tucuruí (Pará) foram extintas após a construção do reservatório.

A matriz energética brasileira é baseada na energia hidrelétrica, dita limpa, mas que gera enormes danos em termos de destruição de habitats e alterações hidrológicas. Após a construção de hidrelétricas altamente impactantes como Tucuruí, Samuel e Balbina, há planos para mais 68 reservatórios na Bacia Amazônica, onde estaria 66% do potencial hidrelétrico ainda não explorado do País. A pressão para a construção de hidrelétricas na região está associada às demandas de setores eletrointensivos, como as indústrias de alumínio e aço destinados ao mercado externo.

Hidrelétricas em construção, como o complexo Jirau-Santo Antônio no rio Madeira, e planejadas como Belo Monte no rio Xingu e várias nos rios Teles Pires, Tapajós, Trombetas, Jarí etc. deverão resultar em grande número de extinções de espécies associadas a ambientes lóticos e na generalizada quebra de sistemas migratórios de peixes de importância comercial. Esses impactos são desnecessários, já que, no Brasil, há ampla margem para ganhos em eficiência energética e a necessidade real de hidrelétricas amazônicas é discutível.

Além disso, as hidrelétricas estão longe de ser uma fonte limpa de energia. O afogamento de áreas de florestas, a concentração de nutrientes resultando em florescimentos de algas e variações no nível de água fazem com que hidrelétricas amazônicas como Tucuruí e Balbina sejam grandes emissoras de metano, um dos mais poderosos gases de efeito estufa. Tucuruí, por exemplo, tem emissões em carbono-equivalente similares às da Grande São Paulo.

O futuro da Amazônia é incerto e modelos sugerem que 40% das florestas do bioma podem desaparecer até 2050 se as tendências históricas se mantiverem, pois, embora o desmatamento tenha sido reduzido no período 2004-2010 de 27,7 mil km^2 para "apenas" 6 mil km^2 em 2010, a área de florestas degradadas aumentou em relação ao ano anterior. Ao mesmo tempo, a decisão, tomada no final de 2010, de pavimentar a rodovia BR 319 (Porto Velho-Manaus) e o projeto, agora em negociação, de uma rodovia ligando o Brasil ao Suriname devem abrir novas frentes de desmatamento em regiões ainda pouco impactadas.

A floresta amazônica é um sistema que gera as condições para sua própria existência e as atividades humanas comprometem essa capacidade. A perda de uma área de floresta superior a 30-40% da extensão original pode resultar em mudanças climáticas suficientes para levar ao colapso as florestas remanescentes em áreas onde hoje há uma estação seca bem-definida. As consequências desse colapso não seriam sentidas apenas regionalmente, visto que a Amazônia afeta o clima de uma parcela importante do planeta.

FIGURA 3.39 – O uacari-vermelho *Cacajao rubicundus* é um predador de sementes encontrado em uma área limitada nas florestas de várzea do alto Solimões.

FIGURA 3.40 – *Plica umbra* é um lagarto arborícola com ampla distribuição na Amazônia, mas com populações morfologicamente distintas ao norte e sul do Amazonas-Solimões.

FIGURA 3.41 – O sauí-castanheira *Saguinus bicolor* ocorre em uma área muito restrita coincidente com a região de Manaus (AM), sendo ameaçado pela expansão urbana.

FIGURA 3.43 – O Lago de Tefé (AM), no médio Solimões durante a grande estiagem de 2010. Além da falta de água, os incêndios causados pelos agricultores locais causaram mais danos à floresta.

FIGURA 3.44 – As ilhas fluviais do rio Solimões, cobertas por florestas de várzea, são formadas por sedimentos transportados desde os Andes.

FIGURA 3.46 – Os Campos de Humaitá formam um enclave de savanas no interior da floresta amazônica.

FIGURA 3.47 – A pecuária é um dos principais fatores de destruição da floresta amazônica, como na área ao longo da BR 317, entre o Acre e o Amazonas.

FIGURA 3.42 – O rio Jutaí (AM) mostra como os meandros dos rios amazônicos criam um mosaico de habitats em diferentes estágios de sucessão.

FIGURA 3.45 – A aparente homogeneidade da floresta amazônica esconde uma grande riqueza de espécies de árvores, com muitas ocorrendo a densidades de poucos indivíduos a cada 10 km².

FIGURA 3.48 – Psitacídeos de diversas espécies alimentam-se de plantas da família Podostemaceae (provavelmente *Rhyncholacis* sp.) nas corredeiras do rio Roosevelt (AM). Extremamente especializadas e com distribuição restrita, essas plantas, e sua fauna associada, desaparecem de rios represados.

Literatura recomendada

ARMACOST, J. W. 2006. Birds of a palm-dominated terra firme forest: the contribution of habitat heterogeneity to regional avian diversity. *Cotinga* 25:33-37.

BARTHEM, R., M. GOULDING. 1997. *Os bagres balizadores*: ecologia, migração e conservação de peixes amazônicos. Brasília: CNPq – Sociedade Civil Mamirauá – Ipaam.

BIERREGAARD, R. O., C. GASCON, T. E. LOVEJOY, R. MESQUITA. 2001. *Lessons from Amazonia*: the ecology and conservation of a fragmented forest. New Haven & London: Yale University Press.

CAPOBIANCO, J. P. R., A. MOREIRA, D. SAWYER, I. SANTOS, L. P. PINTO. 2001. *Biodiversidade na Amazônia Brasileira*. São Paulo: Editora Estação Liberdade/Instituto Socioambiental.

CELENTANO, C., A. VERÍSSIMO. 2007. O *Avanço da Fronteira na Amazônia*: do boom ao colapso (O Estado da Amazônia: indicadores. n. 2). Belém: Imazon.

FEARNSIDE, P. 2008. Hidrelétricas como fábricas de metano: o papel dos reservatórios em áreas de floresta tropical na emissão de gases de efeito estufa. *Oecologia Brasiliensis* 12(1):100-115.

GASH, J. H. C., NOBRE, C. A., ROBERTS, J. M.; VICTORIA, R. L. 1996. *Amazonia deforestation and climate*. UK: John Wiley & Sons.

HOORN, C., F. WESSELINGH. 2010. *Amazonia, landscape and species evolution*: A look into the past. New York: Wiley-Blackwell.

POLITIS, G. 2001. Foragers of the Amazon: the last survivors or the first to succeed? p. 26-49. In: C. MCEWAN, C. BARRETO & E. NEVES (eds.) *Unknown Amazon*. London: The British Museum Press.

RIBEIRO, M. B. N., A. VERÍSSIMO. Padrões e causas do desmatamento nas áreas protegidas de Rondônia. Natureza e Conservação 5(1): 15-26.

RODRIGUES, A. S. L., R. M. EWERS, L. PARRY, C. SOUZA, Jr., A. VERÍSSIMO, A. BALMFORD. Boom-and-bust development patterns across the Amazon deforestation frontier. Science 324 (5933), p. 1435-1437.

ROSSETTI, D. F., P. M. TOLEDO. 2007. Environmental changes, In: Amazonia as evidenced by geological and paleontological data. *Revista Brasileira de Ornitologia* 15: 175-188.

Shibatta, O. A., J. Muriel-Cunha, M. C.C. de Pinna 2007. A new subterranean species of *Phreatobius* Goeldi, 1905 (Siluriformes, *Incertae sedis*) from the Southwestern Amazon basin. Pap. Avulsos Zool. (São Paulo) 47(17): 191-201.

Silva, J. M., A. B. Rylands, G. A. B. Fonseca. 2005. O destino das áreas de endemismo da Amazônia. Megadiversidade1: 124-131.

Soares-Filho, B. S, D. C. Nepstad, L. M. Curran, G. C. Cerqueira, R. A. Garcia, C. A. Ramos, E. Voll, A. McDonald, P. Lefebvre, P. Schlesinger. 2006. Modelling conservation in the Amazon basin. Nature 440, 520-523.

Stropp, J., H. ter Steege, Y. Malhi. 2009. Disentangling regional and local tree diversity in the Amazon. Ecography 32: 46-54.

A Amazônia e o clima da América do Sul

As florestas têm um efeito importante sobre o clima. A vegetação influencia a forma como a radiação solar é refletida e aquece a atmosfera, além da evaporação da água do solo. Também fornece uma superfície de condensação muito maior para a captação da água de nevoeiros, o que explica por que as florestas se mantêm em algumas montanhas no Chile, onde recebem pouca (ou nenhuma) chuva, mas muita neblina. As florestas também bombeiam água do solo para a atmosfera por meio da transpiração, aumentando a umidade atmosférica, influenciando a formação de nuvens e diminuindo a temperatura do ar.

Não é por outra razão que tentativas de recuperar áreas desérticas, como feito no século XIX na ilha de Ascension e hoje na China, são baseadas, em grande parte, no plantio de árvores. O efeito das árvores sobre o clima também tem sido aproveitado para tornar cidades construídas em regiões desérticas mais hospitaleiras à presença humana, como Córdoba (Argentina). É uma pena que esse efeito seja desprezado no semiárido brasileiro, onde há compulsão por árvores podadas em formas "artísticas" que mal produzem sombra.

As florestas também parecem ser determinantes na geração dos padrões de vento, como sugerido por teorias recentes. Ecossistemas que mantêm atmosferas úmidas, como as florestas, "sugam" ar e umidade de outras regiões, literalmente criando chuva. Isso explicaria o curioso fato de o oeste da Amazônia receber mais chuvas que o leste, apesar das perdas observadas durante o ciclo hidrológico. A grande floresta amazônica tem um efeito marcante sobre o clima do norte da América do Sul e de boa parte do continente americano. Os ventos alísios vindos do leste, resultado da Zona de Convergência Intertropical, transportam a umidade originária do oceano para o interior da região. O ar úmido se move para oeste até os Andes, onde sustenta florestas extremamente úmidas nos seus contrafortes e fornece umidade para o Altiplano, sendo defletido para o sul e movendo-se para o centro, sudeste e sul do Brasil, além do Paraguai, Uruguai e Argentina. Esses rios voadores que nascem na Amazônia abastecem boa parte da América do Sul[5], estimando-se que pelo menos 20% das chuvas que caem sobre São Paulo é resultado da evapotranspiração da floresta amazônica. Além disso, suprem parte importante das chuvas que caem sobre as principais áreas agrícolas do continente.

O padrão sazonal da convecção sobre a floresta amazônica se desloca no sentido sudeste-noroeste, o que faz com que durante parte do ano (junho a agosto) a maior parte da precipitação ocorra mais ao norte, sobre a América Central. A umidade amazônica chega mesmo ao México e ao Texas, afetando significativamente regiões sujeitas a secas como o meio-oeste norte-americano.

A interação entre a convecção atmosférica e frentes frias vindas do sul provoca chuvas. No entanto, a particularidade do clima amazônico é que, conforme a região, 25-50% do vapor de água que cai ali como chuva é originário da evapotranspiração da floresta – e não do transporte

---

5 Disponível em: <http://www.riosvoadores.com.br/margi/trajetorias.html>

de umidade vinda do oceano –, com a água sendo bombeada de profundidades superiores a 10 m pelas raízes das árvores. O resultado é que a floresta amazônica lança cerca de 8 trilhões de toneladas de vapor de água na atmosfera a cada ano, com profundas implicações para a circulação atmosférica global. Além disso, recentemente foi comprovado que aerossóis produzidos pela floresta ajudam a nuclear gota de chuva e causar precipitações.

Sem a floresta, haveria redução marcante na umidade atmosférica e muito menos vapor d'água seria exportado para alimentar chuvas no restante da América do Sul. Experimentos sugerem que a substituição da floresta por pastagens resulta, em nível regional, no aumento da temperatura do ar, aumento na velocidade do vento, redução da umidade atmosférica e redução nas precipitações, com aumento importante (até em dois meses) na duração das estações secas.

As chuvas resultantes da convecção da umidade gerada por evapotranspiração são especialmente importantes para manter a floresta em regiões com estação seca marcada, como no leste do Pará e no Arco do Desmatamento. Uma menor precipitação combinada a mais incêndios resulta na transformação da floresta úmida hiperdiversa em uma combinação de arvoretas pioneiras e capins pirófilos. Pior, se uma área suficiente de florestas for perdida o padrão de convecção pode ser quebrado, enfraquecendo os ventos alísios que trazem umidade do oceano.

As florestas da Amazônia também estocam 90-140 bilhões de toneladas de carbono em sua biomassa (e uma quantidade pelo menos igual como turfa e matéria orgânica no solo), ou 9-14 décadas de emissões de carbono por atividades humanas. As florestas também são um sumidouro de carbono, absorvendo cerca de 600 milhões de toneladas por ano, embora durante a década de 1990 o desmatamento tenha resultado em cerca de 500 milhões de toneladas de carbono sendo lançadas na atmosfera ao ano.

Se desejamos evitar que as temperaturas médias globais se elevem acima de 2 °C até o final do século é óbvio que não apenas as emissões resultantes da perda de florestas devem ser eliminadas, mas também que a restauração florestal deve ser estimulada, seja pela substituição de áreas degradadas por florestas, seja pela regeneração de florestas secundárias com capacidade de acumular mais biomassa. Esta seria uma forma comparativamente barata de retirar e estocar carbono da atmosfera, com o benefício associado de manter o ciclo hidrológico.

Literatura recomendada

AVISSAR, R., D. WERTH. 2005. Global hydroclimatological teleconnections resulting from tropical deforestation. Journal of Hydrometeorology 6:134-145.

FALCON-LANG, H. 2010. Charles Darwin's ecological experiment on Ascension isle. <http://www.bbc.co.uk/news/science-environment-11137903>. Acesso em: 2 set. 2010.

FEARNSIDE, P. M. 2003. A floresta amazônica nas mudanças globais. Manaus: INPA.

FEARNSIDE, P. M. 2004. A água de São Paulo e a floresta amazônica. Ciência Hoje 34(203):63-65.

MALHI, Y., J. T. ROBERTS, R. A. BETTS, T. J. KILLEEN, W. LI, C. A. NOBRE. 2008. Climate Change, Deforestation, and the Fate of the Amazon. Science 319:169-172

NEPSTAD, D. C., C. M. STICKLER, B. SOARES-FILHO, F. MERRYL. 2008. Interactions among Amazon land use, forests and climate: prospects for a near-term forest tipping point. Phil. Trans. R. Soc. B 363(1498):1737-1746.

RAMOS DA SILVA, R., D. WERTH, R. AVISSAR. 2008: Regional Impacts of Future Land-Cover Changes on the Amazon Basin Wet-Season Climate. J. Climate 21:1153-1170.

TENNESEN, M. 2009. The strange forests that drink – and eat – fog. Discover Magazine April 2009. <http://discovermagazine.com/2009/apr/30-strange-forests-that-drink-eat-fog/?searchterm=cloud%20forests>. Acesso em: 2 set. 2010.

WERTH, D., R. AVISSAR. 2002. The local and global effects of Amazon deforestation, J. Geophys. Res. 107(D20):8087, doi:10.1029/2001JD000717.

Os Lavrados de Roraima

Embora a Amazônia seja dominada por florestas, a floresta é pontuada por enclaves de savana com biota e história muito particulares. Os Cerrados do Amapá e da Ilha de Marajó, por exemplo, provavelmente se comunicavam com os Cerrados do Maranhão e do litoral nordeste (onde ainda há enclaves) através de um corredor de savanas que cresciam sobre a plataforma continental exposta durante os máximos glaciais.

Um conjunto de formações abertas digna de nota é o formado pelos Lavrados de Roraima. Estes cobriam cerca de 43,4 mil km^2 (17% do estado), concentrando-se na região nordeste e chegando a partes adjacentes da Guiana (Rupununi), constituindo um mosaico de formações abertas cuja fisionomia é determinada, como no Cerrado, pela frequência do fogo, pelo tipo de solo e pela disponibilidade hídrica.

Essas savanas encontram-se situadas no Pediplano Rio Branco-Rio Negro, na formação Boa Vista, com altitude variando entre 400 e 800 metros. Também são encontrados diversos afloramentos de rochas (inselbergs) recobertos por florestas úmidas com altitudes entre 500 a 800 metros. A temperatura anual média é de cerca de 24 ºC, com precipitação média anual de 1.600 mm. Há uma estação chuvosa (maio-agosto) e uma estação seca (dezembro-março), que são bem-definidas. Em áreas de encostas a maiores altitudes (acima de 1.000 m) há savanas densamente arborizadas com muitas árvores decíduas. Em áreas mais baixas as árvores se tornam mais esparsas e surge o componente herbáceo, em um gradiente que passa por savanas-parque até as savanas graminosas análogas aos campos sujos e campos limpos do Cerrado. Um aspecto interessante nas savanas de Roraima é a dominância do componente lenhoso pela lixeira e várias espécies de *Byrsonima* (muricis).

Em muitas áreas há grandes lagoas temporárias e longas veredas de buritis *Mauritia flexuosa* ao longo de igarapés, além de campos de murunduns formados por ilhas de vegetação centradas em antigos cupinzeiros. Nessas ilhas, a lixeira *Curatella* americana é presença obrigatória.

Os Lavrados mostram várias espécies de aves típicas de áreas abertas compartilhadas com outras savanas localizadas ao norte do rio Amazonas, como o teu-teu *Burhinus bistriatus*, o uru-do-campo *Colinus cristatus* e a garrincha-dos-llanos *Campylorhynchus griseus*. A jandaia-sol *Aratinga solstitialis* já é um endemismo do Lavrado e do Rupununi. Outras espécies (*Synallaxis kollari*, *Cercomacra carbonaria*) estão restritas às matas de galeria.

A herpetofauna também mostra alguns (poucos) endemismos, como a cascavel *Crotalus ruruima* e o lagarto *Gymnophthalmus leucomistax*. Outra espécie, *G. underwoodi*, é partenogenética e vive em ilhas de mata e matas galeria.

Os Lavrados abrigam uma população de cavalos ferais que constituem uma raça particular, o cavalo lavradeiro. Descendentes de animais ibéricos escapados no século XVIII, esses animais mostram grande rusticidade e preenchem um nicho ecológico deixado vago pela extinção dos cavalos nativos sul-americanos.

Os Lavrados estão sendo rapidamente ocupados pela agricultura, e plantações de arroz já descaracterizaram grandes extensões e comprometeram igarapés que deveriam ter sido conservados. Essa tendência deve se intensificar com o crescente plantio de soja, acácia-negra e cana de açúcar em Roraina. Ao mesmo tempo, nenhuma unidade de conservação protege o Lavrado brasileiro de forma adequada.

Os Grandes Biomas Brasileiros

Literatura recomendada

BARBOSA, R. I., E. J. G., FERREIRA, E. G. CASTELLON, (eds.). 1997. Homem, ambiente e ecologia no Estado de Roraima. Manaus, INPA.

BARBOSA, R. I, C. CAMPOS, F. PINTO, P. M. FEARNSIDE. 2007. The "Lavrados" of Roraima: Biodiversity and Conservation of Brazil's Amazonian Savannas. Functional Ecosystems and Communities 1:29-41.

MARIANTE, A. S., N. CAVALCANTE. 2000. Animais do descobrimento: raças domésticas da história do Brasil. Brasília: Embrapa.

3.8 Oceanos e zona costeira

"Devemos cultivar o mar e cuidar de seus animais usando os mares como fazendeiros e não como caçadores.
Esta é a essência da civilização: o cultivo substituindo a caça."

Jacques Yves Cousteau, oceanógrafo francês

Dois terços da superfície terrestre são cobertos por mares e oceanos que têm papel preponderante na dinâmica do clima do planeta e nos seus sistemas de suporte de vida. Os oceanos são a maior fonte de oxigênio atmosférico (os verdadeiros pulmões do mundo), o maior sumidouro de carbono e o grande receptáculo do fósforo, nitrogênio e outros nutrientes, sem falar nos poluentes, que a humanidade lança nas águas. Ecossistemas que não dependem da energia solar, como os das fontes geotérmicas em fendas geológicas, são uma característica dos oceanos. Ao mesmo tempo, os ecossistemas marinhos permanecem entre os menos estudados e mais sobreexplorados, nosso conhecimento sobre a superfície de Marte sendo maior que o respeito das profundezas oceânicas.

O Brasil possui cerca de 8,5 mil km de linha de costa e uma Zona Econômica Exclusiva com 3,5 milhões de km^2. A enorme extensão do litoral brasileiro resulta em uma grande diversidade de habitats e sua divisão em setores com características bastante distintas. Uma característica interessante é o fato de o litoral brasileiro estar isolado do Caribe pelo maciço aporte de água doce e sedimentos trazidos pelo rio Amazonas, uma barreira mais ou menos permeável que se estabeleceu entre 1,6 e 2 milhões de anos atrás.

Isso faz com que existam muitos pares de espécies irmãs no Caribe e na costa tropical brasileira, especialmente entre peixes recifais. Esse grupo possui, no Brasil, cerca de 353 espécies, ou metade da riqueza presente no Caribe. Dessas espécies, cerca de 45 (12%) são consideradas endêmicas do Brasil. Mesmo com riquezas comparativamente baixas, os níveis de endemismo entre outros grupos são elevados, com 40% dos corais e 36% das esponjas encontradas no Brasil sendo considerados endêmicos.

A Corrente Sul Equatorial se move de leste para oeste ao longo do Atlântico equatorial até atingir a costa brasileira a cerca de 10 °S, onde se divide. Seu ramo norte forma a Corrente das Guianas, que se desloca ao longo do litoral do Rio Grande do Norte rumo ao Amapá e além, passando pela foz do Amazonas. A descarga do Amazonas afeta essa corrente, lançando águas de baixa salinidade e ricas em nutrientes que são transportadas para o norte ao longo do litoral das Guianas, influenciando toda a costa norte do continente.

O ramo sul forma a Corrente do Brasil, que flui ao longo da maior parte do litoral brasileiro. Essas águas quentes, de alta salinidade e poucos nutrientes deslocam-se para o sul até a chamada Convergência Subtropical (33-38 °S), a região onde se encontram com as águas da Corrente das Malvinas (ou Corrente das Falklands). Essa é uma das zonas de maior produtividade primária no Atlântico sul-ocidental.

A Corrente das Malvinas tem águas frias e ricas em nutrientes que fluem no sentido norte e, durante o inverno, essas águas podem penetrar sobre a plataforma continental até cerca de 24 °S, no litoral de de São Paulo. À medida que se move para o norte, suas águas tendem a afundar sob as da Corrente do Brasil, embora haja mistura entre as duas massas de água. As águas frias, ricas em nutrientes, originárias das correntes profundas, podem aflorar em ressurgências nas bordas (talude) da plataforma continental ou junto a montes marinhos e ilhas oceânicas, formando áreas limitadas de grande produtividade biológica.

A maior produtividade de fitoplâncton junto ao talude continental e oásis oceânicos, como os montes marinhos, sustentam uma cadeia alimentar em que se destacam crustáceos planctônicos, peixes (notavelmente os peixes-lanterna Mycthopidae) e lulas (como a abundante *Illex argentinus* do sul do Brasil) que realizam migrações para se alimentar na superfície durante a noite. Estes, por sua vez, são presas de grandes predadores oceânicos que incluem tubarões, atuns, espadartes *Xiphias gladius*, marlins e cetáceos. Muitos desses também mergulham a profundidades de várias centenas de metros para buscar suas presas.

A interação entre a Corrente do Brasil, a Corrente das Malvinas, e as descargas de rios como o Prata, Parnaíba e Paraíba do Sul e de estuários como a Lagoa dos Patos (caracterizadas por baixas salinidades e concentrações altas a moderadas de nutrientes) cria um padrão complexo de massas de água sobre a plataforma continental que se altera ao longo do ano. Essa variabilidade afeta o ciclo de vida de diversas espécies.

No litoral sul-sudeste é importante a penetração de água fria e rica em nutrientes sobre a plataforma continental durante o verão. A massa de água penetra sob as águas quentes e transparentes mais superficiais que permitem a penetração de luz. A luz, junto com a disponibilidade de nutrientes, resulta na maior produção de fitoplâncton sobre a plataforma e a presença de cardumes de peixes planctófagos como a sardinha *Sardinella brasiliensis* e seus predadores, como a baleia-de--bryde *Balaenoptera edeni*, atuns, golfinhos e aves marinhas.

No inverno, as águas frias recuam para a borda da plataforma. Durante a estação, águas frias da plataforma da Argentina e Uruguai, misturadas às da descarga da Lagoa dos Patos, também podem penetrar sobre a plataforma brasileira chegando até o litoral norte de São Paulo, o que resulta em aumento localizado na produtividade primária. Essa penetração está associada à presença de uma fauna marinha de origem subantártica, como algumas espécies de albatrozes e petréis.

As ressurgências, já mencionadas, resultam de ventos constantes vindos do continente afastando a camada superficial de água quente e pobre em nutrientes, permitindo o afloramento das águas subsuperficiais frias e ricas em nutrientes. Esse fenômeno é bem conhecido na região de Cabo Frio (RJ), formando um oásis de alta produtividade marinha. Ressurgências resultantes da colisão de correntes marinhas com a topografia do fundo oceânico também surgem ao longo do talude continental, com montes marinhos e algumas ilhas oceânicas, formando áreas de alta produtividade em águas tropicais pobres.

Além das correntes marinhas e da descarga de rios e estuários, a amplitude das marés também é um fator de heterogeneidade no litoral brasileiro. Esta é muito maior no litoral entre o Amapá e o Maranhão, superando 7 m e dando origem ao fenômeno das pororocas: ondas de maré que penetram rio acima. Essa grande amplitude resulta em amplas e instáveis planícies de maré sujeitas a intensos processos de erosão e sedimentação. Em comparação, no extremo sul do Brasil as marés têm amplitude de apenas 0,5 m. As diferenças, juntamente com a influência das correntes marinhas e do gradiente climático, determinam quais habitats existem na interface entre o oceano e a terra firme.

O litoral brasileiro é dominado por praias arenosas. Costões rochosos são um componente importante da linha da costa apenas entre o Rio de Janeiro e São Paulo e em Santa Catarina, embora afloramentos areníticos, às vezes formando "recifes" expostos pela maré baixa junto às praias, ocorram desde a foz do Amazonas ao Espírito Santo. Essas áreas de substrato duro são um habitat muito importante para comunidades marinhas.

Em parte importante do litoral, notavelmente entre o Maranhão (Alcântara) e a Bahia (Caraíva), as praias são limitadas por "falésias" ou "barreiras" mais ou menos baixas, enquanto sistemas de dunas de areia são característica importante de trechos do litoral do Maranhão (Lençóis Maranhenses), Ceará, Rio Grande do Norte, Alagoas, Bahia (como em Salvador), Espírito Santo, Santa Catarina e Rio Grande do Sul. Dunas menos desenvolvidas que ocorriam em trechos como o litoral sul de São Paulo (Praia Grande a Itanhaém) foram destruídas pela expansão urbana, tendência que se repete em áreas sob grande pressão imobiliária como Salvador (BA) e Florianópolis (SC).

As praias arenosas constituem um habitat peculiar para a fauna marinha, dominada por espécies que constroem tocas no substrato já a partir da linha das marés e, dali, mar adentro. As comunidades, dominadas por crustáceos e moluscos, com muitas espécies filtradoras, variam muito, mesmo em escala microrregional, conforme a granulometria do sedimento, intensidade das ondas, aporte de água doce e disponibilidade de nutrientes. Um animal "marinho", no entanto, é encontrado nas praias de todo o Brasil. Este é a maria-farinha ou caranguejo-fantasma *Ocypode quadrata*, um predador e necrófago que constrói tocas acima da linha de preamar máxima e procura seu alimento entre esta e a água. A espécie torna-se rara ou desaparece em praias intensamente utilizadas por banhistas.

A faixa das praias imediatamente acima da linha das marés mais altas já começa a ser ocupada por vegetação herbácea que se torna mais ou menos densa conforme a instabilidade do substrato, podendo mesmo ser ausente sobre dunas móveis. Essa vegetação é o jundú, considerado importante para a fixação de areias móveis e teoricamente protegido por lei, além de ser habitat para espécies psamófilas, como o ameaçado lagarto *Liolaemus lutzae*. Conforme nos afastamos da praia, arbustos, cactos e bromélias terrestres surgem junto às herbáceas em número cada vez maior até que, às vezes, em apenas alguns metros, surge a vegetação típica das restingas.

Entre o oceano e o continente, na zona híbrida delimitada pelas marés, ocorrem dois grandes habitats com elementos dos dois mundos. Os manguezais são florestas que crescem sobre sedimentos moles na zona entre marés de estuários tropicais de todo o mundo. As maiores áreas de manguezais no planeta estão no sudeste asiático, especialmente na Indonésia, e no Brasil, que tem mais de 30% da área mundial do ecossistema.

Os manguezais ocorrem da costa norte do Amapá até o sul de Santa Catarina, mas há uma enorme variação na sua estrutura e composição ao longo desse gradiente latitudinal. Os manguezais da costa norte do Brasil, entre o Amapá e o Pará, mostram maior riqueza de espécies arbóreas e desenvolvimento, com árvores atingindo mais de 30 m de altura. Rumo ao sul, o número de espécies arbóreas diminui, assim como o porte das árvores, até que, no extremo sul de sua ocorrência no Brasil (SC) há apenas uma espécie arbórea e seus exemplares mal atingem três metros de altura.

As árvores dos manguezais mostram uma série de adaptações para lidar com o excesso de sal na água e de falta de oxigênio nos sedimentos. Estes tendem a ser anóxicos e acumular matéria orgânica cuja decomposição produz gás sulfídrico que dá aos manguezais um cheiro característico. Uma consequência dessas características é que os manguezais são sumidouros importantes de carbono, que gradualmente é estocado nos sedimentos.

Os manguezais são bem-conhecidos como habitat de reprodução e crescimento de muitas espécies marinhas, incluindo várias de interesse comercial como camarões e outros crustáceos, além de peixes como tainhas *Mugil* spp., robalos *Centropomus* spp. e alguns tubarões como o baía *Carcharhinus leucas*. O peixe-boi-marinho *Trichecus manatus* não apenas se alimenta em manguezais, como as águas calmas destes são fundamentais para que as fêmeas tenham suas crias. Uma das causas de declínio da espécie é exatamente o fato de áreas abrigadas terem sido destruídas ou serem intensamente usadas por pescadores, obrigando as fêmeas a parir em águas desprotegidas, o que resulta em filhotes arrastados à praia pelas ondas.

A matéria orgânica produzida pelos manguezais é a base de cadeias tróficas importantes, sustentando grandes biomassas de invertebrados como poliquetos e crustáceos que, por sua vez, são consumidos por aves aquáticas como guarás-vermelhos *Eudocimus ruber* e peixes. Uma rica comunidade de caranguejos, incluindo espécies de valor comercial como o uçá *Ucides cordatus*, alimenta-se de folhas e propágulos de mangues, além de epibiontes que crescem sobre as raízes e roncos. Ostras *Crassostrea* spp. e mexilhões *Mytella* spp., entre outros moluscos, são abundantes, alimentando-se da matéria orgânica em suspensão e do plâncton.

Os manguezais também formam barreiras físicas que estabilizam e protegem a linha da costa dos efeitos de correntes marinhas e tempestades. O tsunami de 2004 na Indonésia também demonstrou drasticamente como costas protegidas por manguezais sofreram menos danos que aquelas onde foram eliminados.

Ao sul de Santa Catarina dominam as marismas, especialmente importantes no estuário da Lagoa dos Patos e outras lagoas costeiras. São pântanos salinos formados por gramíneas, especialmente *Spartina* spp. Estas herbáceas crescem em estuários e manguezais de áreas mais tropicais, comumente formando uma franja externa aos mangues, mas apenas nas regiões temperadas formam grandes extensões de habitat homogêneo. As marismas também exportam grande quantidade de matéria orgânica para as águas próximas, resultando em habitats de alta produtividade. Esta é visível pelo fato de esse habitat comumente abrigar grandes populações de aves aquáticas, notavelmente limícolas migratórias.

Além da linha da costa está a plataforma continental. No Brasil, esta é muito mais larga na região sul e sudeste, com 160 a 200 km de largura, e no norte, com até 300 km fora do Pará. No litoral da Bahia, a plataforma chega a apenas 10 km de largura. Os habitats presentes sobre a plataforma continental dependem do tipo de substrato presente. Grandes áreas de areia ou lodo têm comunidades especializadas, mas, em geral, são pobres em comparação àquelas onde há substratos consolidados, nos quais algas e comunidades de invertebrados podem se estabelecer. Os recifes de coral são o exemplo mais notável destas comunidades.

No Brasil, os corais que formam os recifes de águas rasas (os mais conhecidos) ocorrem nas águas quentes e transparentes sob influência da Corrente do Brasil. Esses organismos dependem de algas simbiontes (zooxantelas) para a maior parte de sua nutrição, sendo sensíveis a condições que prejudiquem estas algas, como o aumento da turbidez da água e doenças.

Os recifes de coral do Brasil são os únicos no Atlântico Sul e correspondem a apenas 0,5% dos recifes do mundo, mas abrigam uma biodiversidade bastante particular. Dez espécies de corais pétreos e duas de corais-fogo são endêmicas, como o coral-fogo *Millepora nitida* e o coral-cérebro *Mussismilia brasilensis*. Outros grupos, como peixes recifais, também mostram proporção importante de espécies restritas à costa brasileira, que constitui uma província biogeográfica distinta.

Na plataforma continental brasileira, os recifes mais importantes ocorrem entre o Maranhão (Parcel de Manuel Luiz) e o sul da Bahia-norte do Espírito Santo, onde está o Banco de Abrolhos, a área de recifes mais extensa do País onde há 19 espécies de corais construtores de recifes, com quatro endêmicas.

Os recifes de coral brasileiros estão sob crescente pressão humana. O desmatamento aumentou a carga de sedimentos lançada ao mar por rios em áreas como Alagoas, Pernambuco e sul da Bahia, resultando em águas turvas e na deposição de particulados sobre os corais, o que leva à sua morte. O lançamento de esgotos e a consequente eutrofização das águas também favorece o crescimento de macroalgas sobre os corais, o que os acaba sufocando. Mas a ameaça mais insidiosa vem do aquecimento dos oceanos, processo associado à mudança climática global. Em 2005 (ano de uma grande seca na Amazônia) as águas do Caribe ficaram mais quentes que nos 150 anos anteriores, resultando no branqueamento (*bleaching*) de 80% dos corais, com mortalidades chegando a 40%.

Temperaturas elevadas e aporte de esgotos também favorecem bactérias (grupo *Vibrio*) responsáveis pelo chamado branqueamento, resultante da perda de suas zooxantelas. Juntamente com atividades humanas que alteram o habitat, como o desmatamento, pesca de arrasto e extração de coral como material de construção, esses patógenos estão entre as principais causas da perda de recifes de coral no mundo, uma das maiores crises que a biodiversidade marinha enfrenta. Estima-se que 27% dos recifes antes existentes foram degradados ou perdidos de maneira irreversível, enquanto outros 30% estão ameaçados ou em degradação.

A plataforma mostra um declive suave, quando há a quebra súbita (um degrau) do talude continental e as profundidades aumentam rapidamente para mais de 1.000 m. O talude se situa a profundidades de 40 m (costa nordeste) a 180 m (costa sul-sudeste), e na escarpa além do talude recifes de coral podem se desenvolver onde há substratos duros até profundidades superiores a 100 m, em geral, acima de 300 m.

Esses recifes profundos, juntamente com outros similares situados em parcéis sobre as áreas mais profundas da plataforma continental, constituem um dos habitats menos conhecidos de nosso mar territorial. A parca luminosidade é inadequada para corais com algas simbiontes, que dominam os recifes de águas rasas, mais conhecidos, o que resulta em comunidades bastante distintas onde corais-negros Antipatharia e corais pétreos azooxantelados como *Lophelia pertusa, Solenosmilia variabilis, Cladocora debilis* e *Trochocyanthus laboreli* são dominantes. Esses corais crescem muito lentamente (um metro a cada 2,5 mil anos) e podem formar recifes com até 30 m de altura na costa sul-sudeste do Brasil. Como seria de se esperar, as comunidades dos recifes profundos apenas agora estão sendo descobertas, com muitas espécies descritas apenas recentemente (incluindo tubarões que caminham entre os corais como lagartos), e mostram diferenças ao longo de um gradiente latitudinal, refletindo a influência de diferentes correntes marinhas.

Apesar de pouco conhecidos, extremamente frágeis e de maneira alguma um recurso renovável, os recifes profundos são intensamente explorados pela pesca com arrasto de fundo, especialmente destrutiva, além de espinhéis e redes de emalhe. Essa prática arranca e danifica os corais e extingue as espécies associadas ao habitat.

Apesar da percepção popular, o mar brasileiro é, na sua maior parte, pobre em recursos pesqueiros. Isso é resultado da influência da Corrente do Brasil, cujas águas pobres em nutrientes (especialmente fosfato e ferro) não suportam grandes biomassas de fitoplâncton. As áreas de maior produtividade são limitadas e estão associadas à descarga de rios, como o Amazonas, estuários como o de Iguape-Cananeia e Lagoa dos Patos, e às áreas do sul e sudeste em que águas frias, ricas em nutrientes, penetram sobre a plataforma continental.

O fato de que boa parte da plataforma continental brasileira está a menos de 100 m de profundidade implica que tenha ficado exposta durante os vários episódios de queda do nível do mar resultantes dos vários períodos glaciais. Estima-se que durante o último máximo glacial (20.000-18.000 anos atrás), o nível do mar chegou a menos 130 m em relação ao atual. Como resultado, não apenas havia menos habitats de mares rasos junto à costa, como também as ilhas oceânicas eram maiores e os montes marinhos, como na Cadeia Vitória-Trindade, poderiam estar acima da superfície.

Os habitats da plataforma continental brasileira variam não apenas em função da influência de correntes marinhas e da amplitude da maré, mas logicamente também em função do clima, do aporte de água doce e dos substratos disponíveis. Isso causa uma grande heterogeneidade, mas também permite a identificação de unidades ambientais discretas, hoje reconhecidas como oito grandes ecorregiões.

A primeira é a Amazônia, que vai do Amapá ao Delta do Parnaíba. Essa ecorregião é fortemente influenciada pela descarga do rio Amazonas e por outras drenagens que reduzem a salinidade e aumenta a carga de sedimentos em suspensão e de nutrientes na água. O resultado é um vasto sistema de estuários e manguezais que ocupam o litoral do Oiapoque à foz do Parnaíba e são alguns de maior porte no mundo. Os manguezais da porção amazônica dessa ecorregião tendem a formar um gradiente complexo que vai da linha costeira em direção ao interior, dando lugar a florestas de várzea, pântanos e lagoas de água salobra e doce.

A plataforma continental é bastante larga em decorrência do transporte de sedimentos trazidos pelo Amazonas. A Corrente das Guianas transporta esses sedimentos e a água doce para o norte, resultando em fundos lamosos e águas de baixa salinidade na foz do Amazonas ao norte da Ilha de Marajó até o sul do Amapá, enquanto, ao sul, predominam águas com maior salinidade e fundos menos lodosos, com áreas dominadas por areia e afloramentos de rocha com densas comunidades de macroalgas consideradas importantes para espécies comerciais como os camarões.

O limite sul dessa ecorregião coincide com os Lençóis Maranhenses, um grande sistema de dunas móveis que continua sob o mar na forma de extensos fundos arenosos com pouco abrigo para espécies associadas a substratos duros, e com o Delta do Parnaíba, outro extenso sistema de manguezais e áreas úmidas, caracterizado pelo grande aporte de água doce. Esses manguezais formam uma descontinuidade ecológica que parece ser uma barreira para diversos organismos.

Longe da influência da descarga dos rios também há formações de coral e algas coralinas afastadas da costa, como o Parque Estadual Parcel Manuel Luiz (Maranhão), a 180 km da costa. Essas formações constituem um habitat bastante distinto daqueles encontrados próximos à costa, mais próximo daquele encontrado em recifes da costa nordeste. Em Manuel Luiz ocorrem 16 espécies de corais (além de um coral-de-fogo aparentemente endêmico), número superior ao de áreas como Atol das Rocas e Fernando de Noronha, enquanto nos recifes de Pernambuco e Alagoas ocorrem nove. A comunidade de peixes recifais também é muito rica, com 132 espécies registradas.

As chuvas sazonais resultam em uma grande variação no aporte de água doce nesse litoral, o que afeta a dinâmica do ecossistema. A cunha de água salgada nunca penetra o rio Amazonas na sua foz, mas ao sul desta, na Baía de Marajó (onde deságua o rio Tocantins), penetra 150 km estuário adentro, entre junho e dezembro, resultando em águas salobras e na presença de espécies marinhas.

O estuário interno do Amazonas mostra baixa produtividade primária em decorrência da alta turbidez da água, mas a região mais externa, com maior salinidade e menor turbidez, é uma das com maior produtividade biológica nos oceanos do mundo, similar à da Corrente de Humboldt no Peru e Chile. Essa alta produtividade, verificada também em escala menor fora da Baía de São Marcos e foz do rio Parnaíba, suporta uma fauna marinha rica que inclui grandes populações de camarões (*Farfantepenaeus* spp., *Xiphopenaeus kroyeri*, *Litopenaeus schmitti*) explorados comercialmente. Outras espécies comercialmente importantes são grandes bagres de água doce migratórios, como a piramutaba *Brachyplatystoma vaillanti* e dourada *B. flavicans*, bagres da família Ariidae, corvinas *Cynoscion acoupa, Plagiscion squamosissimus* e *Macrodon ancylodon*, pargos *Lutjanus* spp., maparás *Hypophthalmus edentats* e bacus *Lithodoras dorsalis*.

No total, 303 espécies de peixes foram registradas nos estuários do litoral norte do Brasil (incluindo o Maranhão), com 91 no litoral do Amapá e foz do Amazonas. No Maranhão, as espécies com maior frequência e biomassa são os Scienidae *Macrodon ancylodon* e *Lonchurus lanceolatus*, a manjuba *Anchoa spinifer* e vários bagres da família Ariidae. Na foz do Amazonas, há coocorrência de espécies marinhas e de água doce, sendo mais abundantes o bagre pelágico *Ageneiosus ucaylensis*, lambaris *Astyanax* spp., bagres Pimelodidae como o filhote *Brachyplatystoma filamentosum*, cascudos *Hypostomus watwat*, bacus *Lithodoras orsalis*, tralhotos *Anableps microlepis* (estes restritos às margens e canais rasos) e pescadas *Cynoscion acoupa*. Manjubas *Anchoviella cayennensis* e amborês *Bathygobius soporator* são abundantes e presas importantes para as espécies carnívoras.

No litoral do Amapá a maior influência da Corrente das Guianas resulta em águas mais claras e salgadas, com várias espécies de peixes recifais, como o borboleta *Chaetodon striatus* e o jaguariçá *Holocentrus ascensionis*, sendo registradas entre as mais comuns, juntamente com espécies estuarinas como os bagres Ariidae e o tralhoto.

Também ocorrem espécies migratórias de longo curso, como pardelas *Calonectris borealis*, gaivotas *Leucophaeus atricilla* e tubarões-frade *Cetorhinus maximus*, que vêm do Atlântico Norte e que apenas recentemente descobriu-se que visitam as águas sob influência da descarga do Amazonas.

A ecorregião é importante para diversas espécies de elasmobrânquios que vivem ali de forma permanente ou utilizam seu litoral como área de reprodução e crescimento, incluindo tubarões-martelo *Sphyrna* spp. e tubarões do gênero *Carcharhinus*. O cação-quati *Isogomphodon oxyrhynchus* está restrito ao litoral entre a Venezuela e o Maranhão, estando associado a estuários e manguezais. Considerada em perigo de extinção a espécie está ameaçada pela captura com redes de arrasto utilizadas para a pesca da piramutaba e dourada, além da captura com redes de emalhe.

Essa também pode ser a última região do Atlântico Sul onde ainda há populações de peixes-serra *Pristis pectinita* e *P. perotteti*, já extintas na maior parte de sua área de distribuição em decorrência da captura pela pesca de arrasto e redes de emalhe. Enquanto a primeira espécie não é registrada no Brasil desde a década de 1980, a segunda continua sendo explorada comercialmente no Pará. Esses grandes peixes estão entre os candidatos à extinção global nos próximos anos.

A ecorregião Brasil Nordeste, entre o Delta do Parnaíba e o Recôncavo Baiano, está sob influência do ramo sul da Corrente do Brasil, sendo dominada por águas quentes e salinas. Tanto o Delta do Parnaíba como o Recôncavo são grandes sistemas estuarinos com manguezais, apicuns e aportes importantes de água doce e sedimentos, em grande parte, originários de áreas desmatadas no interior. Praias arenosas dominam a região, em muitos trechos limitadas por falésias baixas.

O Recôncavo também está associado a ilhas e coroas arenosas que constituem importantes áreas de descanso e invernada para aves migratórias, notavelmente o trinta-réis-róseo *Sterna dougallii*, que pesca no talude continental não muito distante. É interessante recordar que o Recôncavo Baiano foi, historicamente, uma importante área de reprodução de baleias jubartes *Megaptera novaeangliae*, virtualmente extintas ali já no século XVIII.

Embora receba a descarga de rios como o São Francisco e Sergipe, a influência destes é bem menor do que na ecorregião anterior. A vazão reduzida do São Francisco é um fenômeno recente, resultante dos barramentos e da contínua degradação de sua bacia. Um dos resultados, além do menor aporte de nutrientes e sedimentos no ambiente marinho, é a penetração de uma cunha salina até 7-8 km rio acima, onde é barrada por um talvegue no fundo do rio. Caso esta barreira seja ultrapassada (algo possível sob vazões ainda mais reduzidas), a água salgada pode penetrar um trecho mais profundo do rio a montante.

Há áreas importantes de manguezais em Sergipe (rio Sergipe), Pernambuco (por exemplo, Itamaracá), Alagoas (por exemplo, Lagoa do Roteiro, Barra de Camaragibe) e Parnaíba (por exemplo, em Mamanguape) e lagoas estuarinas como Mundaú e Manguaba (Alagoas). Esses ambientes estuarinos são importantes não apenas para suas espécies particulares, mas também para populações remanescentes de peixes-bois-marinhos e aves aquáticas migratórias. Dentre as espécies estuarinas, há várias exploradas comercialmente, como caranguejos e o famoso sururu *Mytella falcata*, intensamente explorado em Alagoas, de onde vagões de trem eram exportados para estados vizinhos até a década de 1960. A abundância atual mal se aproxima da anterior em virtude das alterações causadas pela poluição (outro resultado do Proalcool) e na ligação de Mundaú com o mar.

Uma das características mais interessantes nessa ecorregião são os recifes formados sobre substratos de arenito por algas calcárias, com participação acessória de corais duros como *Siderastrea stellata, Mussimilia hartii* e *Montastrea cavernosa*. Os recifes acompanham a linha da costa por centenas de quilômetros em partes da costa da Paraíba, Pernambuco e Alagoas, além de parte do Ceará, do Sergipe e da Bahia, às vezes em faixas paralelas a diferentes profundidades, indicando o nível do mar em tempos passados. Na plataforma continental, entre Maceió e Fortaleza, há importantes populações de algas *Lithophyllum* (rhodolitos) que formam grandes quantidades de nódulos de calcário sobre o substrato não consolidado, constituindo um habitat bastante importante.

Recifes em águas profundas, ainda pouco estudados, também são uma característica importante dessa ecorregião, ocorrendo na plataforma continental, mas, especialmente, no talude. Como a plataforma continental da região tende a ser comparativamente rasa e estreita, esses recifes profundos dos taludes estão entre os mais acessíveis da costa brasileira.

Os recifes dessa região abrigam grande riqueza de espécies. Áreas estudadas na Paraíba somaram 157 espécies de peixes recifais, enquanto Tamandaré (Pernambuco) teve 185 espécies registradas. Vários peixes recifais são considerados endêmicos ou largamente restritos à região, como *Micrognathus erugatus, Serranus annularis, Epinephelus guttatus, Lutjanus apodus, L. bucanella, L. mahogoni, Haemulon squamipinna* e *Chromis scotti*. Os ambientes recifais também abrigam macroinvertebrados característicos, dos quais, as lagostas *Panulirus argus, P. echinatus* e *P. laevicauda* estão entre os mais carismáticos e importantes, do ponto de vista econômico.

Entre os recifes mais internos e a costa, são comuns pradarias de fanerógamas marinhas e algas, especialmente *Halodule wrightii*, um habitat especial utilizado por espécies como tartarugas-marinhas e peixes-boi, além de várias espécies de peixes, com destaque para herbívoros e cavalos-marinhos *Hippocampus* spp.

Esse trecho do litoral brasileiro sofre impactos importantes resultantes da urbanização, que destruiu muitas áreas estuarinas e alimenta intensa poluição orgânica, como é evidente no litoral junto a cidades como Maceió, Recife e Salvador. Instalações portuárias, como o porto de Suape, também destruíram estuários e manguezais importantes, enquanto a explosão de empreendimentos turísticos (boa parte de gosto duvidoso) também destruiu extensas áreas.

Apesar de predominar a pesca artesanal, várias espécies de interesse comercial presentes nessa região têm estoques sobreexplorados, como as lagostas *Panulirus* spp., pargos *Lutjanus jocu* e *L. vivanus*, guaiúba *Ocyurus chrysurus*, badejos e garoupas *Epinephelus* spp. e *Mycteroperca* spp. e o mero *Epinephelus itajara*. As águas tropicais, pobres em nutrientes, que dominam esse trecho do litoral possuem uma produtividade limitada que não suporta a demanda. O uso de práticas predatórias, como a pesca com bomba popular em Alagoas e no Recôncavo Baiano, também não ajuda na conservação dos recursos pesqueiros.

Fernando de Noronha e Atol das Rocas, ecorregião próxima e com afinidades com a Brasil Nordeste, é formada por ilhas oceânicas vulcânicas que se elevam da Planície Abissal de Pernambuco, que chega a 5.600 m de profundidade, sendo parte de uma mesma cadeia de montes submarinos. A região, comparativamente bem estudada, é fortemente influenciada pela Corrente do Brasil, mostrando águas quentes e claras, boa visibilidade, baixa diversidade de espécies de coral (nove em Noronha, oito em Rocas) e substratos de origem vulcânica. Em Noronha não ocorrem formações recifais verdadeiras, embora ocorram grandes colônias e pináculos do coral *Montastrea cavernosa* a profundidades entre 15 e 25 m.

O Atol das Rocas é o único atol no Atlântico sul e um dos menores no mundo, sendo formado principalmente por algas coralinas vermelhas *Porolithon pachydermun*, moluscos vermetíneos e foraminíferos. Os corais, especialmente *Siderastrea stellata*, são coadjuvantes na formação desse atol. No total, oito espécies de coral ocorrem em Rocas, comparados a 11 em Noronha, sendo que nenhuma é endêmica.

Há cerca de 117 espécies de peixes recifais em Rocas e cerca de 170 em Noronha, dos quais pelo menos nove são endêmicas, como o amborê *Scartella itajobi*, o peixe-ventosa *Acyrtus pauciradiatus* e *Storrsia olsoni*. Alguns dos endêmicos conhecidos ainda necessitam ser descritos cientificamente. Entre os moluscos, 218 (três endêmicos) foram registrados em Noronha e 89 em Rocas, sendo três endêmicos. Para esponjas os números são 77 e 70, com quatro endemismos em Rocas e um em Noronha, enquanto para algas Noronha tem 171 espécies e Rocas 131, nenhuma sendo endêmica.

O Atol das Rocas, uma reserva biológica, tem a distinção de ser uma importante área de reprodução para tartarugas-marinhas (*Eretmochelys imbricata* e *Chelonia mydas*) e para o tubarão-limão *Negaprion brevirostris*, uma espécie global em declínio também presente em Fernando de Noronha. Neonatos e juvenis desse tubarão utilizam a lagoa protegida do atol como área de alimentação durante seus primeiros anos de vida, antes de dispersarem-se para outras áreas. O tubarão-dos-recifes *Carcharhinus perezi* também se reproduz na área, sendo que os juvenis utilizam a face externa do atol. Rocas também é uma das principais áreas de nidificação de aves marinhas no Atlântico sul, com enormes colônias de trinta-réis-de-rocas *Onychoprion fuscatus* e atobás-mascarados *Sula dactylatra*.

Fernando de Noronha também é uma área de reprodução para tartarugas-verdes *Chelonia midas,* embora a população tenha sido reduzida por séculos de capturas. Outra espécie cada vez mais rara no Brasil que tem ali uma importante área de reprodução é o tubarões-dos-recifes *Carcharhinus perezi,* que tem seus filhotes entre fevereiro e abril, sendo (não surpreendentemente) mais comuns nas áreas não sujeitas à pesca.

Deve-se também mencionar a grande população local de golfinhos-rotadores *Stenella longirostris* que utiliza Fernando de Noronha, estimada em cerca de 5 mil indivíduos. Aves marinhas como rabos-de-palha *Phaeton* spp., viuvinhas *Anous* spp., grazinas *Gygis alba*, atobás-de-pés-vermelhos *Sula sula*, atobás-mascarados, fragatas *Fregata magnificens* e pardelas *Puffinus lherminieri* têm ali suas principais, senão únicas, áreas de nidificação no Brasil, embora sua abundância atual seja uma fração da encontrada pelos descobridores.

Ainda mais afastada do litoral está a pequena e remota ecorregião Arquipélago (antes Penedos) de São Pedro e São Paulo. A 1.100 km da costa, estas 15 rochas que mal merecem o nome de ilhas ocupam 1,7 ha, erguendo-se do fundo oceânico a mais de 4.000 m. Apesar das águas pobres em fitoplâncton típicas do oceano tropical, as densidades de zooplâncton são comparativamente elevadas ("efeito ilha") e junto com o abrupto paredão rochoso torna o arquipélago um oásis no mar aberto que atrai espécies pelágicas, habitantes permanentes que formam comunidades recifais e algumas aves marinhas, especialmente atobás *Sula leucogaster* que ali nidificam.

Há cinco endemismos entre as 53 espécies de peixes recifais, incluindo *Anthias salmopunctatus*, a borboleta *Prognathodes obliquus*, e a donzela *Stegastes sanctipauli*. Duas espécies, como *Bodianus insularis* são apenas compartilhadas com as remotas ilhas de Ascension e Santa Helena. A donzela *Stegastes rocasensis* é compartilhada com Fernando de Noronha e Atol das Rocas. As espécies recifais mais abundantes são as dozelas *Chromis multilineata* e *Stegastes sanctipauli* e o pufa *Melichthys niger.*

Outras 70 espécies pelágicas também foram registradas na área, incluindo o tubarão-baleia *Rhincodon typus*, observado durante todo o ano, mas com um pico entre fevereiro e junho, mantas *Mobula tarapacana*, abundantes albacoras *Thunnus albacares* e sua presa ainda mais comum, o peixe-voador *Cyanopterus cyanopterus*.

A pequena área, a geologia instável e a distância em relação a fontes de colonizadores resultam em comunidades marinhas comparativamente pobres. Apenas duas espécies de corais, 48 de moluscos com conchas (várias ainda sendo descritas cientificamente), 33 de lulas e polvos, 32 de esponjas (11,5% endêmicas) e 38 de algas foram registradas no arquipélago. O coral-baba (um zoantídeo) *Palythoa caribaeorum* domina as partes menos profundas dos paredões rochosos, sendo substituído por algas *Caulerpa racemosa* até 13 m de profundidade e depois por corais e briozoários nas áreas mais profundas.

Os peixes voadores se concentram ao redor do arquipélago durante novembro a abril para reproduzir, o que atrai grandes predadores como aves marinhas, atuns e tubarões e torna as ilhas um ponto de atração para a pesca comercial. A abundante desova dos peixes-voadores, cujos ovos aderem ao substrato antes de as larvas se tornarem parte do plancton, é um dos grandes fatores que afetam a dinâmica da comunidade local.

As populações de tubarões, historicamente abundantes, foram muito reduzidas e algumas extintas pela pesca comercial. A vulnerabilidade dos tubarões é evidenciada quando se compara sua biologia com a dos atuns e afins. Enquanto um bonito *Katsuonus pelamis* (a matéria prima do atum enlatado) começa a desovar no fim de seu segundo ano de vida produzindo de 100 mil a 2 milhões de ovos por dia, por meses a fio (a espécie é conhecida como a "barata dos mares"), um anequim ou mako *Isurus oxyrhinchus* leva pelo menos 12 anos para se tornar adulto e produz uma média de 12 filhotes a cada ninhada, que provavelmente não são anuais.

A ecorregião Brasil Oriental ocupa o litoral entre o Recôncavo Baiano e a foz do Paraíba do Sul. O Recôncavo, como vimos, é um grande sistema estuarino, enquanto a foz do Paraíba está associada a uma grande descarga de sedimentos e um vasto sistema de cordões arenosos que continuam sobre a plataforma continental. Entre esses grandes divisores ecológicos, está uma região onde a plataforma continental começa a se tornar mais larga (no sul da Bahia), a Corrente do Brasil domina, há predomínio de águas oligotróficas e ocorrem substratos duros que permitem o estabelecimento de comunidades recifais.

A costa é dominada por longas praias arenosas interrompidas, grande número de pequenos estuários orlados por manguezais, além de baías como a de Camamu (BA) e Vitória (BA), onde há áreas importantes desses habitats. Rios de maior porte, como o Jequitinhonha (BA) e o Doce (ES), também drenam para esse litoral. Cordões arenosos formando extensas restingas é uma característica notável da costa em localidades como Caravelas (BA) e, especialmente, no Espírito Santo e no norte do Rio de Janeiro, na foz do rio Paraíba do Sul. Alguns dos maiores sistemas de cordões arenosos estão associados à foz dos rios Doce e Paraíba do Sul.

Os recifes de algas calcárias sobre cordões areníticos presentes na ecorregião anterior continuam presentes em partes dessa ecorregião, como na Ilha de Itaparica, na Península de Maraú (BA) e em outras localidades do sul da Bahia e Espírito Santo. Ao longo do litoral do Espírito Santo ocorrem formações de rhodolitos, entre as maiores no mundo, que são mineradas comercialmente.

No entanto, os recifes mais importantes, e um dos componentes mais notáveis dessa região, são os do Banco de Abrolhos, que cobrem parcela importante da plataforma continental do sul da Bahia (Prado) ao norte do Espírito Santo (Regência), uma região com mais de 46.000 km^2.

Abrolhos é a maior e mais importante área de recifes coralinos do Atlântico Sul, sendo caracterizada por uma comunidade relictual de corais construtores de recifes (19 espécies, com seis endemismos dessa ecorregião como o coral-cérebro *Mussimilia braziliensis*) com maior tolerância a águas turvas por sedimentos. Essa é uma adaptação importante devido à descarga de rios que drenam o litoral da região. Abrolhos, como outros recifes, está associado uma área de acúmulo de sedimentos carbonáticos de origem biológica que, essencialmente, constituem um sumidouro de carbono.

Um total de 266 espécies de peixes recifais e costeiros (uma sendo aparentemente endêmica) já foi registrado para a área de Abrolhos, com riquezas locais para sítios discretos variando de 53 a 64 espécies. Há considerável variabilidade entre os recifes de acordo com sua posição em relação à borda oceânica do Banco, correntes e estrutura dos corais que os compõem, resultando em comunidades de peixes bastante distintas. Outras espécies "oceânicas" ("peixes de passagem") visitam as áreas mais externas dos recifes, usadas como terreno de caça e também como estações de limpeza onde peixes menores (especialmente Labridae) retiram parasitas e epibiontes de seus "clientes", tanto peixes como tartarugas-marinhas.

Peixes-papagaio como *Sparisoma axillare*, *Scarus trispinosus* e *Sparisoma frondosum*, cocorocas *Anisotremus virginicus* e *Haemulon plumieri*, badejos *Mycteroperca bonaci*, guaiúbas *Ocyurus chrysurus* e carapaus *Carangoides crysos* estão entre as espécies de maior porte mais comuns em Abrolhos, mas os muitos onívoros como *Bodianus* spp., *Halichoeres* spp., *Stegastes* spp. e *Abudefduf saxatilis*. São notáveis, assim como cardumes de espécies de planctívoros menores como *Myripristis jacobus* e *Chromis saxatilis* nas bordas externas dos recifes.

A diversidade de peixes recifais de Abrolhos é elevada em comparação a outras localidades estudadas na mesma ecorregião, como as 81 espécies encontradas em Guarapari (ES) e as 174 em Três Ilhas (também no ES). No entanto, deve-se ter cautela com relação a artefatos de amostragem. Inventários recentes também encontraram 293 espécies de moluscos na região, dos quais 12 eram novos para a Ciência e dois endemismos já conhecidos, além de 535 espécies de crustáceos (incluindo as lagostas já mencionadas) e 90 de poliquetos.

Abrolhos também é uma importante área de nidificação de aves marinhas, especialmente o rabo-de-palha *Phaethon aethereus*, trinta-réis-de-rocas e viuvinhas *Anous stolidus*. Estas, no entanto, sofrem com a presença de ratos introduzidos nas ilhas. Jubartes *Megaptera novaeangliae* migram da Antártica para parir seus filhotes na região durante inverno austral, seus números sendo crescentes desde que a espécie passou a ser protegida.

Em Porto Seguro, que pode ser representativo da pesca artesanal realizada nessa parte da ecorregião, as principais espécies capturadas são caranhas *Lutjanus analis* e *L. jocu* e guaiúbas *Ocyurus chrysurus*. Espécies pelágicas como o dourado *Coryphaena hippurus*, olho-de-boi *Seriola dumerili* e atuns *Thunnus albacares* e *T. atlanticus* correspondem a 43% das capturas, enquanto garoupas, especialmente *Mycteroperca bonaci*, correspondem a 10%. Estes dados mostram que, nos ambientes recifais, a pesca é direcionada aos predadores de topo que, em geral, mostram crescimento lento e baixo recrutamento. De fato, os estoques de caranhas, guaiúbas e garoupas são considerados sobre-explorados e essas espécies já desapareceram de várias áreas.

Estudos feitos em Abrolhos também mostram que algumas espécies já foram extintas ou muito reduzidas em virtude pesca, como o mero *Epinephelus itajara*, vítima fácil dos caçadores submarinos. A espécie talvez se recupere a partir de populações relictuais, mas o mesmo é improvável com relação aos peixes-serra *Pristis* spp., que parecem totalmente extintos no leste brasileiro, e ao budião ou peixe-papagaio *Scarus guacamaia*, um dos maiores do grupo e que parece ter sido extinto não apenas na região, mas em todo o Brasil.

A ecorregião Ilhas da Trindade e Martim Vaz inclui oito montanhas submarinas da cadeia Vitória-Trindade, todas de origem vulcânica. As ilhas de Trindade e Martim Vaz (a 1.160 km da costa) são as únicas porções (hoje) emersas. As montanhas submarinas, localizadas a uma média de 250 km entre si e emergindo de profundidades de 4 mil metros, têm seus topos a profundidades entre 10 e 110 m e, durante as glaciações, formavam ilhas durante os períodos de menor nível do mar. Essa cadeia forma uma conexão entre o litoral do continente e as ilhas, o que explica que muitas espécies recifais sejam compartilhadas.

Trindade cobre 9,3 km² de porção seca e uma plataforma rasa de 32 km² (até 50 m de profundidade). Grandes rochas vulcânicas são o substrato onde algas calcárias *Lithothamnium* sp., poucos corais (quatro espécies, nenhuma endêmica), esponjas, zoantídeos e outros organismos incrustantes formam um ambiente recifal. Martin Vaz é formada por três pequenas ilhas a 47 km de Trindade. As ilhas têm entre 3 e 3,5 milhões de anos, resultando de atividade vulcânica que continuou até recentemente.

Há, pelo menos, oito espécies de peixes recifais endêmicos dentre uma comunidade com cerca de 130 espécies. Essas espécies incluem o amborê *Scartella poiti*, o limpador *Elacantinus pridisi*, o peixe-papagaio *Sparisoma rocha* e o bodião *Halichoeres rubrovirens*. Na comunidade recifal, chama atenção a grande abundância do pufa ou cangulo-preto *Melichtys niger*, também comum em outras ilhas oceânicas. Também há 89 espécies de moluscos registradas (uma provável subestimativa da riqueza real), 23 de esponjas (com quatro endemismos) e 132 de algas. Em terra, são comuns os grandes caranguejos terrestres *Gecarcinus lagostoma*, muito mais raros em Noronha, onde são muito caçados. É um endemismo das ilhas oceânicas do Atlântico e há a sugestão de que a espécie foi introduzida em Trindade no século XIX, certamente, influenciando bastante o estabelecimento de plantas e a nidificação de aves.

Trindade é uma das principais áreas de desova da tartaruga-verde no Atlântico e extremamente importante como área de nidificação de aves marinhas, com as únicas populações no Atlântico das fragatas *Fragata minor* e *F. ariel*, e da pardela-de-trindade *Pterodroma arminjoniana*. A destruição das florestas onde as fragatas nidificavam certamente é uma das causas do status precário dessas espécies e deve ter sido a causa da extinção local do atobá-de--pés-vermelhos, hoje restrito (no Brasil) a Noronha.

A região de Trindade e Martim Vaz é uma das áreas de pesca de atuns e outros peixes pelágicos explorada pela frota espinheleira nacional e arrendada. Não há pesquisas sobre o impacto da atividade sobre as comunidades marinhas dessa ecorregião, mas sabe-se que muitas aves marinhas (como as fragatas) dependem de atuns e outros predadores pelágicos para trazer cardumes de peixes pequenos para a superfície, onde podem ser capturados, e podem ser afetadas negativamente quando a pesca reduz as populações destes.

Ao sul da foz do rio Paraíba do Sul até a altura de Florianópolis está a ecorregião Brasil Sudeste. É uma área de transição onde as águas tropicais da Corrente do Brasil e as águas costeiras quentes se misturam com águas frias e ricas em nutrientes vindas de áreas mais profundas ou da Convergência Subtropical. O resultado são comunidades que misturam elementos tropicais e subtropicais e a ocorrência de muitos indivíduos vagantes que não são capazes de estabelecer populações permanentes. O caráter dinâmico dessa região é evidenciado em regiões como a Laje de Santos (SP) e a reserva biológica da Ilha do Arvoredo (SC), que têm tanto peixes recifais compartilhados com o nordeste do Brasil e o Caribe como recebem visitas invernais de pinguins, albatrozes, baleias e peixes vindos da região patagônica e subantártica.

É sobre a plataforma e talude da ecorregião que as comunidades pelágicas, até então caracterizadas por elementos tropicais como o bonito-listrado, a albacora, vários peixes-voadores e o dourado *Coryphaena hippurus*, começam, mesmo que apenas sazonalmente, a apresentar elementos de águas temperadas, como o anequim-toninha *Isurus paucus* e a anchoita *Engraulis anchoita*.

Essa região inclui grandes sistemas estuarinos como as baías de Guanabara (RJ), Santos (SP) e Guaratuba (PR) e o Lagamar de Iguape-Cananeia--Paranaguá (SP-PR), onde há expressivas áreas de manguezais que atingem seu limite sul em Santa Catarina. Esses estuários, entre os maiores do Brasil, são importantes áreas de reprodução e crescimento para crustáceos e peixes, sendo notável a migração de manjubas *Anchoviella lepidonstole* para o Lagamar durante o período chuvoso, quando trinta-réis *Thalasseus* spp. e *Sterna hirundinacea* e botos *Sotalia guianensis* aproveitam esse recurso abundante. Embora muito impactado pela poluição industrial, o sistema estuarino de Santos-Cubatão apresenta uma das mais ricas comunidades de aves aquáticas do litoral sudeste.

Mantas *Manta birostris* era uma visão comum nas baías de Santos e São Vicente durante o inverno nas décadas de 1950-60. A entrada de grandes cardumes de tainhas *Mugil brasiliensis* e de miraguaias *Pogonias chromis*, também no inverno, foi observada até o final da década de 1970 no interior desse estuário, onde era acompanhada por golfinhos *Tursiops truncatus* e tubarões como *Carcharias taurus* (vítimas das redes de espera). Esses impressionantes fenômenos foram destruídos pela combinação de sobrepesca, poluição e favelização dos estuários.

No litoral norte do Rio de Janeiro há uma grande área de cordões litorâneos arenosos com restingas e lagoas costeiras de salinidade variável, como as lagoas Feia e Quissamã, e especialmente o grande sistema da Lagoa de Araruama e seus satélites, isolado do mar pela Restinga de Massambaba. A Lagoa Salgada, em Campos (RJ) merece destaque pela ocorrência de estromatólitos vivos, única no continente e que merece maior empenho para sua conservação.

As lagoas do norte do Rio de Janeiro originalmente formavam um vasto sistema de áreas úmidas, especialmente na região de Campos, mas esse verdadeiro pantanal carioca foi, em sua maior parte, drenado para dar lugar à ocupação agrícola.

Ao sul das lagoas cariocas as grandes praias que caracterizam essa parte da costa passam a ser interrompidas por projeções da Serra do Mar, resultando em grandes costões rochosos. Longas praias voltam a predominar no litoral sul de São Paulo e no Paraná, onde há ilhas-barreira como as ilhas Comprida e Superagui, enquanto em Santa Catarina até a altura de Florianópolis o litoral é bastante variado e praias são interrompidas por penínsulas e costões rochosos. A escassez de costões rochosos e a descarga de água doce dos estuários resultam em comunidades de peixes, e outros organismos, recifais bem mais pobres no Paraná do que tanto em São Paulo ou Santa Catarina.

A plataforma continental da ecorregião é uma das mais largas e apresenta boa parte de sua área com fundos não consolidados de areia e lama, que também caracterizam as baías e estuários. Essas áreas de substratos não consolidados, também presentes nas ecorregiões mais ao norte, mostram comunidades menos exuberantes que aquelas sobre fundos rochosos ou com recifes, mas com riqueza bastante significativa. Por exemplo, na plataforma da região de São Sebastião (SP) ocorrem 117 espécies de peixes demersais, com destaque para as corvinas e similares da família Scianidae, com 17 espécies na região.

Na mesma área, há uma clara gradiente na composição da fauna entre a linha da costa e a plataforma externa ditado pelas variações de salinidade e temperatura, além do tipo de substrato. Grosso modo, nas áreas mais rasas (até 25 m) predominam espécies associadas a águas mais quentes e de menor salinidade, como o pregoari *Strombus pugilis*, tainhas e paratis *Mugil* spp., o siri-azul *Callinectes ornatus*, o camarão-sete-barbas *Xiphopenaeus kroyeri* e o camarão-rosa *Farfantepenaeus brasiliensis*, intensamente explorados peça pesca de arrasto. Mais além, há uma larga faixa de extensão variável sujeita à penetração de águas mais frias ao longo do fundo durante a primavera-verão, o que dita a presença de espécies tolerantes a condições variáveis de temperatura e salinidade. Em áreas mais profundas (acima de 50 m) há predomínio de águas frias e ricas em nutrientes, e espécies características como o siri *Portunus spinicarpus*, a tamburutaca *Hemisquilla braziliensis*, a merluza *Merluccius hubbsi* e a castanha *Umbrina canosai*.

Essa ecorregião não apresenta recifes de coral como a anterior, comunidades coralinas expressivas tendo seu limite sul na região de Cabo Frio (RJ), onde ocorrem espécies como *Mussimilia hispida* e *Siderastrea estellata*. No entanto, indivíduos isolados de *M. híspida* e *Madracis decactis* são um componente comum de costões rochosos em áreas sem aporte de água doce em São Paulo, enquanto o coral-baba é comum, ou mesmo abundante, em costões de toda a região. Em áreas eutrofizadas, como na Baía de Santos (SP) formam-se verdadeiros recifes de mexilhões *Perna perna* e poliquetos *Phragmatopoma lapidosa*, que constroem grandes colônias com grãos de areia sedimentados. Campos importantes de rhodolitos ocorrem fora de Arraial do Cabo (RJ), com presença bem mais modesta até Santa Catarina.

As riquezas de espécies de diferentes grupos nessa ecorregião não são menores do que nas áreas mais tropicais. Na Baía da Ilha Grande, por exemplo, há registro de 219 espécies de macroalgas, sete corais construtores de recifes (dois introduzidos), 378 de moluscos (três sendo endêmicos), 60 de crustáceos e 174 de peixes recifais.

No parque estadual marinho da Laje de Santos (SP), foram encontradas 188 espécies de macroalgas e 196 espécies de peixes recifais e costeiros, uma riqueza pouco superior à de Fernando de Noronha. Em comparação, outras áreas bem estudadas como a reserva biológica marinha da Ilha do Arvoredo (SC) e Arraial do Cabo (RJ) mostraram 91 e 157 espécies de peixes recifais, respectivamente. Nas Ilhas Cagarras, onde foram encontradas 99 espécies, as mais abundantes foram *Stephanolepis hispidus*, *Diplodus argenteus*, o sargento *Abudefduf saxatilis*, *Haemulon aurolineatum* e *Chromis multilineata*, todas também comuns na Laje de Santos.

Essa é uma das partes mais bem estudadas do litoral brasileiro, sem dúvida devido à proximidade de algumas das principais universidades, e alguns sítios têm sido objeto de pesquisa contínua há décadas, como em São Sebastião (SP). Também é uma das mais alteradas, tanto pela intensidade da exploração pesqueira como pela destruição de habitats, resultante da ocupação urbana e portuária. Um fator extremamente importante na ecologia de partes deste litoral é a grande carga de poluição orgânica e industrial, especialmente em áreas como as baías de Guanabara e Santos. A eutrofização resultante alterou profundamente a ecologia desses sistemas, mudando a composição de suas comunidades, criando zonas mortas com fundos anóxicos (ou quase) e favorecendo a colonização por espécies filtradoras, como alguns moluscos e poliquetos invasores. A contaminação por metais pesados e compostos orgânicos persistentes também parece estar causando impactos negativos em espécies como raias e botos residentes.

Sob influência muito maior da Corrente das Malvinas e da descarga dos estuários da Lagoa dos Patos e do Rio de La Plata, e um caráter muito mais temperado, a ecorregião seguinte, Rio Grande, se estende do sul de Santa Catarina ao Chuí. A interação entre as correntes e a descarga continental resulta não apenas em um gradiente de temperatura e salinidade entre a costa e as águas sobre a plataforma continental mais além, mas também em uma das regiões com maior produtividade primária no litoral brasileiro. Florações de fitoplâncton (especialmente diatomáceas) é um fenômeno comum na costa sul do Brasil, especialmente na zona de arrebentação junto às praias. Também ocorrem florações de dinoflagelados potencialmente tóxicos que resultam na mortalidade de organismos filtradores em áreas bastante extensas.

Com poucas interrupções, esse é um litoral de praias arenosas que ocupam centenas de quilômetros da costa, como entre Tramandaí (SC) e a barra da Lagoa dos Patos, e desta até o Chuí. Também é um litoral com muitas lagoas, algumas constituindo ambientes estuarinos bastante importantes, como a própria Lagoa dos Patos. A dominância de fundos não consolidados (areias, lama e carbonatos com fragmentos de conchas) faz com que nesta ecorregião as comunidades de organismos associados a substratos não consolidados (também presentes nas demais ecorregiões) sejam especialmente importantes e ricas. Fragmentos de corais como *Cladocora debilis* e *Trochocyanthus* sp., junto com fragmentos de conchas, são os principais constituientes dos fundos biodetríticos.

No entanto, há recifes de profundidade tanto em afloramentos rochosos sobre a plataforma como no talude, onde o fundo irregular com corais abriga uma comunidade particular de peixes de toca que inclui o cherne-poveiro *Polyprion americanus,* o sarrão *Helicolenus dactylopterus* (ambos com populações já depauperadas pela pesca com espinhel de fundo) e o olho-de--cão *Priacanthus arenatus.*

Nessa ecorregião também há uma clara zonação entre as águas mais rasas e aquelas a maiores profundidades, com comunidades distintas nas zonas de arrebentação interna (2-5 m), média (5-8 m) e externa (8-10 m), e destas para a plataforma, onde outras subdivisões são reconhecíveis. No total, oito comunidades distintas são reconhecidas entre a plataforma interna (10 m) e o talude continental (200 m) do Rio Grande do Sul. Além da perturbação física resultante das ondas, que podem ser muito fortes, instabilidade causada pelas descargas de água doce e sedimentos dos estuários, o tipo de fundo (areia, lama, biodetritos) e as penetrações sazonais de massas de água são outros fatores que afetam a composição das comunidades.

A alta produtividade primária sustenta uma grande biomassa de zooplâncton e seus predadores, notavelmente a anchoita *Engraulis anchoita*, que, junto aos vários peixes-lanterna, cavalinhas *Scomber japonicus* e lulas, são a base da dieta de predadores pelágicos já familiares, como o bonito-listrado, a albacora e o espadarte, que se mantêm nas massas de água subtropical, e outros associados a águas mais frias, como anchovas *Pomatomus saltatrix* e a serrinha *Sarda sarda*. Concentrações de medusas, salpas e ctenóforos também tornam estas águas uma área de alimentação importante para tartarugas-de-couro *Dermochelys coriacea*, que tem suas maiores áreas de nidificação nas Guianas e no Gabão (com ninhos ocasionais entre a Bahia e o Espírito Santo).

A ocorrência sazonal dos predadores pelágicos é influenciada pelo deslocamento da Convergência Subtropical para o norte durante o inverno, a tropical albacora *Thunus albacares*, que ocorre entre 27 °S e 35 °S entre agosto e fevereiro, enquanto o atum *T. obesus*, um peixe de águas temperadas, surge na mesma região entre abril e setembro.

As comunidades de peixes demersais, com mais de 200 espécies registradas, mostram predominância de espécies capazes de tolerar amplas variações de temperatura e profundidade, algo útil em uma região onde há instabilidade ambiental, e pouca variação sazonal em sua composição. Poucas espécies são responsáveis pela maior parte dos indivíduos e, novamente, os Scianidae são destaque nessas comunidades. Estudos no Rio Grande do Sul mostram que a corvina *Micropogonias furnieri*, a pescada *Cynoscion guatucupa*, a castanha *Umbrina canosai* e o espada *Trichiurus lepturus* podem constituir mais de 70% da biomassa pescada.

Na grande praia que ocupa quase ininterruptamente o litoral do Rio Grande do Sul até a fronteira com o Uruguai podem ocorrer populações bastante densas de moluscos (*Donax hanleyanus* e o endêmico marisco branco *Mesodesma mactroides*) e crustáceos (*Emerita brasiliensis)* que são o alimento principal de batuíras e maçaricos migratórios originários do Hemisfério Norte (como *Calidris alba, C. canutus* e *Chradrius semipalmatus*) e ali ocorrem em grande número durante parte do ano.

As águas rasas (menos de 20 m) junto a essas mesmas praias constituem a área de reprodução da viola *Rhinobatos horkellii*, raia encontrada entre São Paulo e Buenos Aires e um dos membros mais notáveis da comunidade demersal dessa ecorregião. Essa espécie mostra um padrão migratório, deslocando-se de profundidades entre 50-150 m para águas rasas durante o verão, quando as fêmeas parem seus filhotes, retornando para águas profundas posteriormente. A sincronização da reprodução e seu porte tornou a espécie alvo da pesca comercial, enquanto a destrutiva pesca de arrasto com parelhas (uma especialidade dos armadores catarinenses) é desenvolvida exatamente nas áreas onde a espécie se alimenta. Como resultado, a população dessa raia declinou em mais de 80% entre 1975 e 1986, continuando a declinar ainda mais desde então. A mesma pesca com arrasto também levou ao declínio das populações de cações-anjo *Squatina* spp., antes abundantes sobre a plataforma do sul do Brasil.

Essa região é especialmente importante para mamíferos marinhos, sendo uma área de reprodução importante para baleias-franca *Eubalaena australis.*, que se concentram no litoral de Santa Catarina, mas com números crescentes sendo observados até o Rio de Janeiro, em outra ecorregião. As únicas agregações regulares de pinípides no Brasil, no caso leões *Otaria flavescens* e lobos-marinhos *Arctocephalus australis*, também ocorrem na ecorregião, no caso na Ilha dos Lobos e nos molhes da barra da Lagoa dos Patos (RS).

O número estimado de espécies (não microbianas) nos oceanos do mundo é superior a 2,5 milhões, mas menos de 10% foram descritas cientificamente, segundo a recente iniciativa do Censo da Vida Marinha, que em 25 áreas do oceano identificou 230 mil espécies, 9.101 no litoral do Brasil. Esse número é uma subestimativa, já que grande parte do mar brasileiro, notavelmente no norte e nordeste, e nas águas profundas, permanece pouco estudado e há pouco apoio a trabalhos de sistemática e taxonomia.

O conhecimento sobre a biodiversidade marinha brasileira deixa a desejar, especialmente com relação a grupos como invertebrados bentônicos. Estudos recentes na região sudeste a profundidades de até 2.000 m encontraram mais de 1.300 espécies de organismos bentônicos. Peixes ósseos demersais somam 617 espécies, enquanto se estima que a riqueza total de peixes marinhos no Brasil deve estar entre 1.300 e 1.500 espécies.

A sobrepesca é a principal causa de extinção de espécies marinhas no Brasil, juntamente com a perda de habitats causada não apenas pela poluição e obras como loteamentos e portos, mas também por artes de pesca como o arrasto, que destrói o fundo, incluindo recifes a grandes profundidades. Esse tipo de pesca deveria ser sumariamente proibido, assim como qualquer arte de pesca que ameace recifes e manguezais.

Há uma clara correlação entre o número de espécies marinhas ameaçadas e o histórico e intensidade da pesca e destruição de habitats costeiros. De 59 espécies de peixes marinhos ameaçadas de extinção no Brasil (que incluem 13 de tubarões e raias), 47 ocorrem na Brasil Sudeste, 32 na Rio Grande, 30 na Brasil Oriental, 21 na Brasil Nordeste, 17 na Amazônia, 12 em Fernando de Noronha e Atol das Rocas, sete em São Pedro e São Paulo e cinco em Trindade e Martim Vaz.

A longa história da globalização econômica teve no comércio marítimo um de seus esteios e navios têm sido vetores para que espécies marinhas colonizem novas áreas. O popular mexilhão *Perna perna* provavelmente colonizou o litoral brasileiro graças ao comércio feito com a África a partir do século XVI. Mais recentemente, graças à água de lastro em grandes cargueiros e petroleiros e de plataformas de petróleo trazidas de outros mares, organismos exóticos como o poliqueto *Spirobranchus giganteus* e os corais *Tubastraea coccinea*, *Tubastraea tagusensis*, *Chromonephthea brazilensis* e *Stereonephthya* aff. *curvata* estabeleceram populações no sudeste do Brasil, enquanto espécies "sulinas" como o neo-brasileiro *Perna perna*, o mexilhão *Modiolus carvalhoi* e a craca *Megabalanus coccopoma* estabeleceram populações no Rio Grande do Norte. Os exemplos são variados e mostram a continuada contaminação biológica das comunidades marinhas brasileiras, com impactos que ainda não são bem compreendidos.

As informações sobre estatísticas pesqueiras e registros de barcos de pesca no Brasil são, via de regra, sonegadas ao público e de confiabilidade duvidosa, como qualquer um que tenha tentado obter dados dos centros regionais do Ibama pode atestar. A falta de confiabilidade dos dados, que tendem a subestimar as capturas, compromete seriamente uma gestão pesqueira adequada, baseada em Ciência.

A melhor forma de evitar mais colapsos e extinções de espécies marinhas é reduzir, ou mesmo extinguir, a atividade pesqueira em áreas ecologicamente importantes. Áreas protegidas onde a pesca é proibida, ou pelo menos limitada, foram implantadas em várias partes do mundo, inclusive no Brasil. Estudos comparando as comunidades de peixes nessas áreas e outras sem proteção mostram o grande impacto da pesca, que causa mudanças drásticas na comunidade e elimina espécies vulneráveis. Os mesmos estudos, feitos em áreas que incluem o nordeste do Brasil, também comprovam como reservas marinhas podem, em aparente paradoxo, aumentar a produtividade pesqueira de uma região ao funcionar como fonte de indivíduos que colonizam áreas sob exploração.

Infelizmente, no Brasil de 2010, as áreas protegidas na zona costeira ocupam apenas 1,5% de nossos mares, e mesmo este percentual inclui, em sua maior parte, restingas e manguezais. Não há nenhuma unidade de conservação de proteção integral totalmente marinha. Somente 18% dos estuários estão em áreas protegidas e este índice cai para 0,2% quando se considera apenas as unidades de proteção integral.

No caso dos manguezais, o percentual total de proteção chega a 75% se são consideradas as áreas de proteção ambiental (APAs), categoria de "proteção" de pouco valor real. O percentual cai para 13% se são consideradas apenas as unidades de proteção integral. Deve-se notar que o Código Florestal considera manguezais áreas de preservação permanente, embora, na prática, a disposição seja contornada por obras de "interesse social" como portos e instalações industriais.

Mesmo nas reservas existentes há problemas de gestão, como exemplificado pela reserva Extrativista Marinha de Arraial do Cabo, onde a caça submarina é comum, mesmo em áreas proibidas e a pesca industrial ainda ocorre com conivência dos "extrativistas".

Regiões importantes continuam desprotegidas sem que haja esforço para sua proteção. Entre elas estão as áreas de reprodução de cações e violas no Rio Grande do Sul, os montes submarinos da cadeia Vitória-Trindade, o Arquipélago de São Pedro e São Paulo, estuários e ilhas costeiras no litoral sudeste, estuários no Maranhão e Pará e recifes na plataforma continental entre a Bahia e o Espírito Santo. Essas seriam áreas a considerar, caso o Brasil deseje atingir os 12% de áreas marinhas protegidas que as Nações Unidas propõem como meta para 2020.

Programas direcionados à conservação de algumas espécies marinhas carismáticas têm mostrado sucesso no Brasil, notavelmente os voltados para tartarugas-marinhas (Projeto Tamar) e alguns mamíferos marinhos como a jubarte, golfinho-rotador e baleia-franca. A proibição internacional de sua caça tem permitido a recuperação das populações de algumas baleias (não todas) que foram caçadas até sua extinção comercial (e ecológica), com jubartes e francas sendo histórias de sucesso. Projetos de proteção de ninhos e educação também têm permitido que as principais áreas de nidificação de tartarugas marinhas no litoral, entre Sergipe e o Espírito Santo, não sofram a intensa mortalidade de fêmeas e coleta de ovos que era a regra há poucas décadas.

A conservação de outras espécies, como o peixe-boi-marinho, albatrozes e petréis mortos por espinheleiros e a toninha *Pontoporia blainvillei*, espécie costeira que é vítima frequente das redes de pesca, ainda tem muito que avançar, enquanto pouco tem sido feito com relação a espécies menos atrativas para a mídia e o público.

Enquanto a proteção engatinha e a Ciência é pouco ouvida quando se trata da gestão da pesca, a política nacional de pesca promulga um aumento em dez vezes da produção pesqueira e abre os mares brasileiros a embarcações arrendadas de países com péssimo histórico ambiental. Esse aumento dificilmente pode ser sustentado por estoques que já estão no limite da exploração ou em declínio, e ignora os limites e interações dos ecossistemas marinhos brasileiros. Infelizmente, quando se trata da conservação dos recursos marinhos, o Brasil prefere minerá-los como se não houvesse amanhã.

A exploração de petróleo já causou vários desastres no litoral brasileiro, como o grande vazamento na baía de Guanabara em 2000 e o afundamento da plataforma P36 em 2001, além da poluição crônica por óleo em locais como o Canal de São Sebastião e o estuário de Santos (SP). O governo brasileiro deseja a intensificação da atividade em regiões como a de Abrolhos e, especialmente, nas condições difíceis dos campos de petróleo do chamado Pré-sal. Embora haja dúvidas quanto ao petróleo vir a ser benéfico para o País (como foi para a Noruega) ou representar uma maldição (como para países como Angola e Nigéria), é inevitável que, além de colaborar para o aumento de emissões de gases de efeito estufa, o *boom* petroleiro deverá resultar em derrames de petróleo importantes acontecendo no futuro, com consequências desastrosas para ecossistemas únicos.

FIGURA 3.49 – Um espadarte *Xiphias gladius* capturado por um espinheleiro. Esse é um dos grandes predadores pelágicos explorados até o colapso de suas populações; exemplares deste porte tornaram-se muito raros no Brasil.

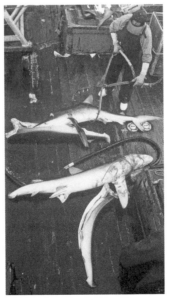

FIGURA 3.50 – Tubarões-azuis *Prionace glauca* sendo esquartejados em um espinheleiro. A espécie, antes abundante, é considerada, hoje, vulnerável à extinção em virtude da alta mortalidade de adultos e do baixo recrutamento.

FIGURA 3.55 – Um barco de arrasto industrial sendo seguido por aves marinhas. A pesca de arrasto é uma das menos seletivas e mais destrutivas.

FIGURA 3.51 – O parque estadual marinho da Laje de Santos (SP) é uma das poucas unidades de conservação marinha do Brasil.

FIGURA 3.52 – Um grupo de guarás Eudocimus ruber caça caranguejos nos manguezais de Santos (SP).

FIGURA 3.53 – Um par de jubartes *Megaptera novaeangliae* na sua área de alimentação no oceano austral. Esses animais pertencem à mesma população que se reproduz na costa brasileira. Após mais de 90% de sua população ter sido dizimada pela caça comercial, a espécie começa a se recuperar.

FIGURA 3.54 – Uma fazenda de mexilhões e vieiras em Arraial do Cabo (RJ). A maricultura deve substituir o extrativismo que domina o setor pesqueiro. *Foto*: Rita C. Ribreiro de Souza.

Literatura recomendada

ALVES, R. J. V., J. W. A. CASTRO (orgs.) 2006. *Ilhas oceânicas brasileiras*: da pesquisa ao manejo. Brasília: Ministério do Meio Ambiente.

ANDRADE, R. 2006. *Brasil – conservação marinha*: nossos desafios e conquistas. São Paulo: Empresa das Artes.

Census of Marine Life. Disponível em: < http://www.coml.org/>.

FERNANDES, M. (org.). 2003. *Os manguezais da costa note brasileira*. Maranhão: Fundação Rio Bacanga.

FERREIRA, C. E. L., A. O. R. JUNQUEIRA, M. C. VILLAC, R. M. LOPES. 2009. Marine bioinvasions in the Brazilian coast: brief report on history of events, vectors, ecology, impacts and management of non-indigenous species. *Ecological Studies* 204:459-477.

FERREIRA, B. P., F. C. CAVA, M. MAIDA. 2001. Ictiofauna marinha da APA Costa dos Corais: lista de espécies através de levantamento da pesca e observações subaquáticas. *Bol. Téc. Cient.* CEPENE. 9(1):167-180.

FERREIRA, B. P., M. MAIDA. 2006. *Monitoramento dos recifes de coral do Brasil*: situação atual e perspectivas. Brasília: Ministério do Meio Ambiente.

FLOETER, S. R., L. A. ROCHA, D. R. ROBERTSON, J. C. JOYEUX, W. SMITH-VANIZ, P. WIRTZ, A. J. EDWARDS, J. P. BARREIROS, C. E. L. FERREIRA, J. L. GASPARINI, , A. BRITO J. M. FALCON, B. W. BOWEB, G. BERNARDI. 2008. Atlantic reef fish biogeography and evolution. *Journal of Biogeography* 35:22-47.

HOSTIM-SILVA, M., A. B. ANDRADE, L. F. MACHADO, L. C. GERHARDINGER, F. A. DAROS, J. P. BARREIROS, E. A. GODOY. 2006. *Peixes de costão rochoso de Santa Catarina* – Ilha do Arvoredo. Itajai, SC: Editora da Universidade do Vale do Itajaí. 135p.

KITAHARA, M. V. 2009. A pesca demersal de profundidade e os bancos de corais azooxantelados do sul do Brasil. *Biota Neotropica* 9(2):35-43.

KITAHARA, M. V., R. C. CAPITOLI, N. O. HORN-FILHO. 2009. Distribuição das espécies de corais azooxantelados na plataforma e talude continental superior do sul do Brasil. *Iheringia, Sér. Zool.* 99:223-236.

LUIZ, JR., O. J.; A. P. BALBONI, G. KODJA, M. G. ANDRADE, H. MARUM. 2009. Seasonal occurrences of *Manta birostris* (Chondrichthyes: Mobulidae) in southeastern Brazil. *Ichthyological Research* 56:96-99.

LUIZ-JUNIOR, O. J., A. CARVALHO-FILHO, C. E. L. FERREIRA, S. R. FLOETER, J. L. GASPARINI, I. SSAZIMA. 2008. The reef fish assemblage of the Laje de Santos Marine State Park, Southwestern Atlantic: annotated checklist with comments on abundance, distribution, trophic structure, mutualistic associations, and conservation. *Zootaxa* 1807:1-25.

METRI, R., R. M. ROCHA. 2008. Bancos de algas calcárias: um ecossistema a ser preservado. *Natureza e Conservação* 6(1):8-17.

ROCHA, L. A., I. L. ROSA, R. R. S. ROSA. 1988. Peixes recifais da costa da Paraíba, Brasil. *Rev. Bras. Zool.* 15:553-566.

ROCHA, L. A. 2003. Patterns of distribution and processes of speciation in Brazilian reef fishes. *Journal of Biogeography*, 30:1161-1171.

ROCHA, L. A., R. ROSA. 2001. Baseline assessment of reef fish assemblages of Parcel Manuel Luiz Marine State Park, Maranhão, north-east Brazil. *Journal of Fish Biology* 58:985-998.

STILES, M. L., L. KATZ, T. GEERS, S. WINTER, E. HARROULD-KOLIEB, A. COLLIER, B. ENTICKNAP, E. K. BARNES, S. HALE, P. FAURE, J. WATERS, M. F. HIRSHFIELD. 2008. Hungry oceans: what happens when the prey is gone? Disponível em: <http://oceana.org/prey>.

SERAFINI, T. Z., G. B. FRANÇA, J. M. ANDRIGUETTO-FILHO. 2010. Ilhas oceânicas brasileiras: biodiversidade conhecida e sua relação com o histórico de uso e ocupação humana. Revista da *Gestão Costeira Integrada* 10(3):281-301.

VIANA, D. L, F. H. Z. HAZIN, M. A. C. SOUZA. 2009. *O Arquipélago de São Pedro e São Paulo*: 10 anos de Estação Científica. Brasília, DF: Secirm.

Extinções nas ilhas oceânicas do Brasil

As ilhas oceânicas, nunca ligadas aos continentes, tendem a apresentar alto nível de endemismo e de espécies com adaptações particulares como exemplificado por arquipélagos como as Galápagos, Hawaii e São Tomé e Príncipe. Ao mesmo tempo, esses ecossistemas também são extremamente vulneráveis às alterações ambientais antropogênicas e à introdução de espécies exóticas. Não é por acaso que espécies insulares constituem a maior parte das extinções documentadas nos últimos séculos.

O Brasil possui poucas ilhas oceânicas, e estas não fogem à regra. Fernando de Noronha, o chamado "paraíso ecológico", na realidade é uma terra arrasada. Descoberta oficialmente em 1503 por Amerigo Vespucci foi descrita por ele como coberta por colônias de aves marinhas e "imensuráveis" aves terrestres que se deixavam capturar com as mãos. Vespúcio também menciona a presença de "ratos muito grandes".

As colônias de aves de Noronha, hoje, restringem-se a ilhéus onde ratos, gatos e teiús introduzidos não chegaram ou não conseguem se manter, sendo uma sombra da abundância original. Uma fragata similar a *Fregata minor* era das espécies que originalmente ocorria na ilha (conforme restos subfósseis comprovam), mas parece ter sido extinta. No Atlântico, hoje, *F. minor* mal persiste como uma minúscula população na Ilha da Trindade.

Os ossos dos "ratos muito grandes" de Vespucci, também observados em 1554 por André Thevet (que chamou o lugar de Ilha dos Ratos) foram encontrados nos mesmos depósitos e descritos em 1999 como *Noronhomys vespuccii*, uma espécie endêmica e hoje extinta de roedor aparentado aos ratos-do-brejo do gênero *Holochilus*. A extinção deste roedor parece ter sido resultado da introdução de ratos e camundongos domésticos no século XVI.

Outra espécie que deixou seus ossos em Noronha foi uma saracura não voadora, que ainda não foi descrita cientificamente. Essas extinções comprovadas de maneira alguma esgotam o número de vertebrados endêmicos que podem ter sido extintos em Noronha, já que a pesquisa arqueológica ali foi limitada.

Descoberta ao redor de 1502, uma floresta dominada por *Colubrina glandulosa* cobria 85% da Ilha da Trindade até sua colonização por famílias de açoreanos e seus porcos, cabras e carneiros em meados do século XVIII. Esse foi início da transformação de uma ilha verde com riachos em uma paisagem árida. Além do desmatamento para uso agrícola e exploração de lenha e madeira, a introdução de cabras foi determinante para o colapso da cobertura florestal da ilha.

Os portugueses, caracteristicamente, não se preocuparam em deixar registros sobre a fauna e flora da ilha, e até hoje não foram encontrados sítios paleontológicos adequados para conservar restos da fauna original. No entanto, a presença de plantas nativas de gêneros dispersos por aves (como *Myrsine*) sugere a ocorrência pretérita de aves terrestres. Além disso, todas as ilhas oceânicas do Atlântico Sul têm ou tiveram espécies de ralídeos endêmicos (a maioria extinta após os 1500) e Trindade não deve ser exceção.

Caracóis terrestres deixaram um legado mais evidente. Das cinco espécies endêmicas registradas para Trindade, apenas *Succinea lopesi* e *Oxyloma beckeri* foram encontradas vivas, as demais (*Bulimulus brunoi, B. trindadensis* e *Naesiotus arnaldoi*) são conhecidas apenas pelas conchas vazias. Dentre as plantas endêmicas de Trindade, *Achyrocline disjuncta, Asplenium beckeri* e *Peperomia beckeri* não foram encontradas recentemente, e teme-se sua extinção.

Novas extinções nas ilhas oceânicas brasileiras são prováveis e as maiores candidatas são as fragatas neo-endêmicas de Trindade, *Fregata minor nicolli* e *F. ariel trinitatis*, cujo status taxonômico nunca foi satisfatoriamente resolvido. As populações da pardela *Puffinus lherminieri* em Noronha também estão em nível muito reduzido. Programas de replantio da floresta original em Trindade, como já iniciado em escala limitada por pesquisadores do Museu Nacional com apoio da Marinha, talvez ajudem na recuperação das espécies endêmicas daquela ilha, mas Noronha ainda precisa ver esforços mais efetivos nesse sentido.

A Marinha já eliminou as cabras que ainda restavam em Trindade, merecendo elogios por uma iniciativa que órgãos ambientais são covardes demais para adotar, como provam os teiús em Noronha e cães domésticos no Parque Nacional de Brasília. O fim das cabras está permitindo a recuperação de espécies endêmicas, inclusive *Plantago trinitatis*, que já foi considerada extinta.

Ilhas costeiras brasileiras também têm sua cota de espécies endêmicas ameaçadas de extinção. Exemplos bem conhecidos são as jararacas da Ilha Queimada Grande *Bothropoides insularis* e da Ilha de Alcatrazes *B. alcatraz*, em São Paulo, mas poucos conhecem o cururuá *Phyllomys thomasi*, um rato de espinho endêmico da Ilha de São Sebastião (Ilhabela), também em São Paulo, e a preá *Cavia intermedia*, endêmica dos 10 ha das ilhas Moleques do Sul, no Paraná.

Como nas ilhas oceânicas, destruição de habitats, introdução de espécies exóticas e exploração direta ameaçam estes endemismos, enquanto seus habitats únicos permanecem sem proteção efetiva, sofrendo desde incêndios causados por exercícios militares (Alcatrazes) à coleta por traficantes de animais (Queimada Grande).

Literatura recomendada

ALVES, R. V. 1998. Ilha da Trindade e arquipélago Martin Vaz: ensaio geobotânico. Rio de Janeiro: Serviço de Documentação da Marinha.

ALVES, R. V., J. W. A. CASTRO. 2008. Ilhas oceânicas brasileiras: da pesquisa ao manejo. Brasília: MMA.

OLSON, S. 1981. Natural history of vertebrates on the Brazilian islands of the mid South Atlantic. National Geographic Research Report 13:481-492.

SALVADOR C. H., F. A. S. FERNANDEZ. 2008. Reproduction and growth of a rare, island-endemic Cavy (Cavia intermedia) from Southern Brazil. *Journal of Mammalogy* 89:909-915

SILVA E SILVA, R. 2008. Aves de Fernando de Noronha. Vinhedo: Avis Brasilis.

Extinções marinhas

Apesar de serem considerados como recursos ilimitados, seres marinhos enfrentam declínios comparáveis ou maiores aos enfrentados por espécies terrestres. Nas últimas décadas houve uma aceleração do processo de perda de habitats. Por exemplo, cerca de 1/5 dos manguezais do mundo foi perdido entre 1980 e 2005, especialmente para fazendas de camarão e ocupação urbana. Como já indicado, 57% dos recifes de coral foram perdidos ou encontram-se degradados, e 85% dos recifes de ostras, uma antiga característica de estuários temperados, foram extintos no mundo.

A destruição de habitats é resultado tanto da exploração direta (como a de corais e ostras que formam recifes), alterações nas condições ambientais, como o aumento de sedimentos trazidos por rios cujas margens foram desmatadas e técnicas de pesca destrutivas, como as redes de arrasto e o uso de explosivos.

Algumas espécies marinhas, como vários moluscos, peixes (como a donzela-das-Galápagos *Azurina eupalama* e bodião-verde-de-Mauritius *Anampses viridis*) e macroalgas (*Gigartina australis* e *Vanvoortsia bennettiana*) já foram extintas em decorrência das alterações em suas pequenas áreas de ocorrência, especialmente em virtude de poluição, dragagens e aumento na sedimentação.

Outras extinções parecem resultar de mudanças naturais no meio ambiente físico, como sugerido para explicar o declínio do branquiópodo *Bouchardia rosea* no sudeste do Brasil, embora o impacto da pesca de arrasto sobre seu habitat deva ser considerado. E é a pesca, ou melhor, a exploração direta de populações animais e vegetais que está levando diversas espécies marinhas à extinção.

São bem-conhecidas as extinções totais de mamíferos marinhos como a vaca-marinha-de-steller *Hydrodamalis gigas* (presente do Japão à California antes que humanos inventassem barcos e arpões), a foca-monge-do-Caribe *Monachus tropicalis* e da baleia-cinzenta-do-Atlântico *Eschrichtius robustus*. Extinções locais e ecológicas de espécies antes comuns como o peixe-boi-marinho (antes presente do Espírito Santo ao Amapá e dali em todo o Caribe e Golfo do México) e baleias como a azul *Balaenoptera musculus* também são bem conhecidas. Menos conhecidas são as extinções de criaturas com menor carisma.

Várias espécies de peixes capturados comercialmente estão seguindo o mesmo caminho, uma história de uso insustentável que teve início com o uso humano dos recursos pesqueiros. Poucos recordam que, como fazem os salmões, não muitos séculos atrás, esturjões *Huso huso* de 8,5 m migravam do mar para desovar no Danúbio, sustentando comunidades pré-romanas, e que foi o esgotamento de estoques pesqueiros na Europa medieval, já no ano 1000, que levou à exploração do Mar do Norte e às primeiras travessias transatlânticas.

A pesca historicamente tem funcionado em ciclos de *boom*-colapso, explorando "estoques pesqueiros" até que a atividade se torne antieconômica e depois passando para a espécie seguinte. No mundo há exemplos clássicos como o colapso das populações de bacalhau *Gadus morhua* no Atlântico Norte, onde se dizia ser possível caminhar sobre os peixes na água, tal era sua abundância. Populações de atuns-de-nadadeira-azul *Thunnus thynnus* já foram reduzidas em mais de 85% e caminham rapidamente para seu colapso, enquanto preços cada vez mais elevados e subsídios governamentais dão sustentabilidade econômica a uma atividade biologicamente insustentável.

No Brasil, considera-se que 80% dos estoques pesqueiros explorados comercialmente encontram-se sobrexplotados ou já colapsaram. A pesca da sardinha *Sardinella brasiliensis* levou ao colapso das populações, que hoje se recuperam apenas em virtude da imposição de defesos aceitos de má vontade pelos empresários de pesca. Os restos de enlatadoras de sardinhas na Baía da Ilha Grande (RJ) e litoral de São Paulo são testemunhas do colapso do recurso. A população brasileira do budião ou peixe-papagaio *Scarus guacamaia* (que talvez fosse uma espécie distinta da do Caribe), um gigante de 1,20 m e 20 kg, foi extinta por pescadores artesanais e caçadores submarinos. O mesmo destino tiveram populações locais de vários peixes recifais ou "de toca" e lagostas capturados por pescadores e caçadores submarinos.

Entre os que mais sofreram declínios estão as caranhas e pargos *Lutjanus* spp., meros *Epinephelus itajara* e garoupas e badejos *Mycteroperca* spp. Antes comuns em locais como as ilhas do litoral paulista, essas espécies foram eliminadas das áreas que não contam com proteção. Um dos fatores que contribui para o declínio de espécies como garoupas e badejos é o fato de serem hermafroditas protogínicos. Ou seja, os exemplares grandes são todos machos e sua remoção pela pesca afeta a estrutura populacional.

Invertebrados também têm sido localmente extintos, como o grande búzio *Strombus brasiliensis*, que ocorria do Ceará ao Espírito Santo e é coletado pela sua carne e concha vendida como souvenir. Esse comércio também eliminou populações locais de estrelas-do-mar de maior porte, enquanto o comércio para aquariofilia extinguiu populações da anêmona gigante *Condylactis gigantea* em locais como Búzios (RJ). A coleta para isca de pesca, por sua vez, também eliminou poliquetos de grande porte (como o surreal *Eunice sebastiani*) de boa parte das áreas onde ocorriam.

A pesca de arrasto, que visa principalmente camarões, também destrói habitats como as pradarias de fanerógamas e captura outras espécies que se tornaram praticamente extintas. Um exemplo clássico são as vieiras *Euvola ziczac* na costa sudeste do Brasil, ainda comuns na década de 1970, cações-viola *Rhinobatos* spp. e várias estrelas-do-mar. Deve-se também enfatizar que a pesca com espinhéis pelágicos voltada a atuns, tubarões e peixes de bico é uma das principais causas do declínio de tartarugas-marinhas e albatrozes, além dos próprios tubarões.

Tubarões, peixes-serra *Pristis* spp. e raias-manta *Manta* e *Mobula* spp., que, em geral, apresentam baixa fertilidade e levam longo tempo (às vezes mais de 10 anos) para atingir a maturidade sexual, constituem um dos grupos mais ameaçados, com extinções totais em grande parte de antigas áreas de ocorrência (por exemplo, os peixes-serra no leste brasileiro) e declínios generalizados. Por exemplo, o tubarão-galha-branca-oceânico *Carcharhinus maou*, descrito por Jacques Cousteau como o mais abundante no planeta, teve declínio de mais de 90% no Atlântico Ocidental. Tubarões-de-galápagos *Carcharhinus galapagensis* eram tão comuns nos remotos Penedos de São Pedro e São Paulo na década de 1970 que dificultavam o desembarque e o mergulho. Essa população foi totalmente extinta por barcos espinheleiros que continuam atuando na região.

No litoral do Rio Grande do Sul, a pesca, especialmente nas áreas de reprodução, levou a reduções drásticas nas populações de cações-anjo *Squatina* spp., violas *Rhinobatos horkelii* e cações-listrados *Mustelus fasciatus*, que se encontram ameaçados de extinção. A pesca de arrasto continua a ocorrer na região, apesar de restrições legais, em virtude da falta de fiscalização no mar e do expediente dos barcos pesqueiros, que desembarcam sua captura com auxílio de embarcações menores, evitando o controle dos terminais de pesca onde há fiscais.

O colapso de populações leva a um rearranjo das comunidades e ecossistemas já que espécies que se tornam funcional ou ecologicamente extintas podem causar efeitos dominó. O colapso de populações de peixes abundantes e com alto conteúdo energético como sardinhas, manjubas e cavalas afeta seus predadores, que podem também ter suas populações reduzidas ou utilizar outras espécies até então livres de predação. Também são perdidas interações importantes, como aquelas entre aves marinhas que se alimentam em associação a atuns e outros predadores oceânicos.

Literatura recomendada

Costa, A. L. 2007. Nas redes da pesca artesanal. Brasília: PNUD/IBAMA.

Dulvy N. K., Y. Sadovy, J. D. Reynolds 2003. Extinction vulnerability in marine populations. Fish and Fisheries 4:25-64.

Fagan, B. 2006. Fish on friday: feasting, fasting and the discovery of the New World. New York: Basic Books.

Ferreira, C. E. L., J. L. Gasparini, A. Carvalho-Filho, S. R. Floeter. 2005. A recently extinct parrotfish species from Brazil. Coral Reefs. 24:128-1288.

Floeter, S. R., B. S. Halpern, C. E. L. Ferreira. 2006. Effects of fishing and protection on Brazilian reef fishes. Biological Conservation 128:391-402.

Roberts, C. 2007. An unnatural history of the sea. Washington: Island Press.

Simões, M. G., S. C. Rodrigues, M. Kowalewski. 2009. Bouchardia rosea, a vanishing brachiopod species of the Brazilian platform: taphonomy, historical ecology and conservation paleobiology. Historical Biology. 21:123-137.

Vooren, C. M., S. Klippel. 2005. Ações para conservação de tubarões e raias no sul do Brasil. Porto Alegre: Igaré.

4. Conservando espécies e ecossistemas

"Há um clamor nacional contra o descaso em que se encontra o problema florestal no Brasil, gerando calamidades cada vez mais graves e mais nocivas à economia do País (...) Assim como certas matas seguram pedras que ameaçam rolar, outras protegem fontes que poderiam secar, outras conservam o calado de um rio que poderia deixar de ser navegável etc. São restrições impostas pela própria natureza ao uso da terra, ditadas pelo bem-estar social. Raciocinando deste modo os legisladores florestais do mundo inteiro vêm limitando o uso da terra, sem cogitar de qualquer desapropriação para impor essas restrições ao uso."

Da Exposição de Motivos do Código Florestal de 1965

4.1 Por que conservar?

A humanidade não vive à parte do Mundo Natural nem a Economia que a sustenta funciona à parte da Ecologia. Embora a Economia tenda a considerar o meio ambiente como uma externalidade e que ela existe em um domínio à parte do Mundo Natural, não é necessário grande esforço intelectual para perceber como o destino de sociedades e das economias que as sustentam está intimamente associado a processos e serviços ecológicos que sustentam sua agricultura e outras fontes de alimento, seu suprimento de água potável ou seu clima local.

A História abunda em exemplos de sociedades que colapsaram quando recursos ecológicos críticos foram comprometidos, assim como não faltam ciclos econômicos que chegaram ao fim quando o capital natural foi destruído. Os exemplos vão do colapso de indústrias pesqueiras e madeireiras a cidades turísticas que destruíram seus atrativos. Alguns economistas já perceberam que Economia e Ecologia são faces da mesma moeda e seria salutar se esse entendimento fosse mais amplo.

Há estimativas de que os ecossistemas fornecem à humanidade serviços estimados em mais de US$ 30 trilhões anuais, enquanto um estudo preliminar feito pelas Nações Unidas estima em US$ 210 bilhões/ano os serviços de insetos polinizadores e US$ 172 bilhões/ano os fornecidos por recifes de coral. Apenas as florestas realizam pelo menos 24 serviços ambientais diferentes, a maioria associados aos ciclos da água e do carbono e à biodiversidade. O maior problema é que praticamente nenhum desses serviços tem um preço de mercado ou seus usuários pagam por sua continuidade.

Obviamente, há razões econômicas muito fortes para a conservação de espécies e ecossistemas e a quantificação do valor destes é um campo florescente da Economia, embora comumente se perca de vista que a maior razão para conservar ecossistemas é o fato óbvio de que sem serviços ambientais nós não estaríamos aqui.

Um foco mais local mostra como, a cada estação chuvosa, regiões metropolitanas brasileiras como a Grande São Paulo, Grande Rio e Grande Belo Horizonte pagam caro em dinheiro e vidas por não terem conservado espaços naturais em encostas, várzeas e margens de rios, o que gera problemas muito mais caros de resolver do que as "oportunidades econômicas perdidas" com a conservação. Algumas obras, como as famigeradas marginais dos rios Tietê e Pinheiros e a canalização do rio Tamanduateí em São Paulo, todas em áreas de várzea dos rios mencionados, são sérias candidatas ao título de obras mais idiotas da história.

Restaurar áreas naturais como várzeas e encostas florestadas, mesmo em espaços urbanos, provavelmente seria mais barato que as caras obras de drenagem e contenção de encostas que são a resposta-padrão a cada tragédia de verão, mas isso, obviamente, não interessa às empreiteiras que financiam as campanhas de nossos políticos.

Um exemplo dessa abordagem é o recente projeto desenvolvido no Vietnam onde foram plantados 12 mil hectares de manguezais como forma de proteger áreas costeiras de inundações causadas por ondas de maré resultadas de tempestades. Ao custo de US$ 1,1 milhão, esse projeto economizou US$ 7,3 milhões em manutenção de diques. Nova York (a norte-americana, não a maranhense) está aumentando a área permeável em alguns bairros por meio da criação de parques urbanos e calçadas com jardins como alternativa a novos, e caros, sistemas de drenagem de águas pluviais. A mesma cidade é conhecida por proteger seus mananciais de água, localizados em uma região florestada, reduzindo substancialmente os custos com tratamento.

Serviços ambientais, na maioria, não têm um mercado, enquanto produtos cuja exploração causa degradação (como madeira, minérios e a própria terra) têm. Em outras palavras, lucros privados resultam em prejuízos coletivos, um fenômeno com o qual nossa economia tem dificuldade em lidar.

O recente estudo das Nações Unidas sobre a economia dos ecossistemas e da biodiversidade (*The Economics of Ecosystems and Biodiversity* – TEEB) sugere que a contribuição anual das florestas sul-americanas para a agricultura, apenas por meio da regulação do ciclo hidrológico, oscila entre US$ 1 e US$ 3 bilhões, embora haja indicações de empresas de seguro que este valor possa ser dez vezes maior. O mesmo estudo sugere que os prejuízos resultantes das externalidades negativas da perda e degradação das florestas do planeta custam entre US$ 2 e 4,5 trilhões por ano.

O Brasil (e a Argentina) sem Floresta Amazônica não teria as chuvas que sustentam nossa economia cada vez mais dependente de exportações agrícolas. Sem áreas de Mata Atlântica, as regiões metropolitanas do Rio e São Paulo não teriam água barata para subsistirem. Sem o Cerrado abastecendo seus aquíferos, rios como o São Francisco, Tocantins e Araguaia teriam menos água. Obviamente, esses cenários compõem o futuro que estamos construindo e poderão ser comprovados nas próximas poucas décadas.

Estariam as regiões agrícolas e as metrópoles que dependem das chuvas de origem amazônica dispostas a pagar pela conservação da floresta? Pelo menos com relação a mananciais de abastecimento, projetos pioneiros de pagamento de proprietários que conservam nascentes e cursos d'água e a vegetação natural associada começaram a ter início em 2006, com o Projeto Oásis da Fundação O

Boticário, na região metropolitana de São Paulo. A ideia de pagamento por serviços ambientais está sendo ampliada para outros municípios, como Londrina, e governos estaduais, como o de São Paulo, estão iniciando projetos próprios em maior escala. Uma nova lei federal de pagamentos de serviços ambientais, recentemente aprovada, pode ajudar na criação de uma economia totalmente nova.

Municípios em diversos estados já recebem remuneração por serviços ambientais através do chamado ICMS ecológico, que aumenta a fatia no fundo de participação dos municípios para aqueles com unidades de conservação e (em casos como o Paraná) mananciais de abastecimento em seu território. É importante notar que a importância da conservação de áreas naturais transcende a escala local e mesmo nacional.

Espécies são fonte de produtos que incluem alimentos (é óbvio), materiais de construção, fontes de energia, medicamentos, cosméticos etc. Esses usos conhecidos se somam às possibilidades futuras que são desvendadas pela pesquisa básica e novas ferramentas tecnológicas como o uso de bactérias que metabolizam enxofre na extração de minerais como terras raras, cobalto, platina, cobre, zinco, urânio, etc, já usadas comercialmente no Chile e na Finlândia.

A medicina sofreu uma revolução na área de transplantes com a descoberta de drogas que evitam a rejeição de órgãos transplantados, mas poucos dos milhões de transplantados que usaram ciclosporina sabem que sua vida foi salva por um fungo de solo encontrado em um pântano na Escandinávia. As pesquisas atuais sobre etanol de segunda geração são baseadas, em grande parte, em enzimas de fungos e microorganismos (como os simbiontes nos estômagos de cupins) capazes de quebrar moléculas de celulose. E truques bioquímicos, como quebrar moléculas de água com luz solar, ensinados por seres vivos, são o fundamento da próxima revolução energética.

O besouro ou fungo inútil de hoje pode ser a chave de uma revolução econômica amanhã. É pouco inteligente queimar oportunidades futuras.

A abordagem econômica para justificar a conservação de espécies e ecossistemas rapidamente expõe um problema. Embora os benefícios de serviços ecossistêmicos, como regulação climática e manutenção de recursos hídricos, sejam coletivos, o custo de oportunidades econômicas perdidas, como transformar uma área de floresta em pasto, recai sobre indivíduos. E mesmo agentes econômicos que cobram pelo uso de produtos derivados daqueles serviços e dependem destes (notavelmente as empresas de saneamento e distribuição de água), no Brasil, têm se mostrado pouco dispostos a destinar parte de seus lucros para a conservação de ecossistemas ou mesmo assumir a gestão direta de áreas. Isso contrasta com a situação em países com o Equador, onde áreas como as reservas ecológicas de Cayambe-Coca (403 mil ha) e Antisana (120 mil), que abastecem Quito com água potável, têm guardas e estrutura de manejo pagas pela companhia de água local.

A abordagem meramente econômica do valor de espécies e ecossistemas é claramente incompleta. Aquilo que mais importa para os humanos é comumente algo imaterial e não essencial à sua sobrevivência que pode drenar recursos importantes em tempo, dinheiro e vidas. Exemplos óbvios são a religião e sua variante, o futebol, além da música e da arte. Poucos diriam que esses fenômenos psicológicos não têm valor porque não têm existência independente da mente humana.

Da mesma forma, humanos atribuem à existência de espécies e dos ecossistemas em que vivem, e à possibilidade de interagir com estes, um valor dificilmente mensurável em termos monetários. A experiência de caminhar por uma floresta na Serra da Bocaina, escalar uma montanha na Mantiqueira, observar uma ave rara no Equador, mergulhar com tubarões na África do Sul ou assistir à migração de gnus e zebras na Tanzânia atraem as pessoas em um nível psicológico (alguns diriam espiritual) profundo.

Essa biofilia obviamente está por trás da existência da indústria do ecoturismo, sustentáculo de várias economias locais e nacionais. O termo ecoturismo tem sido abusado para incluir atividades diversas, incluindo algumas que são danosas ao meio ambiente, como o turismo de praia baseado em resorts pasteurizados construídos sobre áreas ecologicamente sensíveis, como no litoral baiano e potiguar.

Um exemplo interessante de ecoturismo como motor de uma economia regional é Bonito (MS), onde a grande experiência é nadar em rios cristalinos com ictiofauna abundante e amigável (às vezes até demais). À observação de peixes se somam outras atividades como *rafting* e exploração de cavernas que demandam a conservação e manejo das áreas exploradas, o que os proprietários de Bonito têm feito de forma correta após percalços no início. O município, com 18 mil habitantes, recebeu 250 mil visitantes em 2009 e consegue manter conservadas áreas da mesma forma como estavam duas décadas atrás, resultado de um longo processo de interação e aprendizado envolvendo empresários de turismo, proprietários de áreas, pesquisadores e o Ministério Público.

Uma das atividades ecoturísticas é o turismo de observação (e fotografia) de vida selvagem, tanto fauna como flora. Esta modalidade inclui a popular atividade de observação de aves (*bird-watching*), a observação da megafauna carismática em parques africanos e no Pantanal e o turismo botânico, comum em países como África do Sul, Turquia e Grécia.

Essas atividades contemplativas e de "caçada fotográfica" têm grande importância para economias nacionais, como as do Kenya, Tanzânia, África do Sul, Costa Rica e Equador, e movimentam somas importantes. Por exemplo, estima-se que, em 2001, os observadores de aves norte-americanos gastaram US\$ 21 bilhões de dólares no seu mercado interno, e a pequena Costa Rica arrecada mais de US\$ 1,5 bilhão com um ecoturismo em que a observação de fauna é o ponto forte. No Brasil, a observação de baleias é um dos esteios de economias locais, como em Caravelas (BA), enquanto o número crescente de pousadas ao longo da Transpantaneira (MT) é testemunho de um ramo totalmente novo da economia local que surgiu graças a uma fauna exuberante.

Obviamente, o primeiro requisito para que esse tipo de atividade ocorra é a existência de áreas naturais com espécies observáveis. As florestas vazias de muitas "áreas protegidas" no Brasil obviamente são pouco atraentes e muitos turistas partem extremamente decepcionados de visitas à Amazônia exatamente em virtude da raridade de animais ali, resultado de atividades humanas.

Poucos discutem a importância psicológica (ou espiritual, como alguns preferem) do contato com a Natureza, e há vários estudos mostrando tanto os benefícios deste como as disfunções sociais e psicológicas resultantes da falta desse contato. Vale lembrar que sociedades que valorizam atividades como caminhadas e excursões por espaços naturais, observação da fauna, jardinagem e outras associadas ao convívio pacífico com a Natureza tendem a ser aquelas com melhores indicadores de saúde social.

Isso leva ao crescente corpo de evidências de que a vida moderna, distante do contato com a Natureza, faz mal à saúde. Pesquisas mostram que condições que incluem obesidade, déficit de atenção, hiperatividade, stresse, depressão e asma estão em ascensão em decorrência do divórcio entre as crianças da era moderna e a Natureza. Presidiários, delinquentes infantis e idosos deprimidos mostram significativas melhoras em sua condição psicológica e em sua conduta social quando se dedicam a atividades como a reabilitação de animais em necessidade (o que pode ser feito em Centros de Triagem de Animais Silvestres) e o cultivo de plantas (incluindo a recuperação de áreas degradadas). Uma sociedade em maior contato com a Natureza é mais saudável em mais de um sentido.

A ética também deve ser considerada quando se advoga a conservação de espécies e ecossistemas. Cada ser vivo neste planeta é resultado de quase 4 bilhões de anos de evolução biológica que apenas começamos a compreender, quanto mais duplicar. Embora alguns tentem equiparar a conservação de componentes culturais, como línguas, com a da diversidade biológica, essa é uma tentativa canhestra de comparar o incomparável. Podemos criar novas línguas e culturas como klingon ou élfico, mas estamos muito distantes de criar espécies a partir de nucleotídeos e aminoácidos.

A Vida tem um valor intrínseco que extrapola quantificações monetárias e, no mínimo, podemos dizer que extinguir uma espécie em prol de um benefício temporário ou mesmo da irresponsabilidade reprodutiva e econômica da espécie autodefinida como sábia é claramente errado.

Humanos têm a tendência natural de considerar seu grupo social próximo os únicos "humanos verdadeiros" (a tradução da maioria das autodenominações tribais), os demais sendo mais próximos dos animais. Essa programação psicológica inata comumente leva a nos referirmos a desafetos em termos étnicos com conotação pejorativa (*niggers*, brancos de olhos azuis, bugres, turcos etc.). Quando a Ciência mostra que humanidade é uma única, embora complicada, família, muitos têm dificuldade em expandir o conceito de "sua tribo" para abranger o restante de nossa espécie.

Nossa espécie é a última de uma longa linhagem que, até 50 mil anos atrás, incluía pelo menos, cinco espécies coexistindo no planeta (*Homo sapiens*, *H. neanderthalensis* na Europa, *H. erectus* em Java, *H. floresiensis* em Flores e os Denisovans das montanas Altai). Seria de se perguntar quais seriam nossas reações a racismos se esses outros humanos ainda caminhassem pela Terra.

Não é surpresa que nosso chauvinismo antropocêntrico tenha dificuldades ainda maiores para lidar com o fato de todas as formas de vida neste planeta ser aparentadas e, pior ainda, que outras espécies compartilham características que eram consideradas exclusividade humana, como a autoconsciência, pensamento simbólico, ética, a capacidade de brincar e mesmo a de rir.

Descobrimos recentemente que papagaios de algumas espécies têm a capacidade intelectual de um humano de quatro anos de idade, bonobos demonstram compaixão por outras espécies, elefantes lamentam seus mortos, e corvos e gralhas têm autoconsciência e senso de humor. Esses achados levantam questões éticas sobre o tratamento que damos a esses animais e se não deveríamos estender a outras espécies sentientes a mesma proteção que damos a membros da nossa que são menos capacitados intelectualmente. Na Espanha, os direitos humanos da vida, liberdade e proibição de tortura física e psicológica foram estendidos a chimpanzés, gorilas e orangotangos. Outros países cogitam o mesmo.

A ética humana é um campo mutável. Antes sancionadas como corretas (e obrigatórias) por autoridades religiosas e civis a escravidão, o trabalho infantil compulsório, a discriminação sexual e queimar vivo quem não abraça sua religião são atos que hoje causam repúdio. Enquanto alguns veem carne e óleo ao observar uma baleia, outros veem beleza que deve ser conservada. A percepção que temos do Mundo Natural é mutável, e começa a ser ditada menos pelo utilitarismo e mais por valores que, embora subjetivos, não são menos importantes. Afinal são os valores subjetivos que fazem a vida valer a pena.

Talvez, no futuro, uma melhor compreensão sobre o que passa na mente de nossos irmãos terráqueos nos leve a considerar que o importante são menos distinções entre espécies do que a capacidade de ser um indivíduo consciente de si e do mundo à sua volta.

FIGURA 4.1 – A tartaruga-do-amazonas *Podocnemis expansa* foi explorada até sua quase extinção; a espécie mostra grande potencial para a criação em cativeiro e já existem criadores comerciais engajados na atividade.

FIGURA 4.2 – Preparando castanhas-do-brasil para envio à indústria em Monte Dourvado (PA). Este já foi um dos principais produtos extrativistas da Amazônia brasileira.

FIGURA 4.4 – Atividades antes impensáveis, como a observação e mergulho com tubarões, hoje sustentam economias locais, demvonstrando como um público educado e interessado no meio natural fomenta novos negócios. *Foto*: Rita C. Ribeiro de Souza.

FIGURA 4.3 – O ecoturismo baseado na apreciação da vida selvagem hoje, literalmente, leva as pessoas aos locais mais remotos, como este grupo a caminho de uma colônia de pinguins nas ilhas subantártica da South Georgia.

FIGURA 4.5 – O pátio de uma serraria em Açailândia (MA), onde o que resta de uma das áreas mais ameaçadas da Amazônia é transformado em madeira serrada e carvão.

Conservando Espécies e Ecossistemas

Literatura recomendada

DE WAAL, F., S. MACEDO, J. OBER. 2009. *Primates and philosophers*: how morality evolved. Princeton: Princeton University Press.

DE WAAL, F. 2010. *The age of empathy*: Nature's lessons for a kinder society. Three Rivers Press.

FERNANDÉZ-ARMESTO, F. 2004. *Então você pensa que é humano?* São Paulo: Companhia das Letras.

Great Ape Project (GAP). Disponível em: <http://www.greatapeproject.org/>.

KELLERT, S. R. 2003. *Kinship to mastery*: biophilia in human evolution and development. Island Press.

LOUV, R. 2008. *Last child in the woods*: saving our children from Nature-Deficit Disorder. New York: Algonquin Books.

MONJEAU, A. (org.) 2008. *Ecofilosofia*. Curitiba: Fundação O Boticário de Proteção à Natureza.

NEWSOME, D., R. K. DOWLING, S. MOORE. 2005. *Wildlife tourism*. Clevendon: Channel View Publications.

NOVION, H., R. DO VALLE. 2009. *É pagando que se preserva?* Subsídios para políticas de compensação por serviços ambientais. São Paulo: Instituto Socioambiental.

PEPPERBERG, I. M. 2009. *Alex e eu*. Rio de Janeiro: Record.

PIVATTO, M. A., J. SABINO. 2007. O turismo de observação de aves no Brasil: breve revisão bibliográfica e novas perspectivas. *Atualidades Ornitológicas* 139. Disponível em: <www.ao.com.br/download/AO139_10a13.pdf>. Acesso em: 15 Nov. 2010.

TAPPER, R. 2006. *Wildlife-watching and tourism*: a study of the benefits and risks of a fast-growing tourism activity and its impacts on species. Bonn: Unep.

UNEP (United Nations Environment Program). 2010. *The economics of ecosystems & biodiversity* – An interim report. Disponível em:<www.unep.ch/etb/publications/TEEB/TEEB_interim_report.pdf>. Acesso em: 20 nov. 2010.

WILSON, E. O. 1986. *Biophilia*. Harvard: Harvard University Press.

WILSON, E. O. 2002. *O futuro da vida*. Rio de Janeiro: Campus.

WUNDER, S., J. BÖRNER, M. R. TITO, L. PEREIRA. 2009. *Pagamentos por serviços ambientais* – perspectivas para a Amazônia Legal. Brasília: MMA.

4.2 Áreas protegidas e unidades de conservação

> "O que importa nos trópicos é área, é metro quadrado, é hectare.
> Se a ideia é preservar só há uma solução: cerca e polícia."
>
> *Paulo Emílio Vanzolini,* zoólogo e músico brasileiro

O fato central sobre a conservação de espécies e ecossistemas é que estes são mais diversos, produtivos e resilientes na ausência de pessoas alterando habitats, caçando, pescando, poluindo, introduzindo espécies e fazendo as coisas que as pessoas costumam fazer.

A grande característica humana é alterar os habitats para adequá-los a seu uso, e não adequar o uso às características dos habitats, e o resultado é a criação de áreas antrópicas com biotas muito distintas, e empobrecidas, em relação à original. Basta comparar a biodiversidade de um habitat dominado por humanos, como o entorno da Ópera de Manaus, com a da Reserva Ducke, uma floresta não muito distante, representativa do que ali existia antes da chegada de nossa sociedade. Embora existam espécies que se beneficiam das atividades humanas e estejam expandindo suas áreas de ocorrência e populações (exemplos brasileiros são avoantes *Zenaida auriculata*, asas-branca *Patagioenas picazuro,* tizius *Volatinia jacarina* e gambás *Didelphis aurita* e *D. albiventer*) a ponto de se tornar hiperabundantes, esse conjunto é uma minoria. De maneira geral, os ambientes que criamos, especialmente em áreas que eram ocupadas por florestas tropicais, são pouco hospitaleiros para a maior parte da biodiversidade nativa.

Exceções óbvias ao princípio do "sem pessoas, sem problemas" são áreas pequenas que dependem de manejo intensivo e ecossistemas que dependem de perturbações para sua dinâmica e perderam os fatores naturais que as causavam, estes sendo substituídos por atividades humanas. Por exemplo, muitas das áreas "naturais" na Europa dependem hoje de manejo ativo e atividades como o pastoreio e a rotação de culturas para manter suas espécies características, e o mesmo é verdade para as pequenas áreas de Cerrado isoladas de São Paulo.

Áreas onde as atividades humanas são restritas ou ausentes assumiram diferentes formas ao longo da história. Uma delas são as "reservas acidentais", que conservam espécies e ecossistemas de forma efetiva sem que seja esse seu objetivo primário.

As *no man lands* entre os territórios de tribos em guerra constituem reservas de fato desde o início da história humana. Suas versões modernas, como a Zona Desmilitarizada entre as duas Coreias e o corredor da antiga Cortina de Ferro separando a Europa do antigo bloco soviético são hoje consideradas como tesouros naturais e foco de iniciativas para sua conservação nos tempos de paz. Áreas onde minas terrestres afastam as pessoas (como no Camboja e nos Bálcãs) funcionam da mesma maneira e algumas se tornaram parques nacionais. No mesmo espírito, a área de exclusão criada após o acidente nuclear de Chernobyl na Ucrânia e Belarus tornou-se uma reserva natural de fato onde até mesmo se reintroduzem espécies ameaçadas como bisões e cavalos selvagens.

A elevada probabilidade de morte ou mutilação sempre foi uma das formas mais efetivas de conservação da natureza e as reservas "involuntárias" mostram que, em se tratando de conservação, resultados são mais importantes que boas intenções ostensivamente alardeadas. Isso é evidente quando se comparam taxas de desmatamento no interior de áreas militares da Amazônia e Cerrado e unidades de conservação oficiais destinadas a "uso sustentável".

Áreas militares onde o acesso é restrito, como a Base Aérea do Cachimbo (PA), os cerca de 100.000 hectares perto da capital federal (90 km) no município de Formosa e a Ilha de Cabo Frio (RJ) no Brasil, e Guantanamo (Cuba) também funcionam como reservas naturais, frequentemente com melhor desempenho que algumas unidades de conservação formais. Onde os militares mostram preocupação ambiental estas áreas têm sido incluídas em programas de conservação, como na Espanha onde o projeto de reintrodução do ameaçado íbis *Geronticus eremita* é conduzido numa área de treino militar.

A percepção de que pessoas podem comprometer e mesmo extinguir recursos naturais remonta à antiguidade, de modo algum sendo uma invenção moderna. Mecanismos que resultaram em territórios onde o uso da fauna e flora era deliberadamente restrito, controlado ou mesmo proibido têm um longo histórico e não são privilégio de sociedades literatas.

Conservando Espécies e Ecossistemas

Sociedades com mecanismos de coerção eficientes (da punição física ao ostracismo social) estabeleceram áreas protegidas muito cedo na história das civilizações, com a religião sendo um desses mecanismos. Bosques e lagos sagrados é uma característica de várias culturas na África e Ásia de hoje, mas também o foram das civilizações romana e grega. Os povos europeus germânicos e celtas também tinham bosques e árvores sagrados e é significativo o grande número de santos católicos antiecológicos que têm no seu currículo a derrubada de um carvalho ou olmo sagrado para os "pagãos".

A reserva natural mais antiga do mundo ainda em funcionamento é resultado da religião. Bogd Khan Uul (cerca de 50 mil ha) fica próxima à capital da Mongólia, Ulaanbaatar, e deriva seu nome de uma montanha considerada sagrada desde tempo imemorial. Em 1778, sob o governo dos imperadores Manchu, foram passadas leis proibindo a caça, o pastoreio e o corte de árvores na área, a ser utilizada apenas para fins religiosos e aqueles que hoje se chamariam contemplativos. Mais recentemente a montanha sagrada ganhou status protegido segundo conceitos modernos.

Por outro lado, governos centralizados, com classes dominantes, rapidamente monopolizaram o uso de territórios, criando reservas de uso restrito. Reis assírios, governantes hindus, imperadores chineses, nobres normandos e poloneses, tsares russos, magnatas do petróleo e rancheiros texanos, entre muitos, estabeleceram grandes territórios onde tinham o monopólio sobre o uso dos recursos naturais, geralmente sob a forma de parques de caça. Alguns também estabeleceram estes territórios com base na combinação da religião com conceitos de conservação similares aos atuais.

Em 252 A.P., o imperador Ashoka proibiu a caça, a pesca e o corte de árvores em extensa área na atual Índia, enquanto, em 684, o rei Srivijya fez o mesmo em Sumatra. Muitas dessas antigas áreas não sobreviveram ao tempo, mas vários parques de caça tornaram-se refúgio de espécies extintas em outros lugares e, com o tempo, se tornam parques nacionais ou outras reservas destinadas a usos mais benignos, como Bharatpur na Índia, Doñana e Sierra de Gredos na Espanha, Bialowieza na Polônia e a Estação Ecológica Caetetus em São Paulo.

O mito moderno de que unidades de conservação são uma invenção do imperialismo norte-americano resulta da ignorância da História ou de ideologia manca levando à sua leitura seletiva. A preocupação com a conservação de territórios onde atividades humanas são restritas é muito anterior à criação do primeiro espaço a receber o nome de parque nacional (Yellowstone, nos Estados Unidos), já em 1872.

Aqui não há espaço para contar a história do movimento conservacionista moderno, mas deve ser mencionado que o conceito de espaços naturais protegidos floresceu no fim do século XIX e início do século XX em um cenário de estados nacionais fortes, um movimento romântico que pregava a volta à Natureza, a valorização desta como parte da identidade nacional e a consciência de que a civilização estava avançando em detrimento de uma Natureza que não era mais vista como uma inimiga a ser derrotada, mas um tesouro nacional a ser conservado.

É interessante que, durante esse período de institucionalização das áreas protegidas, alguns dos maiores defensores e financiadores de parques e outras reservas foram governantes e membros influentes da sociedade que também eram caçadores esportivos, como o presidente norte-americano Theodore

Roosevelt, e mecenas que também financiaram museus, universidades e coleções de arte, como John D. Rockfeller Jr. O fenômeno do bom capitalista ativamente engajado na conservação de espaços naturais continua até hoje, tanto no Brasil – onde reservas privadas abertas ao público (como Salto Morato, no Paraná) foram criadas, tanto por indivíduos como por fundações privadas – como no exterior, onde parques nacionais inteiros (como Camdeboo, na África do Sul) foram doados à população.

Se há algo que o conceito moderno de parques nacionais e outras áreas protegidas introduzido pelos norte-americanos trouxeram de novo foi a ideia revolucionária de que a Natureza era um bem a ser desfrutado por todos e que um território deveria ser protegido não para o ganho ou prazer de um pequeno grupo ou elite, mas de toda a sociedade.

Este fato frequentemente escapa ou é oculto pelos detratores das unidades de conservação de proteção integral (veja adiante), que em geral consideram a ideia de alocar espaços para a conservação da Natureza uma "herança conservadora" e defendem exatamente a privatização de espaços e recursos que deveriam ser desfrutados por todos.

Unidades de conservação como parques nacionais e outras áreas criadas formalmente com o propósito específico de proteger a Natureza e coibir o uso direto de recursos naturais são um dos instrumentos mais efetivos para a conservação de espécies e ecossistemas. Áreas efetivamente implantadas não têm rivais quando se trata de bloquear atividades danosas e, ao mesmo tempo, manter populações saudáveis de espécies exploradas comercialmente ou para subsistência. Ao mesmo tempo, quando abertas à visitação e adequadamente manejadas, essas áreas têm sido instrumentos efetivos para impulsionar economias locais e nacionais. Às vezes, as UCs são bem-sucedidas demais e se tornam pólos de atração de populações em busca de oportunidades econômicas, gerando problemas para a área.

Estudos demonstram que as unidades de conservação devem permanecer como o componente central de estratégias de conservação, já que grande parte da biodiversidade tropical é incapaz de persistir fora de áreas efetivamente protegidas. As UCs (junto com crises econômicas e ausência de acesso) também são os mais efetivos instrumentos para impedir a ocupação ilegal e o desmatamento. Tanto a criação de novas reservas como a detecção dos problemas nas existentes são medidas fundamentais para a conservação da biodiversidade no longo prazo.

Do ponto de vista legal, o conceito de unidades de conservação abrange um gradiente de categorias com intensidades de uso decrescentes. Com base nesse gradiente de uso, a União Internacional para Conservação da Natureza reconhece seis categorias de unidades de conservação:

1. reservas naturais estritas manejadas principalmente para fins científicos e/ou para a proteção da Natureza;

2. parques nacionais destinados à recreação e proteção de ecossistemas;

3. monumentos naturais destinados à conservação de características naturais específicas, em geral, paisagens e formações geológicas;

4. áreas de manejo voltadas à conservação de espécies e/ou habitats;

5. paisagens manejadas para conservar atributos cênicos e permitir a recreação;

6. áreas protegidas com recursos manejados, onde recursos naturais são explorados de maneira sustentável.

No Brasil esse gradiente é dividido pelo Sistema Nacional de Unidades de Conservação (SNUC – Lei n. 9.985 de 18 de julho de 2000) em dois grupos de categorias, as chamadas unidades de conservação (UCs) de "uso sustentável" e as de "proteção integral". Segundo o SNUC as UCs de uso sustentável são destinadas a compatibilizar a conservação da Natureza com o uso sustentável de parcela de seus recursos naturais. As categorias nomeadas pela lei são:

1. Área de Proteção Ambiental (APA): área em geral extensa, em terras públicas e/ou privadas, com ocupação humana (inclusive áreas urbanas), que tem o objetivo básico de proteger a diversidade biológica, disciplinar o processo de ocupação humana e assegurar a sustentabilidade do uso de recursos naturais.

2. Área de Relevante Interesse Ecológico (Arie): área em terras públicas e/ou privadas, em geral pequena, com pouca ou nenhuma ocupação humana, que tem como objetivo manter ecossistemas naturais e regular o uso admissível dessas áreas.

3. Floresta Nacional (Flona): área em terras públicas destinada à exploração de recursos florestais e à pesquisa científica.

4. Reserva Extrativista (Resex): área em terras públicas utilizada por populações extrativistas tradicionais, que também praticam agricultura de subsistência e criação de pequenos animais, que tem como objetivo proteger os meio de vida e subsistência dessas populações e o uso sustentável dessas unidades.

5. Reserva de Fauna: área em terras públicas destinada a estudos sobre o manejo econômico de recursos faunísticos.

6. Reserva de Desenvolvimento Sustentável (RDS): área de domínio público que abriga populações tradicionais com sistemas sustentáveis de exploração de recursos naturais que desempenham papel fundamental na proteção da natureza e na manutenção da diversidade biológica.

7. Reserva Particular do Patrimônio Natural (RPPN): área privada gravada em perpetuidade com o objetivo de conservar a diversidade biológica.

As UCs de proteção integral têm como objetivo preservar a Natureza, sendo admitido apenas o uso indireto de seus recursos naturais. As categorias definidas pelo SNUC são:

1. Estação Ecológica (Esec): área de domínio público destinada à preservação da Natureza e pesquisas científicas, com visitação permitida apenas com fins educacionais.

2. Reserva Biológica (Rebio): área de domínio público destinada à preservação integral da biota, permitindo-se a pesquisa científica e a visitação com fins educacionais.

3. Parque Nacional (Parna): área de domínio público destinada à preservação de ecossistemas naturais de grande relevância ecológica e beleza

cênica, pesquisas científicas, atividades de educação, recreativas, de contato com a natureza e turismo ecológico.

4. Monumento Natural (MN): área de domínio público ou privado destinada a preservar sítios naturais raros, singulares ou de grande beleza cênica, permitindo a visitação.

5. Refúgio de Vida Silvestre (RVS): área de domínio público ou privado destinada a proteger sítios necessários para a existência ou reprodução de comunidades da fauna residente ou migratória e da flora local.

Estados com sistemas próprios de unidades de conservação (como São Paulo, Rio de Janeiro, Tocantins e Minas Gerais), em geral, seguem a nomenclatura e definições do sistema nacional, embora haja especificidades. O Amazonas adota as categorias Estrada-Parque e Rio Cênico, a última também sendo utilizada no Tocantins. Essas UCs são de uso sustentável em forma de faixas lineares em áreas de domínio público ou privado, compreendendo a totalidade ou parte de uma estrada ou rio, destinando-se à sua integridade paisagística e ecossistêmica.

Um total de 12,9% da superfície terrestre é formalmente protegida (mas a diferença entre o determinado por lei e a realidade é bastante significativa, como ocorre no Brasil) e há estudos sugerindo que 25% da superfície terrestre e 15% dos oceanos do planeta deveriam ser protegidos para evitar extinções e manter serviços ambientais. Além da efetiva implantação de áreas já criadas legalmente tornando realidade os muitos "parques de papel", claramente há a necessidade de uma expansão agressiva da área de unidades de conservação de categorias que realmente façam diferença em questões como o desmatamento, supressão de incêndios, conservação de recursos hídricos e proteção de espécies, além do incentivo à construção e manutenção de paisagens sustentáveis (veja adiante).

Em 2010, o Brasil destinava mais de 750.000 km² a unidades de conservação federais de todas as categorias, ou cerca de 9% do território nacional. Por sua vez, as UCs estaduais e municipais abrangem 422.000 km² e 35.000 km². Como demonstrado nos capítulos anteriores, as UCs correspondem a menos de 5% do território de todos os biomas menos a Amazônia, e o Brasil está longe de ter um sistema de UCs que possa ser considerado suficiente. Há grandes lacunas na sua representatividade e muitas espécies não possuem populações viáveis protegidas pelo sistema de UCs.

A necessidade de ampliar a área ocupada por UCs se choca com a realidade de um planeta onde comunidades humanas existem em praticamente toda sua superfície, exceto onde há extremos de temperatura e falta aguda de água. A competição por espaço entre *Homo sapiens* e o resto das formas de vida no planeta é tanto a causa da atual crise da biodiversidade como o maior obstáculo à sua solução.

As chamadas Reservas da Biosfera propostas pela Unesco a partir de 1970 são uma tentativa de conciliar desenvolvimento econômico e proteção da Natureza, consistindo em grandes mosaicos de áreas sob diferentes graus de proteção. Embora o conceito seja interessante e tenha algum peso político, sua implementação (como a das Áreas de Proteção Ambiental) é bastante complexa e sua efetividade frágil.

No Brasil existe a Reserva da Biosfera da Mata Atlântica (RBMA), reconhecida entre 1991 e 2002 com 35 milhões de ha ao longo do bioma Mata Atlântica. Sua missão é a de contribuir de forma eficaz para o estabelecimento de uma relação harmônica entre as sociedades humanas e o ambiente na área da Mata Atlântica, o que tem sido atingido por meio do apoio à criação e manejo de UCs, integração entre atores responsáveis pela gestão do território e apoio a atividades consideradas mais sustentáveis. A ação política da RBMA tem sido contraponto importante a projetos desenvolvimentistas equivocados que afetariam áreas naturais.

O Sistema Nacional de UCs mostra problemas tanto no conceito como na atribuição de várias das categorias de UCs no SNUC que demandam o aprimoramento da legislação. Por exemplo, as RPPNs, consideradas sob a categoria de "uso sustentável", na prática são manejadas como as várias UCs de uso indireto (exceto estação ecológica), a critério do proprietário. A diferença prática entre Reservas Biológicas e Estações Ecológicas é insignificante, assim como aquelas entre Reservas Extrativistas e Reservas de Desenvolvimento Sustentável, inclusive na sua forma de gestão por um conselho deliberativo. A existência de categorias com nomes distintos parece ser mais resultado de imperativos políticos do que consistência técnica.

O pressuposto baseado mais em esperanças politicamente corretas do que em Ciência abriu o caminho para a ocupação humana em áreas que deveriam ser protegidas. Os conceitos de que podemos utilizar recursos naturais sem causar algum nível de perda de biodiversidade e que sociedades "tradicionais" têm mecanismos internos que impedem usos não sustentados estão simplesmente errados, mas mesmo assim embasam muito da filosofia por trás do SNUC. O mesmo vale para uma perniciosa confusão entre conservação e direitos de uso por populações ditas tradicionais.

Unidades de "uso sustentável" mostram diversos problemas tanto em relação a seu conceito como em relação à forma como são manejadas, permitindo questionar se são realmente unidades de conservação, no sentido de terem ecossistemas e biodiversidade como finalidade primeira, ou se deveriam ser consideradas como espaços com limitações de uso meramente auxiliares às primeiras.

Por exemplo, Áreas de Proteção Ambiental poderiam ser definidas como áreas onde o Código Florestal é respeitado, de forma que, se a lei fosse respeitada, o Brasil como um todo seria uma APA. Essa é uma categoria com grau de proteção que tem se mostrado extremamente frágil, sendo a favorita de governos que desejam transmitir uma imagem verde sem criar conflitos, já que não envolvem desapropriações e, no geral, não são estabelecidos zoneamentos ou normas de uso aplicáveis.

A criação de APAs tem sido no geral, inócua para a conservação da Natureza, como exemplificado pelas enormes APAs criadas em estados como Bahia, Pará e Tocantins. Isso poderia mudar, e as APAs poderiam se tornar instrumentos efetivos para criar paisagens sustentáveis, se normas de uso cientificamente definidas fossem implementadas juntamente com mecanismos de incentivo à sua adoção e punição a infratores. Algumas áreas caminham nesse sentido, como APAs estaduais em São Paulo e a APA federal da Serra da Mantiqueira, mas há um longo caminho até que essa categoria de manejo seja utilizada em todo seu potencial.

Os pressupostos do "desenvolvimento sustentável" e "uso sustentável" dos recursos naturais fazem parte das próprias definições legais de Reservas Extrativistas e Reservas de Desenvolvimento Sustentável e parecem resultar menos de fatos científicos e mais da visão mítica de que populações tradicionais (no Brasil sinônimo de qualquer grupo humano pobre que viva na zona rural) necessariamente vivem em "harmonia com a Natureza". A realidade é bastante diferente e abundam casos de uso insustentável de recursos naturais, de castanhas-do-brasil a espécies cinegéticas. Problemas sérios são a continuada (embora proibida) caça de peixes-boi, mutuns-fava *Crax globulosa* e botos em várias RDS nas várzeas do Amazonas, e a expansão das pastagens e da extração de madeira dentro de Resex, no Acre.

As Reservas Extrativistas estabelecidas pelo Ministério do Meio Ambiente pouco diferem dos Assentamentos Extrativistas estabelecidos pelo Incra, que não fazem parte do SNUC e são encarados pelo que são de fato: áreas de reforma agrária voltadas à produção. De fato, a origem das Resex está na luta pela terra – e não em preocupações ambientais –, com a "defesa da floresta" pelo movimento seringueiro e similares sendo meramente *greenwashing* que deu maior credibilidade a demandas por terra e ao apoio pela opinião pública.

É bastante discutível se reservas extrativistas deveriam ser consideradas unidades de conservação, já que, na prática, são parques antropológicos onde a conservação da Natureza é uma das últimas prioridades (apesar do discurso de seus apoiadores). Estudos recentes na Amazônia mostram que taxas de desmatamento no interior de reservas extrativistas pouco diferem do observado em áreas próximas não protegidas – pois seus ocupantes, quando podem, tornam-se criadores de gado entusiasmados, – e que são comuns extinções de espécies exploradas. A icônica Reserva Extrativista Chico Mendes, onde a pecuária está em expansão, é um exemplo do fracasso dessas áreas como unidades de conservação.

Em uma vertente mais positiva, reservas extrativistas também foram criadas em áreas marinhas com o resultado prático de restringir ou monopolizar seu uso para um grupo reduzido, em geral, excluindo a pesca industrial e suas práticas danosas. Em algumas reservas há casos de recuperação de espécies exploradas quando foram estabelecidas áreas de exclusão de pesca, o que apenas reforça o ponto focal de qualquer área protegida: a busca da redução do impacto humano sobre os recursos naturais. Em outras palavras, se uma reserva extrativista merece ser chamada de unidade de conservação, então deve ter áreas em seu interior que funcionem como reservas estritas, de proteção integral.

Esse mesmo princípio se aplica a áreas que, no Brasil, têm sido deliberadamente confundidas com unidades de conservação ou chamadas de "territórios protegidos", as terras indígenas e territórios quilombolas. Estas serão discutidas na próxima seção.

Enquanto até a década de 1980, havia uma ênfase na criação de UCs de proteção integral, a partir dessa década (e da famosa conferência Rio 92) a apropriação da questão ambiental por movimentos sociais que lutavam pela posse da terra, como índios e seringueiros, a criação de mártires convenientes e a estratégia bem-sucedida de vender para a opinião pública a ideia de que a melhor forma de conservar áreas naturais seria entregá-las a esses grupos resultaram na maior ênfase na criação de UCs de uso sustentável que, além de tudo, têm apelo político e resultam em um eleitorado fiel. Isso, por exemplo, resultou na transformação em reservas extrativistas de áreas antes propostas como parques nacionais ou outras UCs de proteção integral, não raro usando dados inflados sobre a população local como argumento. Um exemplo foi a mutilação do Parque Nacional Serra da Cutia, em Rondônia.

Ao mesmo tempo passou-se a apregoar modelos de "conservação com desenvolvimento de base comunitária" e uma descentralização da gestão das UCs e da destinação dos fundos destinados à conservação. A ênfase em projetos de "conservação com desenvolvimento" teve o resultado prático de desviar recursos que seriam aplicados em conservação efetiva para suprir demandas sociais (escolas, fábricas, estradas, postos de saúde, eletricidade etc.) de comunidades no entorno ou no interior de áreas protegidas. Embora possam ser demandas válidas (conforme a situação), o efeito prático foi drenar recursos das atividades-fim das UCs, uma piora no estado de conservação das áreas, o aumento da pressão demográfica resultante da atração de imigrantes e o aumento na pressão de exploração de recursos naturais no entorno e no interior das UCs.

O problema central desses projetos é a substituição dos esforços de conservação focados na biodiversidade e nos ecossistemas por algo que deveria ser apenas complementar a esses esforços, que é o desenvolvimento social dirigido de comunidades relevantes para que as pressões sobre as áreas protegidas sejam reduzidas e formas não destrutivas de uso de recursos naturais sejam promovidas. No geral, resultam em grande desperdício de recursos sem melhorar a situação das áreas protegidas e raramente gerando benefícios econômicos duradouros. Um exemplo acabado desse tipo de projeto equivocado é o Planafloro (Plano Agropecuário e Florestal de Rondônia), desenvolvido em Rondônia entre 1993 e 2002.

Essa mudança de ênfase para um pseudodesenvolvimento sustentado é um fenômeno mundial (o Banco Mundial parece ter predileção por esses projetos) e as reservas extrativistas são outro exemplo de sua aplicação no Brasil. Essas áreas já foram apregoadas como a solução para o "desenvolvimento sustentado" na Amazônia e consumiram boa parte dos recursos de programas de conservação voltados às florestas amazônicas (como o Programa Piloto para a Proteção das Florestas Tropicais do Brasil – PPG7) durante as décadas de 1990 e 2000, mas os resultados pífios desses investimentos – que favoreceram mais as finanças pessoais de "lideranças sociais" e consultores que a proteção das florestas – deveriam levar a uma reavaliação sobre a validade de se investir nessas áreas.

A transferência de áreas formalmente protegidas (e de recursos de projetos) aos seus ocupantes também é atraente para os políticos que comandam os governos, pois os poupa de conflitos, do espinhoso problema da regularização fundiária e da implantação e manejo efetivo dessas áreas. A falta de regularização fundiária (resultado do caos fundiário que caracteriza o Brasil e uma legislação inadequada) e falta de pessoal nas atividades-fim (em contraposição ao efetivo destinado à burocracia) sempre foram problemas crônicos das UCs brasileiras que levaram alguns a decretar a falência do modelo das UCs de proteção integral.

Isso é equivalente a dizer que, sendo os hospitais públicos caros, demorarem para ser construídos e por nunca terem médicos e equipamento suficientes, devemos abandonar esse instrumento de saúde pública e contratar benzedeiras e curandeiros de bairro.

Onde o modelo clássico de criação e manejo de UCs foi realmente implantado ele funciona, e bem – comumente, com as áreas protegidas sendo os motores da economia das regiões onde estão situadas –, constituindo instrumentos de transformação positiva. Exemplos não faltam em países de todo o espectro sociopolítico, incluindo alguns com problemas muito mais sérios que o Brasil, como a África do Sul e Botswana, e vale pensar o que seria a região de Foz do Iguaçu sem o parque nacional homônimo ou o sudeste do Piauí sem o Parque Nacional da Serra da Capivara, que causou uma revolução local que merece mais estudos. O problema não é apenas o fato de que implantar uma área de forma adequada demanda investimentos, mas também que os políticos que os autorizariam comumente representam os interesses privados que querem explorar as mesmas áreas.

Ninguém discute a justiça de resolver questões fundiárias e respeitar direitos legais. No entanto, entregar territórios a comunidades "tradicionais" definidas por critérios frouxos (como autodefinições) passa longe de necessariamente resultar na conservação da Natureza e no uso sustentável de recursos naturais. Todos os grupos humanos reagem a estímulos econômicos e utilizam recursos de forma predatória se há vantagens no curto prazo para isso.

O desastre causado por grupos indígenas aos quais foram entregues antigas UCs, como nos casos do Parque Nacional do Monte Pascoal, do Parque Nacional do Araguaia, do Parque Estadual Intervales e do Parque Estadual Ilha do Cardoso, mostra que a conservação da natureza passa longe dos interesses de vários desses grupos. Infelizmente, com apoio de órgãos que deveriam zelar pela conservação da biodiversidade, continua a tendência para se entregar mais UCs a grupos indígenas, como se articula agora a respeito dos Pataxós (grupo que destruiu parte de Monte Pascoal) que invadiram o Parque Nacional do Descobrimento (BA).

De fato, nos casos em que UCs são entregues a grupos indígenas (ou de qualquer etnia, por sinal) é o direito constitucional da sociedade maior a um meio ambiente sadio e íntegro que está sendo violado pelas atividades de um grupo, em prol do qual espaços públicos foram privatizados. Em vários países há questões similares de retorno da propriedade de áreas protegidas a grupos indígenas que têm levado de conflitos (como no Kenya, onde, em 2010, a transferência do parque nacional Tsavo aos Masai foi barrada pela Suprema Corte) a compromissos.

Na Bolívia e na África do Sul terras comunais pertencentes a grupos indígenas sobrepõem-se a parques nacionais, mas prevalecem as normas de uso ditadas pela última categoria. No Parque Nacional Kruger, um dos mais famosos do mundo, grupos indígenas que receberam "de volta" suas terras no interior do parque têm o direito sobre sua exploração turística, inclusive concessões de uso para *lodges* etc., mas não podem desenvolver atividades que a categoria parque nacional não permita.

Desde que adequadamente monitorada e acordada, esse tipo de situação seria adequada para casos em que UCs brasileiras foram criadas em áreas onde havia ocupação efetiva de povos indígenas na data da promulgação da Constituição de 1988, conciliando o disposto na lei (a posse da terra tradicionalmente ocupada por povos indígenas naquela data) com a conservação. O problema é que, ao contrário de outros países, os indígenas brasileiros são considerados incapazes, o que torna difícil punir aqueles que transgridam a legislação, acordos e contratos. Não podem ser outorgados direitos sem que haja responsabilidades equivalentes.

Além de questões conceituais e da competição por territórios entre UCs e grupos com demandas por terras, o manejo das UCs brasileiras demanda ajustes. Um problema é a ênfase excessiva na produção de planos de manejo complexos e caros, que levam muito tempo para ser elaborados e raramente são implementados, já que os recursos para promover eventos como oficinas participativas e gerar papel costumam ser muito maiores que os disponíveis para as atividades-fim das UCs. Uma maior racionalidade sobre como nortear as regras de uso das UCs seria bem-vinda.

Outra questão importante é que atividades de manejo voltadas à restauração das comunidades biológicas originais, como o controle e abate de espécies invasoras, reintroduções/translocações, manejo de recursos hídricos e restauração de áreas degradadas recebem pouca atenção no Brasil, isso quando não são encaradas de maneira francamente hostil por planejadores ambientais, como as primeiras sugestões de erradicar teiús introduzidos em Fernando de Noronha. Problemas como capins invasores e cães ferais em parques nacionais como Emas e Brasília devem ser enfrentados de maneira agressiva e cientificamente correta, como é feito em áreas protegidas como Galápagos. Comunidades incompletas por extinções locais, como as de queixadas no parque nacional Iguaçu, podem ser reconstituídas por meio de reintroduções, como feito rotineiramente em países como a África do Sul.

O SNUC introduziu diversos mecanismos "participativos", como audiências públicas e conselhos que, embora sejam teoricamente positivos, na prática, dificultaram tremendamente a criação de novas UCs e, conforme a situação local, engessam a administração das áreas. O democratismo que se tornou moda na gestão das UCs brasileiras, com uma gestão que inclui conselhos deliberativos e consultivos, associado ao fato de que estes comumente são a única forma de contato entre comunidades com demandas e o que é visto como o Governo que deveria provê-las, muitas vezes torna essa forma de gestão pouco produtiva por focar em questões que não se referem à UC e por não caber à UC lidar com isso.

Isso não significa que a gestão de áreas protegidas não deva considerar a participação dos moradores da região onde se inserem ou ouvir o público usuário. A boa convivência com os vizinhos é o primeiro mandamento do gestor de uma área protegida, e convertê-los em parceiros, não antagonistas, é o segundo. Mas a gestão de uma área protegida é uma questão técnica voltada a objetivos bem-definidos e que obedece a critérios científicos. Há claros limites aos compromissos que podem ser assumidos.

O que talvez seja um dos maiores problemas que afeta as UCs no Brasil é a limitada abertura de uma maioria das áreas de proteção integral (e mesmo algumas de uso "sustentável") à visitação. Não é possível educar uma população sobre a importância da conservação e criar vínculos entre indivíduos e o mundo natural se as áreas onde isso poderia acontecer não são acessíveis ou hospitaleiras aos usuários. Isso poderia mudar com a concessão da exploração de serviços turísticos para a iniciativa privada, muito mais competente nesse campo que os governos. Essa é a regra em diversos países do mundo, como África do Sul, Chile, Argentina e Zâmbia, onde concessões sobre serviços ou mesmo porções de parques são leiloadas entre empreendedores que podem explorar atividades como hotelaria e safáris, dentro de critérios preestabelecidos, como a contratação de pessoal local e o respeito a determinados limites ambientais.

Também não ajuda o Brasil ter uma legislação sobre unidades de conservação com dispositivos idiotas que afastam públicos como os fotógrafos da natureza ou algumas categorias, como reservas biológicas, que não permitem o acesso de usuários que seriam úteis às finalidades da área, como observadores de aves.

Outro gargalo crônico é a escassez de pessoal para executar atividades de controle e manejo. Alguns países, como o Senegal e Nepal, mantêm destacamentos militares no interior de parques nacionais para auxiliar no combate à caça ilegal e outras infrações que demandam ações enérgicas (a África do Sul recentemente chamou seu Exército para auxiliar no combate a quadrilhas que estão dizimando os rinocerontes de seus parques). Essa fórmula poderia ser utilizada para a proteção e gestão de áreas nas fronteiras, como nos parques nacionais Pico da Neblina (AM) e Monte Roraima (RR), onde já há colaboração com os militares, e aquelas onde há grupos criminosos organizados, como na estação ecológica da Terra do Meio (PA). A proposta de criação de um serviço civil obrigatório alternativo ao serviço militar também poderia suprir as UCs com pessoal necessário às suas atividades, o que ocorre, por exemplo, na Nigéria.

Durante boa parte da história brasileira, a conservação da Natureza foi vista como uma atribuição do Estado. Mas, desde o início, houve proprietários de terras que conservaram áreas naturais por motivos variados, que vão da caça esportiva ao desejo de manter uma parcela da paisagem encontrada pelos pioneiros. Algumas dessas áreas deram origem a UCs como a estação ecológica de Caetetus (SP) e o parque estadual Mata dos Godoy (PR), mas seu precedente mais importante foi mostrar que áreas privadas, geridas por indivíduos e entes não governamentais, podem ser instrumentos efetivos de conservação.

Reservas privadas não são novidade no mundo, datando de milhares de anos. Modernamente, sua existência é reconhecida sob diversas formas, como as *conservancies* da África do Sul, bastante flexíveis com relação ao tamanho que podem ter e sua localização, e as Reservas Particulares do Patrimônio Natural (RPPNs) brasileiras, talvez uma das melhores ideias introduzidas nas últimas décadas.

Funcionando, na prática, como UCs de proteção integral, as RPPNs criadas por particulares protegem hoje parcelas importantes de grandes ecossistemas nos quais as UCs de domínio público ocupam pouca extensão, como no Pantanal onde as RPPNs mantidas pelo Serviço Social do Comércio (SESC) e Fundação Ecotrópica protegem áreas bastante extensas e de extrema importância ecológica. O mesmo é verdade na Mata Atlântica, onde proliferam RPPNs que estão sendo utilizadas para construir paisagens sustentáveis e são peça fundamental em projetos de conservação, como o voltado para o mico-leão-dourado *Leontopithecus rosalia* no Rio de Janeiro. Ali, as RPPNs não apenas abrigam parcela significativa da população total da espécie como também formam corredores conectando diversas áreas protegidas, tanto públicas como privadas.

Um fato relevante sobre o início da história das RPPNs foi a oposição política a algumas iniciativas, como a enfrentada pela Fundação O Boticário quando da criação da RPPN Salto Morato (PR) em 1994. No Brasil, há o estranho fenômeno de que compradores de terras de qualquer nacionalidade que desejam desmatá-las para atividades "produtivas" são bem-vindos e estimulados (como no Cerrado do Maranhão e Bahia), mas aquisições de áreas de porte com o objetivo de conservação, mesmo por instituições nacionais, são invariavelmente recebidas com xenofobia e acusações de "biopirataria", "imperialismo verde" e outras bobagens.

Como quase todas as iniciativas positivas que dependem do governo, o processo de reconhecimento de RPPNs sofre com a burocracia federal, com alguns processos arrastando-se por anos, e há mesmo funcionários públicos que, ativamente, desencorajam proprietários. Isso resultou em vários estados, como São Paulo, Espírito Santo e Tocantins estabelecendo sistemas próprios para tornar o processo mais rápido e atrativo.

A conservação da Natureza pela iniciativa privada é uma tendência com enorme potencial. Embora até hoje sua maior motivação seja filantrópica, ideológica ou por obrigação legal (como compensações ambientais), e os proprietários raramente obtenham alguma renda a partir de suas áreas, o estabelecimento de um mercado de serviços ambientais, já em discussão, que remunere os proprietários de áreas naturais, pode ser o estímulo que falta para proliferarem áreas protegidas onde se plantam carbono, água e um clima estável, com o resultado colateral de conservar espécies e ecossistemas.

Uma forma de "área protegida" (pelo menos assim nomeada em alguns contextos), as Terras Indígenas (TIs), que pertencem à União e são concedidas para usufruto de comunidades indígenas, cobriam cerca de 226 milhões de ha em 2010. Em alguns contextos, essas terras combinam grande extensão territorial com baixas densidades populacionais humanas. Os resultados são grandes extensões onde a conversão de habitats naturais é reduzida ou insignificante (o que é diferente de os níveis de exploração de algumas espécies serem sustentáveis). Isso é verdadeiro especialmente na Amazônia Legal, onde cerca de 20% de sua área é ocupada por terras indígenas com grande variedade de estados de conservação, oscilando entre o muito degradado e o praticamente prístino. Isso depende, em grande parte, de como as populações locais lidam com as pressões externas do setor madeireiro e do agronegócio.

A partir da década de 1990, muitos esforços foram feitos no sentido de equipar as Terras Indígenas às unidades de conservação de proteção integral, o que resultou na mudança de foco de alguns projetos de conservação. Embora seja fato que, na média, as TIs amazônicas mostram taxas de desmatamento (corte raso) similares às UCs de proteção integral na mesma região, também é fato que muitos grupos alegremente mantêm relações comerciais com madeireiros que exploram suas terras de maneira predatória, resultando em florestas degradadas. Isso ocorre, ou ocorreu no passado recente, mesmo em áreas icônicas como o parque indígena do Xingu. Ao mesmo tempo, padrões de exploração não sustentável de espécies cinegéticas são comuns, resultando em comunidades faunísticas empobrecidas ou mesmo em extinções locais.

O fato é que não há provisão efetiva que impeça a conversão de habitats naturais nas Terras Indígenas na mesma medida em que esta é permitida em áreas particulares na mesma região, se seus ocupantes assim o decidirem e apesar de o Código Florestal (ainda) considerar as Tis como Áreas de Preservação Permanente. Terras Indígenas são concedidas pela União para o bem-estar de seus ocupantes, não para a conservação do meio ambiente que é patrimônio de toda a sociedade. Ou seja, se essas áreas continuarão a ser importantes para a conservação, isso dependerá em grande parte das decisões tomadas por cada grupo indígena, e não por imposições legais inerentes à condição de Terra Indígena. Imagens de satélite, que podem ser consultadas via Google Earth, mostram que a opção por substituir o Cerrado por plantações, carvão ou pastagens já foi feita por grupos como Kadiweu, Xavante e Pareci.

Vale a pena observar o que ocorre em TIs situadas fora da Amazônia, no Cerrado, na Caatinga e na Mata Atlântica. Ali há uma combinação de áreas menores e alta natalidade, o que, além de constituírem experimentos naturais sobre a "sustentabilidade" dos modos de vida dos povos indígenas (nenhum adaptou sua população aos limites impostos por um território limitado), também mostra como será o futuro possível das grandes áreas ainda pouco povoadas.

Isso não quer dizer que as TIs não tenham um papel importante a cumprir para a conservação e que todas acabarão como pequenas Ilhas da Páscoa ou as áreas guarani em Mato Grosso do Sul. É óbvio que alguns grupos indígenas têm sido agentes positivos na conservação da Natureza e no combate ao desmatamento, como os Uru-Eu-Wau-Wau (Djupau), em Rondônia; e a confederação de povos do parque indígena do Xingu, em Mato Grosso. Quem dera todos os grupos se comportassem dessa maneira. O ponto a ressaltar é que as TIs não são uma panaceia. Sua efetividade dependerá muito de decisões que serão tomadas no futuro (e não de limites definidos de antemão) e, como ocorre com propriedades privadas, sua importância para a conservação será definida caso a caso, e não como decorrência natural de serem TIs.

O mesmo pode ser dito sobre outro tipo de território que, em alguns casos, também abriga extensões importantes de habitats naturais. Estes são as áreas quilombolas, uma peculiar forma brasileira de reforma agrária de fundo étnico que doa títulos de posse coletivos[5] aos ocupantes de determinada área.

Apesar dos esforços farsescos de alguns setores em equiparar o tratamento legal das áreas quilombolas às Terras Indígenas, há óbvias diferenças tanto conceituais (comunidades afrodescendentes são introduções europeias, comunidades indígenas são autóctones), como na questão da posse da terra. Enquanto TIs pertencem à União – que dá seu usufruto às comunidades indígenas –, os quilombos são, efetivamente, propriedades privadas que pertencem a associações de moradores, da mesma maneira como uma fazenda pode pertencer (e em geral é o caso) a uma empresa com vários sócios e acionistas.

Como ocorre com fazendas, quilombos não têm, *a priori*, restrições maiores à exploração de recursos naturais que as observadas por qualquer propriedade rural na mesma área. E, como outras propriedades privadas, poderiam ser desapropriados e os detentores de títulos indenizados se o governo houvesse por bem dar um destino de interesse às suas terras, como a criação de uma UC de proteção integral. De fato, o atual fenômeno de imitar procedimentos adotados com TIs, que mostram sobreposição com UCs, e se reconhecer quilombos (em geral autodeclarados e sem histórico que coadune com o espírito da Constituição) em unidades já existentes é claramente ilegal.

Terras indígenas, quilombos e propriedades privadas, assim, mostram notável similaridade pelo fato de que sua importância e efetividade para a conservação da Natureza resultam das decisões de seus ocupantes ou proprietários, obviamente com um balizamento legal (o Código Florestal), e não sua razão de existir, como ocorre com as unidades de conservação de proteção integral. Isso não quer dizer que não possam cumprir aquela função, apenas que não substituem as UCs, e estas jamais devem ser preteridas em prol daquelas.

---

5 Embora a Constituição não seja específica sobre isso, a posse coletiva é uma imposição ideológica de setores do governo que normatizaram o processo de titulação.

Literatura recomendada

ANDAM, K. S., P. J. FERRARO, K. R. E. SIMS, A. HEALY, M. B. HOLLAND. 2010. Protected areas reduced poverty in Costa Rica and Thailand. *PNAS* 107:9996-10001.

BRITO, M. C. W. 2000. Unidades de conservação: intenções e resultados. São Paulo: Annablume.

BRANDON, K., K. H. REDFORD, S. E. SANDERSON. 1998. *Parks in peril*: people, politics and protected areas. Washington: Island Press.

BRUNER, A.G., R. E. GULLISON, R. E. RICE, G. A. B. DA FONSECA. 2001. Effectiveness of parks in protecting tropical biodiversity. *Science* 5501:125-128.

CÂMARA, I. G. 2004. As unidades de conservação o paradigma de Durban. *Natureza e Conservação* 2(2):8-14.

CHAPE, S., J. HARRISON, M. SPALDING, I. LYSENKO. 2005. Measuring the extent and effectiveness of protected areas as an indicator for meeting global biodiversity targets. *Phil. Trans. R. Soc. B* 1454:443-455.

Conservancies na África do Sul. Disponível em: <http://www.conservancies.co.za>.

CORRÊA, M. S. 2007. Unidades de conservação no contexto político: setenta anos de equívocos. p. 292-295 In: M. L. NUNES, L. Y. TAKAHASHI & V. THEULEN (orgs.) *Unidades de conservação*: atualidades e tendências 2007. Curitiba: Fundação O Boticário de Proteção à Natureza.

CORRÊA, M. S., M. F. BRITO. 2006. *Água mole em pedra dura*: dez histórias de luta pelo meio ambiente. Rio de Janeiro: Aeroplano.

DIAMOND, J. 2005. *Colapso*: como as sociedades ecolhem o fracasso ou o sucesso. Rio de Janeiro: Record.

DOUROJEANNI, M. J. 2010. *Uma década com balancete questionável*. Disponível em: <http://www.oeco.com.br/marc-dourojeanni/24328-uma-decada-com-balancete-questionavel>.

DOUROJEANNI, M. J., M. T. J. PÁDUA. 2007. *Biodiversidade*: a hora decisiva. Curitiba: Editora UFPR.

DUNCAN, D., K. BURNS. 2009. *The national parks*: America's best idea. New York: Knopf.

FERREIRA, L.V., E. VENTICINQUE, S. ALMEIDA. 2005. O desmatamento na Amazônia e a importância das áreas protegidas. *Estudos Avançados* 19(53):1-10.

FRANCO, J.L. A., J. L. DRUMMOND. 2009. *Terras de quilombolas e unidades de conservação*: uma discussão conceitual e política, com ênfase nos prejuízos para conservação da Natureza. Curitiba: Grupo Iguaçu / Rede Pró UC. Disponível em: <164.41.2.88/drummond/pub/down.cfm?arq=quilombolas3.pdf>. Acesso em: 1 dez. 2010.

Fundação Ecotrópica. Disponível em: <http://www.ecotropica.org.br/>.

HUMES, E. 2009. Eco Barons: The dreamers, schemers, and millionaires who are saving our planet. New York: Ecco Publishing.

ICMBio. *Cadastro Nacional de Unidades de Conservação*. Disponível em: <http://www.mma.gov.br/sitio/index.php?ido=conteudo.monta&idEstrutura=119>.

KRAMEr, R., C. VAN SCHAIK, J. JOHNSON. 1997. *Last stand*: protected areas and the defence of tropical biodiversity. New York: Oxford University Press.

MCKEE, J. K. 2003. *Sparing Nature: the conflict between human population growth and Earth's biodiversity*. New Jersey: Rutgers University Press.

NEPSTAD, D., S. SCHWARTZMAN, B. BAMBERGER, M. SANTILI, D. RAY, P. SCHLESINGER, P. LEFEBVRE, A. ALENCAR, E. PRINZ, G. FISK, A. ROLLA. 2006. Inhibition of Amazon deforestation and fire by parks and indigenous lands. *Conservation Biology* 20: 65-73.

OATES, J. F. 1999. *Myth and reality in the rain forest*: how conservation strategies are failing in West África. Berkeley: University of California Press.

OLMOS, F. 2006. *As reservas extrativistas são unidades de conservação?* 15 jul.

2006. Disponível em: <http://www.oeco.com.br/index.php/fabio-olmos/44-fabio-
-olmos/16765-oeco17657>.

OLMOS, F. 2007. *Nossos bantustões*. Disponível em: <http://www.oeco.com.br/index.
php/fabio-olmos/44-fabio-olmos/18327-oeco_25273>.

Rede Pró Unidades de Conservação. Disponível em: <http://www.redeprouc.org.br>.

RUNTE, A. 2003. O que é certo para o mundo – a conservação em uma perspectiva histórica. *Natureza e Conservação* 1(1):8-12.

SOARES-FILHO, B., P. MOUTINHO, D. NEPSTAD, A. ANDERSON, H. RODRIGUES, R. GARCIA, L. DIETZSCH, F. MERRY, M. BOWMAN, L. HISSA, et al. 2010. Role of Brazilian Amazon protected areas in climate change mitigation. *PNAS* 107:10821-10826.

TERBORGH, J. 1999. *Requiem for Nature*. Washington: Island press.

TERBORGH, J. 2003. A arca de Noé ou porquê precisamos de parques. *Natureza e Conservação* 1(2):9-15.

TERBORGH, J., C. VAN SCHAIK, L. DAVENPORT, M. RAO. 2002. *Tornando parques eficientes*: estratégias para conservação da Natureza nos trópicos. Curitiba: Editora UFPR.

URBAN, T. 1998. *Saudade do matão*: relembrando a história da conservação da Natureza no Brasil. Curitiba: Editora UFPR.

VREUGDENHIL, D. 2004. Manejo de áreas protegidas; necessidade de integração entre a biodiversidade e aspectos sociais. *Natureza e Conservação* 2(1):11-17.

4.3 Paisagens sustentáveis

"O analfabetismo científico é um problema em praticamente todo o mundo. Com o agravante de que, diferentemente do analfabetismo literal, muitas vezes não chega a ser reconhecido como um problema, mesmo entre as parcelas mais educadas e/ou poderosas da sociedade."

Carlos Orsi, jornalista brasileiro

A Ciência têm demonstrado que áreas extensas de habitats naturais tendem a ser mais ricas em biodiversidade e mais resilientes a perturbações (como eventos climáticos extremos e incêndios) que áreas pequenas. O princípio básico é que quanto maior, melhor. Também têm mostrado que determinados habitats podem ter uma importância maior para a manutenção de comunidades biológicas do que sua extensão levaria a crer, destacando-se aqui as florestas ripárias, várzeas e outros habitats associados a corpos d'água. Também aprendemos que as respostas de uma comunidade biológica e das espécies que a compõem à fragmentação podem variar bastante, de acordo com situações locais. Embora haja regras gerais, o manejo de determinado espaço e seus ecossistemas deve obedecer a suas peculiaridades.

A conservação de ecossistemas e espécies é, em grande medida, sinônimo de gestão de território. Áreas onde atividades humanas são bastante restritas, como as unidades de conservação de proteção integral, estão em uma extremidade do espectro de intensidades de uso possíveis. É incontestável que um número enorme de espécies, de musgos a rinocerontes, hoje não existiriam se as UCs não tivessem sido criadas; essas áreas são a espinha dorsal dos esforços para salvar a vida na Terra.

Há a necessidade de expandirem-se essas áreas, e uma opção é buscar a conexão entre UCs mais ou menos próximas formando "corredores ecológicos" ou "mosaicos de conservação". Essa abordagem tornou-se recentemente popular no mundo, havendo exemplos brasileiros como a tentativa de conectar os parques nacionais Serra da Capivara e Serra das Confusões (PI), o mosaico de áreas protegidas do Jalapão (TO, MA e BA) e o Corredor da Amazônia Central (AM). Em vários casos, a conexão entre diferentes UCs só é viável por meio da inclusão de áreas particulares, o que pode ser viabilizado pela criação de RPPNs ou da adequação das propriedades rurais à legislação ambiental (veja adiante), como é o caso dos projetos (em andamento) de estabelecer o Corredor Ecológico Araguaia-Tocantins (GO-TO) e o Corredor Central da Mata Atlântica (BA, ES e RJ).

A expansão dos territórios protegidos também deve ir além de territórios nacionais. A Natureza não reconhece fronteiras políticas e os ecossistemas podem constituir entidades únicas compartilhadas por mais de um país, viabilizando a criação de mosaicos de conservação e corredores ecológicos. Esforços para a criação de parques ao longo de fronteiras políticas, tanto para viabilizar a conservação de ecossistemas como para dar uma solução correta a conflitos por terras disputadas, têm um longo histórico e, no Brasil, os parques nacionais Pico da Neblina, Tumucumaque e Iguaçu têm contrapartes na Venezuela, na Guiana Francesa e na Argentina.

Alguns projetos recentes, especialmente na África, visam a recriação de grandes ecossistemas e processos naturais, como o ambicioso *Great Limpopo Transfrontier Park*, cobrindo 35 mil km^2 (de planejados 100 mil para a segunda fase) entre África do Sul (incluindo o famoso parque nacional Kruger), Moçambique e Zimbabwe, e a *European Greenbelt*, que vai do Mediterrâneo à Escandinávia e inclui antigas áreas militares da "Cortina de Ferro".

A redução, a fragmentação e o isolamento de ecossistemas estão entre as maiores causas da perda da biodiversidade. As condições presentes em uma floresta contrastam drasticamente com as de plantações de culturas anuais ou pastagens que frequentemente as substituem, a maioria das espécies nativas não sendo apenas incapaz de se manter nos novos habitats artificiais, mas também de mover-se através deles.

Enquanto um lobo-guará *Chrysocyon brachyurus* ou suçuarana *Puma concolor* podem facilmente se mover entre fragmentos de floresta no interior de São Paulo, atravessando canaviais, rodovias e plantações de eucalipto (o que explica a presença atual dessas espécies na região), anfíbios e insetos que vivem no folhiço e aves do sub-bosque florestal simplesmente são incapazes disso, não sendo surpresa que várias espécies estejam extintas na mesma região. Essas espécies são simplesmente incapazes de manter populações viáveis nos cacos de habitat remanescente que restam.

Pesquisas científicas têm determinado o percentual de uma paisagem que deve ser coberto por habitats naturais ou seminaturais a fim de permitir o chamado "limiar de percolação". Este se refere à quantidade mínima de habitat necessária numa determinada paisagem para que uma espécie, que não tem capacidade de sair de seu habitat, possa cruzar a paisagem de uma ponta a outra. Ou seja, para que ocorra fluxo de indivíduos (e genes) através da paisagem. A resposta a esta pergunta responde à famosa questão de quanto deve ser conservado para mantermos a biodiversidade de uma região, utilizando-se, como indicador, espécies incapazes de utilizar áreas antrópicas.

Esse valor foi definido, em simulações de computador, em 59,3%, o que deve ser visto como uma regra geral. Abaixo desse limiar há uma mudança brusca na estrutura da paisagem, com redução no tamanho dos fragmentos, aumento no número destes e no seu isolamento, resultando em paisagens fragmentadas com capacidade reduzida de manter sua biodiversidade original. Experimentos na Amazônia corroboram que há mudanças estruturais bruscas no limiar de 60%, e a evidência disponível apoia a necessidade de manutenção de 60 a 70% do habitat remanescente a fim de manter a conectividade, valor similar ao que resultaria da aplicação do Código Florestal brasileiro quando se considera o disposto para as reservas legais e áreas de preservação permanente (veja adiante).

A questão é que isso raramente é possível. Até 2010, cerca de 35% da superfície não glacial do planeta foi ocupada ou modificada pela agricultura e pecuária. No Brasil, cerca de 30% do território é ocupado pela agricultura e (principalmente) pecuária e há regiões, como na Mata Atlântica de Pernambuco e Alagoas e a do interior de São Paulo, onde a cobertura vegetal natural é inferior a 5%. Por exemplo, o município de Campinas (SP), uma das economias regionais emergentes, tem apenas 2,5% de cobertura natural. A opção de conservar áreas naturais suficientes para manter a biodiversidade em parte significativa do Brasil simplesmente não existe porque já as destruímos (em boa parte à revelia da lei); a maior parte das regiões demanda restauração ecológica (veja adiante).

Pesquisas nas regiões ocupadas há mais tempo mostram que há um limiar abaixo do qual os efeitos da perda de habitat se somariam aos efeitos de sua fragmentação. Acima desse chamado "limiar de fragmentação", situado ao redor de 30% de habitat remanescente, os efeitos de perda de populações e biodiversidade seriam consequência da perda de habitat, enquanto abaixo deste os efeitos da subdivisão do habitat se tornam mais intensos. Apesar do limiar de 30% não ter evidência empírica tão robusta, estudos no Brasil mostram que paisagens abaixo desse limite apresentam apenas fragmentos pequenos e sofreram grande perda de espécies e comunidades. Assim, o limiar de 30% poderia ser considerado o mínimo de cobertura nativa que uma paisagem intensamente utilizada deveria ter.

Além de limiares de percolação e fragmentação, o conceito de Populações Mínimas Viáveis tem sido bastante utilizado pelos biólogos da conservação e planejadores ambientais para estimar as áreas mínimas de habitat necessárias para manter populações de uma determinada espécie no longo prazo. Embora modelagens matemáticas sugiram valores da ordem de 100 a 500 exemplares para uma população reprodutivamente ativa (que seria apenas parte da população total), evidências empíricas descartam a existência de um valor único aplicável a todas as espécies, ao mesmo tempo em que apoiam o princípio de que quanto maior a área de habitat, melhor. Essa área não necessita ser necessariamente contínua, com uma espécie podendo se manter em uma paisagem de ilhas de habitat, cada uma com uma metapopulação própria, desde que haja fluxo de indivíduos (e genes) entre as diferentes áreas.

Há evidências abundantes de que muitas unidades de conservação são pequenas demais para manter populações viáveis de todas as espécies que deveriam conservar, e extinções são comuns em reservas isoladas, como documentado para grandes mamíferos em parques na América do Norte e África. O mesmo ocorre no Brasil, onde várias pequenas reservas de Mata Atlântica perderam parcela importante de suas aves florestais, enquanto grandes mamíferos foram localmente extintos em muitas áreas protegidas tanto pela caça, como pelo isolamento de populações pequenas demais para serem viáveis.

É evidente que as UCs de proteção integral ocupam uma área insuficiente para conservar a biodiversidade. A isso se soma o fato de que muitas espécies simplesmente não ocorrerem nas UCs existentes. Tão importante quanto isso, a área de muitas UCs também é insuficiente para manter serviços ambientais, especialmente aqueles que envolvem processos em larga escala, como a produção de chuva por florestas, a regulação climática e a recarga de aquíferos. Há sugestões de que pelo menos 25% da superfície terrestre não ocupada por desertos ou geleiras deveria ser mantida com cobertura natural (ou seminatural) para garantir a manutenção desses serviços e da biodiversidade atual.

A conclusão é que, embora as UCs de proteção integral sejam importantes e precisem ser ampliadas em número e extensão, a conservação de espécies (especialmente as intolerantes a atividades humanas) e ecossistemas deve ir além e incluir a criação e manejo de paisagens sustentáveis (ou paisagens "vivas"), onde biodiversidade e serviços ambientais possam conviver com atividades econômicas.

Como pode ter sido observado por qualquer um que tenha viajado de avião sobre o sul, sudeste, centro-oeste e nordeste do Brasil, e sobre o Maranhão, leste e sul do Pará, Rondônia e norte de Mato Grosso, a paisagem construída pelo homem é formada por uma grande matriz de áreas destinadas à agropecuária, áreas degradadas e abandonadas, alguns grandes (ilhas) remanescentes de habitats naturais e um grande número de pequenas ilhas de habitats naturais.

Conservar a biodiversidade e serviços ambientais nesse contexto demanda não apenas conservar, manejar e restaurar as ilhas de habitats naturais ainda existentes, mas também manejar o oceano (matriz) de áreas antrópicas onde estas se inserem. É necessária uma abordagem que lide com a ecologia da paisagem incorporando princípios da biogeografia e da biologia da conservação.

Remanescentes de habitats naturais estarão mais ou menos isolados de acordo com o tipo de uso do solo, em virtude da matriz onde estão inseridos, permitindo ou não o movimento de indivíduos ou propágulos entre os remanescentes, possibilitando, assim, o fluxo gênico. Um ponto importante para a permeabilidade da matriz é a distância entre as ilhas de Natureza e existência de *stepping stones* entre essas ilhas. Estas podem ser de árvores isoladas, passando por pequenos grupos de árvores, touceiras e capões que facilitam a movimentação entre diferentes ilhas. A presença de mais ou menos *stepping stones* é o que explica a presença de aves florestais como arapongas *Procnias nudicollis* e pica-paus *Celeus flavescens* em alguns bairros arborizados da cidade de São Paulo e sua ausência dos menos verdes.

A permeabilidade da matriz ao fluxo também é influenciada pela presença de corredores de habitats naturais (ou seminaturais) que permitam o fluxo de indivíduos. Esses corredores são comumente vistos como corredores de vegetação nativa que conectam diferentes "ilhas" de habitats naturais. Os corredores podem assumir a forma de faixas de vegetação margeando rios e outros cursos de água (como matas ciliares ao longo de um rio), encostas florestadas ao longo de divisores de águas (como a Serra do Mar no Rio de Janeiro e São Paulo) ou mesmo sebes e cercas-vivas entre campos cultivados.

No Brasil, têm sido conduzidos vários estudos procurando responder qual a melhor configuração dos corredores, especialmente os existentes ao longo de rios. Estudos com aves no Cerrado sugerem que estes devem ter pelo menos 120 m de largura; enquanto na Mata Atlântica do interior de São Paulo, pesquisas similares indicam a necessidade de faixas com mais de 100 m. Na Amazônia, estudos com anfíbios e pequenos mamíferos indicam larguras de 140 a 190 m, enquanto aves e mamíferos de médio e grande porte demandam corredores ripários de, pelo menos, 400 m (200 m em cada margem do rio).

Alguns tipos de uso do solo tanto podem tornar a matriz muito mais permeável ao trânsito das espécies nativas de determinada região, como mesmo serem adequados como habitat permanente para parte da biota local. É evidente que algumas espécies nativas se adaptam e mesmo prosperam em áreas sob os mais diferentes usos agropecuários, mas algumas atividades são logicamente mais amigáveis a um número maior de espécies. Deve-se, no entanto, atentar que maior número de espécies não é sinônimo de maior qualidade ambiental. Mais importante que isso é saber quais espécies estão presentes.

Alguns usos pressupõem a manutenção dos habitats originais, como ocorre no chamado manejo sustentável de madeira e produtos florestais não madeireiros. Essa é uma forma de exploração econômica de áreas privadas e públicas sob concessão que, embora tenha problemas significativos com relação à viabilidade das populações exploradas (veja adiante), ainda assim é mais amigável à conservação de espécies e ecossistemas do que usos agropecuários tradicionais, sendo um mal menor. Áreas privadas dedicadas ao manejo florestal estão entre as únicas florestas remanescentes em paisagens destruídas – como o leste do Pará e parques na Mata Atlântica (Pau Brasil, na Bahia, e Intervales, em São Paulo) – que eram antigas áreas de exploração (de madeira e palmito, respectivamente) e que mantiveram suas florestas.

No Pantanal e nos Campos Sulinos grandes fazendas, às vezes com dezenas de milhares de hectares, criam gado de forma extensiva adotando práticas que resultam em pouca alteração na vegetação e uma certa tolerância para com a fauna local (bem maior no Pantanal que no sul). Essa forma de uso da paisagem, adequada a um ecossistema em que o nicho vago da megafauna extinta pode ser preenchido por gado e cavalos, tem sido capaz de conciliar a exploração econômica com a conservação de boa parte da biodiversidade local, mas pressões recentes têm levado a uma intensificação da atividade e à introdução de gramíneas exóticas invasoras e a derrubada de florestas para implantar pastagens.

Entre as formas de uso da terra que podem tornar áreas alteradas mais amigáveis à biodiversidade, estão as pastagens arborizadas, cuja estrutura mimetiza a de alguns habitats nativos, como certas fisionomias do Cerrado. Pastagens sombreadas que combinam diversos usos (agrícola, pastoril, extrativo e cinegético) são uma forma de uso do solo em Portugal (montados) e na Espanha (*dehesas*) que, sob manejo adequado, comprovadamente mantém uma parcela muito significativa da biodiversidade regional. O mosaico de sebes (*hedgerows*), bosques, áreas sob pousio, *beetlebanks* e campos cultivados do *countryside* britânico pré-agricultura industrial é capaz de manter um número surpreendente de espécies nativas que não apenas sobrevivem como prosperam.

É claro que nesses casos se trata de regiões sob intenso impacto humano há milênios e onde muitas espécies já foram perdidas (especialmente grandes mamíferos e aves). A biodiversidade atual é uma fração da existente antes da Idade Média, mas resta o fato de que essas biotas depauperadas encaram os mesmos problemas que as nossas, e usos mais intensos, como a agricultura industrial sem pousio, sebes e faixas não cultivadas, são um desastre mesmo para esses heróis da resistência, como tem se tornado evidente pelo resultado da aplicação da política agrícola europeia comum.

As *dehesas* espanholas são um modelo aplicável a pastagens arborizadas no Brasil implantadas em áreas antes ocupadas pelo Cerrado e formações florestais mais abertas. Alguns produtores rurais (notavelmente em Mato Grosso do Sul, mas também em Goiás, São Paulo, Minas Gerais e Paraná) estão utilizando a técnica e obtendo produtividade superior ao manejo convencional, com o bônus de criar um habitat que, existindo junto a corredores de vegetação ripária e outros habitats naturais, forma um mosaico amigável a parcela importante da biodiversidade nativa.

Modelos agroflorestais constituem outra forma de uso do solo que tanto pode constituir uma matriz amigável como um habitat importante por si mesmo. Muita pesquisa já foi realizada sobre diferentes sistemas de produção que também sejam amigáveis para a biodiversidade. Entre estes estão plantios consorciados de espécies perenes e anuais, ou agroflorestas, segundo os chamados modelos agroecológicos que procuram mimetizar a estrutura e processos de ecossistemas florestais. No Brasil existem diversos exemplos de sistemas agroflorestais aplicados a politicultivos, sendo notáveis projetos desenvolvidos em estados amazônicos, como Pará e Rondônia, onde culturas perenes como açaí, castanha, cupuaçu e pupunha são utilizadas juntamente com espécies de ciclo curto e essências florestais. Sistemas agroflorestais interessantes também têm sido implantados no entorno de Unidades de Conservação com o propósito de reduzir seu isolamento, como no caso de assentamentos da reforma agrária no Pontal do Paranapanema (SP).

Outro exemplo são as plantações de café de sombra, de erva-mate e cacau sombreado (cabrucas). Essas culturas perenes com diferentes estratos de vegetação constituem tanto um habitat interessante para muitas espécies florestais, de invertebrados a mamíferos, como permitem o fluxo entre remanescentes florestais. No entanto, a biodiversidade presente nessas áreas é uma função da presença, tamanho e número de remanescentes florestais adjacentes às áreas de agrofloresta, estas de maneira alguma substituindo aquelas no quesito biodiversidade.

Mesmo assim, é óbvio que um cafezal sombreado por árvores nativas de grande porte, mesmo que algo esparsas, é ambientalmente muito melhor que a forma tradicional de cultivo a pleno sol adotada no Brasil. Também vale lembrar que os cafés mais valorizados no mercado proveem de plantações sombreadas em países como Colômbia, Equador, México e Tanzânia. Esse é um setor da agricultura com grande potencial de ganho econômico associado a ganhos ambientais, devendo ser incentivado em áreas onde a cobertura florestal foi muito reduzida e/ou os cafezais são plantados em encostas, como em Minas Gerais e Espírito Santo.

Metanálises de diferentes modelos de agroflorestas e plantios (quase) perenes como seringueiras e eucalipto mostram que a presença de um sub--bosque de plantas nativas, microhabitats como árvores mortas caídas ou em pé e diferentes estratos de vegetação arbórea são fatores que afetam positivamente a biodiversidade. Medidas de manejo em plantações de eucalipto como deixar algumas árvores mais velhas em pé em cada ciclo de corte e realizar este de maneira a criar mosaicos de talhões próximos com diferentes idades ajudam a tornar essas plantações menos hostis ao trânsito e uso pela fauna.

É na área de construção de paisagens sustentáveis que o Brasil mostra um de seus (poucos) instrumentos legais modernos, que é a existência de um marco legal elaborado com o propósito explícito de criar paisagens sustentáveis onde produção agropecuária pode ocorrer juntamente com a conservação de serviços ambientais e da biodiversidade.

Este é o Código Florestal, originalmente editado em 1934 e resultado de um grupo de trabalho com os melhores cientistas da época, posteriormente revisto por uma equipe científica e promulgado como lei em 1965. Posteriormente, o Código foi profundamente modificado por Medida Provisória em 2000. Deve-se notar que na década de 1930 boa parte das terras rurais ainda eram devolutas, mas em rápido processo de privatização. O Código buscou estabelecer regras e limitações a serem seguidas pelos novos proprietários, que em troca de recebê--las do Estado deveriam cuidar delas com um mínimo de zelo, produzindo rique-zas e preservando o que hoje chamamos de serviços ambientais.

Essa visão ainda é pertinente nos dias de hoje, quando o processo de priva-tização de terras prossegue principalmente na Amazônia, mas também ocorre em regiões de terras devolutas sob pressão há mais tempo, como no Pontal do Paranapanema (SP).

O Código prevê que áreas consideradas frágeis do ponto de vista geotécnico e de erosão, como encostas com inclinação acima de 45°, topos de morros, man-guezais, restingas e dunas, assim como uma faixa de largura variável ao longo de rios e outros cursos d'água medida a partir de sua cota máxima de inunda-ção, devem ser conservadas como Áreas de Preservação Permanente (APP), de onde a vegetação nativa não pode ser removida. Deve-se notar que topos de morro e matas ciliares estão entre os habitats que tendem a ter comunidades distintas da paisagem ao redor, com muitos endemismos e espécies restritas.

Essas medidas fazem muito sentido do ponto de vista da segurança das populações humanas, visto que a ocupação de encostas e margens de rios é fonte frequente de desastres em áreas rurais e urbanas, como exemplificado pelas catástrofes em Santa Catarina, em 2008 (mais uma de uma longa série); na Zona da Mata de Pernambuco e Alagoas, em 2010, e na serra carioca, em 2011. Em ambos os casos, chuvas acima da média não foram absorvidas por encostas onde a Mata Atlântica nativa foi substituída por canaviais, bananais ou capoeiras, resultando em maior volume de água em rios assoreados por terem perdido sua mata ciliar. O resultado foi o desabamento de encostas, o rompimento de barragens e a destruição de áreas ocupadas ao longo dos rios.

Esse tipo de desastre seria evitado, ou pelo menos reduzido, se a lei fosse cumprida. De fato, o objetivo das APPs, segundo o Código Florestal, é "preser-var os recursos hídricos, a paisagem, a estabilidade geológica, o fluxo gênico da fauna e flora, proteger o solo e assegurar o bem-estar das populações humanas".

O Código Florestal também estipula que cada propriedade estabeleça uma Reserva Legal (RL) de tamanho variável (80% na porção florestada da Ama-zônia Legal, 35% nos cerrados da mesma região e 20% no restante do País) destinada ao "uso sustentável, à conservação e à reabilitação dos processos ecológicos, à conservação da biodiversidade e ao abrigo e proteção da fauna e flora". Essa área foi concebida como lugar onde produtores rurais pudessem obter alguns insumos necessários às sua propriedade, como madeira, e desen-volver atividades que não implicassem a perda da cobertura nativa, como o manejo florestal sustentável e a apicultura. Embora haja alguma polêmica, o pastoreio de baixa intensidade seria compatível com RLs em habitats como os Campos Sulinos e o Cerrado.

O Código Florestal brasileiro, apesar de sua idade, de maneira geral concorda com o que a Ciência descobriu nas últimas décadas a respeito da fragmentação e conectividade de ecossistemas. Estima-se que, se o Código fosse aplicado, de 10 a 20% do território da maioria dos Estados brasileiros seria ocupado por Áreas de Preservação Permanente (excluem-se desse total as UCs e Terras Indígenas). Somando-se a esse total o patamar mínimo de 20% de Reservas Legais, seria possível ter paisagens com habitats naturais acima do limiar de fragmentação (30%), mantendo, assim, parte significativa da biodiversidade. Para regiões onde o percentual de reserva legal é maior (Amazônia e parte do Cerrado), a área de habitats naturais poderia perfeitamente atingir a situação ideal do limiar de percolação (60%).

Um dos pontos que deveriam ser aprimorados no Código é a questão das APPs nas faixas marginais aos rios. Como vimos, o ideal é que estas sejam de, no mínimo, 100 m (50 m de cada lado do rio) em vez dos 60 m (30 m em cada margem), estipulados para o cursos d'água com menos de 10 m de largura. Para cursos d'água acima de 10 m, o Código já prevê faixas marginais adequadas.

A presciência dos legisladores que criaram o Código Florestal e seu aprimoramento ao longo do tempo são notávis do ponto de vista científico. As áreas privadas, especialmente as Reservas Legais e Áreas de Preservação Permanente têm um papel fundamental na conservação de paisagens compatíveis com a manutenção de comunidades biológicas e serviços ambientais, uma vez que é possível manter arranjos espaciais que mantenham a conectividade entre grandes remanescentes naturais (como as UCs) e que conservem áreas frágeis. De fato, se o Código Florestal fosse universalmente obedecido, o Brasil seria uma grande Área de Proteção Ambiental onde problemas como desastres naturais seriam raros e o número de espécies ameaçadas muito menor.

Infelizmente, o Código Florestal foi letra morta durante muito tempo, com pouca adesão por proprietários rurais e fiscalização menor ainda por parte do Estado. De fato, órgãos como o Incra e vários institutos estaduais de terras promoveram ativamente o desrespeito à legislação ao exigirem que proprietários e posseiros "limpassem" suas propriedades.

Apenas recentemente surgiram iniciativas sérias no sentido de fazer com que o Código seja aplicado, sendo importante notar que um arcabouço legal robusto e a participação do Ministério Público, ao exigir a adequação das propriedades rurais à lei, têm sido determinante no sucesso desses propósitos. É apenas por essa razão (pressão legal) que, por exemplo, o setor sucro-alcooleiro de São Paulo mostra uma das maiores taxas de obediência à legislação (ao contrário de suas contrapartes no nordeste). Em outras palavras, sem mecanismos de pressão e incentivo, são poucos os proprietários de terras que se sentem estimulados a conservar áreas naturais em suas propriedades.

Isso pode mudar se proprietários puderem receber parte da renda oriunda dos serviços ambientais de suas áreas. Há experiências em andamento referentes ao pagamento pela produção de água para abastecimento, já bem avançadas em países como Costa Rica e em estágio inicial/experimental no Brasil, Na Costa Rica, desde 1997, os proprietários recebem entre US$ 45 e US$ 163 por hectare a fim de encorajar a conservação das florestas, com os recursos vindos de um imposto sobre combustíveis, de empresas de energia hidrelétrica desejosas de conservar os recursos hídricos e do Banco Mundial.

A Costa Rica praticamente zerou a perda de suas florestas, mas o impacto desse sistema de pagamentos foi muito menor que a combinação da aplicação mais eficiente da lei e do declínio da pecuária no país, o que leva novamente à questão de que é necessária governança e de que uma economia globalizada pode gerar mecanismos (positivos e negativos) que influenciam drasticamente a forma como países exploram seus recursos naturais.

O grande estímulo para a conservação de florestas (em particular) e outros ecossistemas virá quando for consolidado um mercado referente não apenas ao pagamento de serviços ambientais relacionados à água, mas também aos referentes às emissões e reservatórios de carbono. Para isso, é fundamental que os governos não apenas abram caminho, estabelecendo regras claras, criando fontes de recursos (como taxas de carbono e mecanismos de *cap and trade*) e estabelecendo um ambiente de negócios amistosos, como também reconhecendo suas limitações e não cerceando o empreendedorismo.

Este livro foi escrito no final de 2010 quando se discutiam os mecanismos para o chamado REDD (Redução das Emissões por Desmatamento e Degradação) no âmbito de um novo acordo para redução das emissões de gases de efeito estufa visando evitar o pior das mudanças climáticas ora em curso (veja adiante). Talvez, ao ser publicado, as florestas passem, pela primeira vez, a valer mais vivas do que mortas.

Este livro também foi escrito quando o Congresso Nacional discutia alterações no Código Florestal que, na prática e apesar das promessas dos legisladores, resultariam não apenas na manutenção de paisagens desastrosas do ponto de vista ambiental como, no médio e longo prazo, no aumento do desmatamento e das emissões de gases de efeito estufa. Apoiada por estudos que misturam pseudo-ciência, discursos nacionalistas que beiram o surreal e a imorredoura visão predatória da ala arcaica do agronegócio brasileiro, além de uma impressionante campanha de desinformação que ignora aquilo que a Ciência tem a dizer, as alterações propostas não apenas mostram o real caráter brasileiro quando se trata de manejar o Mundo Natural, mas também a tragédia de um povo que sofre de ignorância científica crônica e para o qual longo prazo equivale a dois mandatos presidenciais.

O conceito de paisagens sustentáveis não deve ser considerado apenas no contexto rural. Cidades com cobertura significativa de áreas verdes, de parques urbanos, passando por jardins e pomares privados a calçadas arborizadas, podem ter biodiversidade significativa (incluindo cervos em Londres, javalis em Berlin e possuns e cangurus em várias cidades da Austrália). A riqueza de espécies em áreas verdes urbanas pode ser significativa. O Central Park de Nova York (345 ha) abriga 275 espécies de aves, enquanto o Parque Ibirapuera de São Paulo (160 ha) tem pouco mais de 120.

As cidades podem se integrar a paisagens sustentáveis não apenas ao ter áreas verdes em seus limites, mas, especialmente, quando são circundadas por *greenbelts* (áreas onde a ocupação é limitada, mantendo-se um mosaico de vegetação natural, agricultura e ocupação de baixa densidade) e cortadas por corredores de áreas (*greenways*) como parques lineares ao longo de cursos d'água. Áreas naturais em regiões metropolitanas, como o Parque Estadual da Cantareira na Grande São Paulo e o Parque Nacional da Tijuca no Rio de Janeiro não apenas abrigam biodiversidade significativa (como suçuaranas, macucos *Tinamus solitarius* e gaviões-pega-macaco *Spizaetus tyrannus* na Cantareira), como inequivocamente colaboram para a qualidade de vida das regiões onde se inserem.

Deve ser lembrado que áreas verdes e uma arborização urbana generosa colaboram enormemente para a qualidade de vida das cidades, influenciando a qualidade do ar, o nível de ruído, o clima regional e o consumo de energia (regiões mais arborizadas demandam menos ar-condicionado), além de aumentar a permeabilidade do solo e mitigar o risco de enchentes. Uma política de expansão das áreas verdes urbanas beneficiaria não apenas os moradores das cidades, mas também a biodiversidade.

FIGURA 4.6 – Um grupo de mutuns-do-sudeste *Crax blumenbachi* em uma plantação de cacau no Espírito Santo. Uma das aves mais ameaçadas do Brasil, com uma população estimada em menos de 250 exemplares na natureza, esta espécie utiliza plantações de cacau adjacentes à floresta para procurar alimento, o que evidencia o fato de que determinadas práticas agrícolas são compatíveis com a conservação de parte importante da biodiversidade.

FIGURA 4.7 – Uma plantação de café junto à Reserva Biológica de Sooretama (ES, ao fundo). A plantação é uma matriz hostil à fauna nativa, fato que seria mitigado se fosse adotada a prática do cultivo sombreado com árvores nativas.

FIGURA 4.8 – O mosaico de fragmentos de floresta degradada e pastagens com baixíssima produtividade característica de boa parte da Amazônia (aqui em Rondônia). Esta é uma paisagem dominada por uma matriz incapaz de manter a biodiversidade original.

FIGURA 4.10 – Estradas são uma barreira formidável e uma fonte de mortalidade importante, mesmo para animais ágeis como essa irara *Eira barbara*.

FIGURA 4.9 – Cervos *Cervus elaphus* criados em sistema de ranching em pastagens sombreadas na Espanha. Nestes sistemas, animais silvestres são criados lado a lado com carneiros e gado doméstico.

Literatura recomendada

Agrofloresta.net. Disponível em: < http://www.agrofloresta.net>.

ARRUDA, M. B., L. F. S. N. DE SÁ. 2004. *Corredores ecológicos*: uma abordagem integradora de ecossistemas do Brasil. Brasília: MMA/IBAMA.

AYRES, J.M., G.A.B. FONSECA, A. B. RYLANDS, H. L. QUEIROZ, L. P. PINTO, D. MASTERSON, R. B. CAVALCANTI. 2005. *Os corredores ecológicos das florestas tropicais do Brasil*. Sociedade Civil Mamirauá.

BRANCALION, P. H. S, R. R. RODRIGUES, Implicações do cumprimento do Código Florestal vigente na redução de áreas agrícolas: um estudo de caso da produção canavieira no Estado de São Paulo. *Biota Neotrop*. 10(4), out.-dez. 2010 Disponível em: <http://www.biotaneotropica.org.br/v10n4/en/abstract?article+bn01010042010. ISSN 1676-0603>.

BROWN, J. H., M. V. LOMOLINO. 2006. Bi*ogeografia*. Ribeirão Preto: FUNPEC.

FARINA, A. 2007. *Principles and methods in landscape ecology*: towards a ccience of the landscape. London: Springer.

CARVALHO, M. M., M. J. ALVIM, J. C. CARNEIRO. 2001. *Sistemas agroflorestais pecuários*: opções de sustentabilidde para áreas tropicais e subtropicais. Juiz de Fora: EMBRAPA.

CASATTI, L. *Alterações no código florestal brasileiro*: impactos potenciais sobre a ictiofauna. Biota Neotrop. Oct/Dec 2010 vol. 10, no. 4. Disponível em: <http://www.biotaneotropica.org.br/v10n4/pt/abstract?article+bn00310042010. ISSN 1676-0603>.

DEVELEY, P. F., T. PONGILUPPI, Impactos Potenciais na Avifauna decorrentes das Alterações Propostas para o Código Florestal Brasileiro. *Biota Neotrop*. Oct/Dec 2010 vol. 10, no. 4. Disponível em: <http://www.biotaneotropica.org.br/v10n4/pt/abstract?article+bn00610042010>. ISSN 1676-0603

DOUROJEANNI, M. 2009. *Sistemas agroflorestais e meio ambiente*. Disponível em: <http://www.oeco.com.br/marc-dourojeanni/22393-sistemas-agroflorestais-e-meio--ambiente>. Acesso em: 19 dez. 2010.

FARIA, D., M. L. B. PACIÊNCIA, M. DIXO, R. R. LAPS & J. BAUMGARTEN. 2007. Ferns, frogs, lizards, birds and bats in forest fragments and shade cacao plantations in two contrasting landscape in the Atlantic forest, Brazil. *Biodiversity and Conservation* 16(8):2335-2357.

FIRKOWSKI, C. 2007. APA: fatos, desejos sonhados e propagandice. *Natureza e Conservação* 5(1):8-14.

FONSECA, V. L. I. e NUNES-SILVA, P. As abelhas, os serviços ecossistêmicos e o Código Florestal Brasileiro. *Biota Neotrop*. 10(4), out.-dez. 2010. Disponível em: <http://www.biotaneotropica.org.br/v10n4/pt/abstract?article+bn00910042010. ISSN 1676-0603>.

FORMAM, R. T. T. 2008. *Urban regions*: ecology and planning beyond the city. Cambridge University Press.

FREITAS, A. V. L. Impactos potenciais das mudanças propostas no Código Florestal Brasileiro sobre as borboletas. *Biota Neotrop*. 10(4), out.-dez. 2010. Disponível em: <http://www.biotaneotropica.org.br/v10n4/pt/abstract?article+bn00810042010. ISSN 1676-0603>.

FREITAS, S. R., T. J. HAWBAKER, J. P. METZGER. 2010. Effects of roads, topography, and land use on forest cover dynamics in the Brazilian Atlantic Forest. *Forest Ecology and Management* 259:410-417.

GALETTi, M., R. PARDINI, J. M. B. DUARTE, V. M. F. SILVA, A. ROSSI, C. A. PERES. 2010. Mudanças no Código Florestal e seu impacto na ecologia e diversidade dos mamíferos no Brasil. *Biota Neotrop*. 10(4), out.-dez. 2010. Disponível em: <http://www.biotaneotropica.org.br/v10n4/pt/abstract?article+bn00710042010>.

HILTY, J., W. Z. LIDICKER, A. MERENLENDER, A. P. DOBSON. 2006. *Corridor Ecology*: the science and practice of linking landscapes for biodiversity conservation. Washington: Island.

JOSE, S. (ed.). 2009. *Agroforestry for Ecosystem Services and Environmental Benefits*. New York: Springer.

LAURANCE, W. 2006. Mais razões para megareservas na Amazônia. *Natureza e Conservação* 4(1):8-18.

MACHADO, R. B., I. R. LAMAS. 1996. Avifauna associada a um reflorestamento de eucalipto no município de Antônio Dias, Minas Gerais. *Ararajuba* 4:15-22.

MARTINELLI, L. A., C. A. JOLY, C. A. NOBRE, G. SPAROVEK. 2010. A falsa dicotomia entre a preservação da vegetação natural e a produção agropecuária. *Biota Neotropica* 10(4). Disponível em: <http://www.biotaneotropica.org.br/v10n4/pt/abstract?point-of--view+bn00110042010>.

MARQUES, O. A. V., C. NOGUEIRA, M. MARTINS, R. J. SAWAYA. Impactos potenciais das mudanças propostas no Código Florestal Brasileiro sobre os répteis brasileiros. *Biota Neotrop* .10(4), out.-dez. 2010. Disponível em: <http://www.biotaneotropica.org.br/v10n4/pt/abstract?article+bn00510042010>.

METZGER, J. P. 2001. O que é ecologia de paisagens? *Biota Neotropica*. Disponível em: <http://www.biotaneotropica.org.br/v1n12>.

METZGER, J. P. 2002. Bases biológicas para a definição de Reservas Legais. *Ciência Hoje*, 31:183-184.

METZGER, J. P. 2006. How to deal with non-obvious rules for biodiversity conservation in fragmented landscapes? *Natureza & Conservação*. 4(2):11-23.

METZGER, J. P. 2010. O Código Florestal tem base científica? *Natureza & Conservação* 8(1):92-99.

PHILPOTT, S. M., T. DIETSCH. Coffee and conservation: a global context and value of farmer involvement. *Conservation Biology* 17:1844-1846.

PERES, C. 2005. Porque precisamos de megareservas na Amazônia. *Natureza e Conservação* 3(1):8-16.

PORTO, M. L., R. MENEGAT 2004. Ecologia de paisagem: um novo enfoque na gestão dos sistemas da terra e do homem. p. 320-342. In: R. MENEGAT & G. ALMEIDA. (org.). *Desenvolvimento sustentável e gestão ambiental nas cidades* – Estratégias a partir de Porto Alegre. Porto Alegre: Editora UFRGS.

RODRIGUES, R. R., C. A. JOLY, M. C. W. BRITO, A. PAESE, J. P. METZGER, L. CASATTI, M. A. NALON, N. MENEZES, N. M. IVANAUSKAS, V. BOLZANI, V. L. R. BONONI. (org.). 2008. *Diretrizes para conservação e restauração da biodiversidade no Estado de São Paulo*. São Paulo: Governo do Estado de São Paulo.

SCHROTH, G., G. A. B. DA FONSECA, C. A. HARVEY, C. GASCON . 2004. *Agroforestry and biodiversity conservation in tropical landscapes*. Washington: Island Press.

TOLEDO, L.F., S. P. CARVALHO-E-SILVA, C. SÁNCHEZ, M. A. ALMEIDA, C. F. B. HADDAD. A revisão do Código Florestal Brasileiro: impactos negativos para a conservação dos anfíbios. *Biota Neotrop.* 10(4), out.-dez. 2010. Disponível em: <http://www.biotaneotropica. org.br/v10n4/en/abstract?article+bn00410042010>. ISSN 1676-0603.

TUNDISI, J. G., T. M. TUNDISI, Impactos potenciais das alterações do Código Florestal nos recursos hídricos. *Biota Neotrop.* 10(4), out.-dez. 2010. Disponível em: <http://www. biotaneotropica.org.br/v10n4/pt/abstract?article+bn01110042010>. ISSN 1676-0603.

UEZU, A., D. D. BEYER, J. P. METZGER. 2008. Can agroforest woodlots work as stepping stones for birds in the Atlantic Forest region? *Biodiversity and Conservation* 17:1907-1922.

Estradas e outros empreendimentos lineares como barreiras ecológicas

Rodovias, ferrovias, linhas de transmissão e dutos são os chamados empreendimentos lineares que cortam longas faixas na paisagem que constituem barreiras ao trânsito de diversos organismos e são um dos maiores fatores de fragmentação de habitats. Dutos e linhas de transmissão suprimem a vegetação nativa nas suas faixas de uso e manutenção, um impacto que é bastante sério em ecossistemas florestais visto que muitos organismos, como aves de sub-bosque, são avessos a transpor a faixa de vegetação aberta e ensolarada que ali se estabelece.

Rodovias e ferrovias constituem barreiras ainda mais formidáveis. Além de não possuírem vegetação de tipo algum que ajude no trânsito de organismos, ainda incluem obstáculos físicos mesmo a animais dispostos a cruzá-las (trilhos, faixas de brita, faixas de rolamento, muretas dividindo pistas, valas de drenagem etc.). É difícil imaginar como um caracol ou sapo de chão de floresta poderia cruzar a rodovia dos Bandeirantes ou a BR 116 sem morrer desidratado ou achatado no caminho. Deve-se também acrescentar que a irresponsável prática usual no Brasil de utilizar braquiárias para revegetar taludes de ferrovias e rodovias, mesmo em áreas protegidas, colabora para a contaminação biológica por espécies invasivas altamente agressivas e que favorecem a ocorrência de incêndios.

Ao efeito de barreira se soma à muito real probabilidade de morte por atropelamento. Os atropelamentos constituem um dos principais impactos de rodovias sobre a fauna e um fator de mortalidade para algumas populações, como lobos-guará *Chrysocyon brachyurus*, no Brasil Central. O aumento do tráfego, ampliação dos limites de velocidade e a largura das estradas são fatores que influenciam nas taxas de atropelamento de animais e o excesso de velocidade, aliado ao vandalismo, são as principais causas dos atropelamentos.

Alguns trabalhos apontam que atropelamentos de fauna poderiam reduzir a densidade das espécies e colocá-las em risco. Esse problema é mais sério para espécies ameaçadas de extinção ou que normalmente apresentam baixas densidades. Atropelamentos de onças-pintadas *Panthera onca* registrados nos últimos anos em estradas cruzando áreas protegidas como o parque nacional do Iguaçu (PR) e o parque estadual do morro do Diabo (SP) afetaram populações já muito reduzidas dessa espécie, enquanto antas *Tapirus terrestris*, espécie com baixo potencial reprodutivo, são atropeladas em número significativo por trens nas proximidades do parque nacional de Emas (GO). No Brasil, estudos conduzidos na BR 277, que margeia o parque nacional do Iguaçu, registraram 431 vertebrados atropelados em cinco meses. O monitoramento da SP 613, que corta o parque estadual do Morro do Diabo, registrou 182 animais mortos em 10 anos de estudo. Uma das estradas que apresenta o maior número de acidentes com fauna é a BR 471, que corta a estação ecológica do Taim (RS), onde, em um ano, foram registrados cerca de 1.500 vertebrados mortos. Outra estrada que apresenta números consideráveis de acidentes com fauna é a BR 262 (Transpantaneira). Em um trecho de 430 Km, foram registrados cerca de 2.600 mortes/ano, entre os anos de 2000 e 2002.

Além das já mencionadas, várias unidades de conservação, como as reservas biológicas União e Sooretama e o parque nacional da Serra da Capivara são afetadas por rodovias, em geral sem que haja qualquer medida para reduzir seu impacto.

Os atropelamentos ocorrem principalmente em função de dois fatores principais. Taxas significativamente maiores de atropelamentos foram detectadas nas proximidades de áreas de remanescentes de vegetação natural cortados por rodovias. Tais trechos apontam partes da estrada onde seria recomendada a instalação de estruturas mitigadoras. As estradas também funcionam como atrativo, por razões variadas como proteção contra predadores, oferta de alimento e até facilidades para locomoção. Répteis (principalmente serpentes) são atraídos pelo calor do asfalto, especialmente após a chuva, enquanto as laterais da estrada são usadas por algumas espécies para forrageamento.

A disponibilidade de alimento ao longo das rodovias, como grãos, sementes ou frutas caídas, bem como insetos mortos, atua como eficiente atrativo para a fauna.

Vários estudos de atropelamentos de fauna mostram grande número de predadores mortos nas margens de estradas, com maior incidência de atropelamentos de gambás *Didelphis* spp. e raposas *Cerdocyon thous*. As mortes de gambás podem ser explicadas por atividade de forrageamento nas bordas da estrada e as de raposas poderiam estar relacionadas ao hábito oportunista desses animais.

No Brasil, outros fatores apontados como causa dos atropelamentos são as fugas de queimadas (principalmente em áreas de cultivo de cana de açúcar), a rede de drenagem, que parece influir decisivamente nas ocorrências, mesmo em áreas de pouca conectividade florestal e algumas crendices populares altamente difundidas que incentivam o atropelamento de determinados animais para afastar a má sorte -como a superstição corrente entre caminhoneiros que tamanduás devem ser atropelados quando vistos na estrada para evitar que quem o avistou sofra um acidente –, além do medo de animais, como serpentes.

A literatura mostra que as áreas que mais registram atropelamentos são as próximas a pântanos, córregos, lagos etc., e os anfíbios são o grupo com mais vítimas. Os atropelamentos de animais de locomoção lenta, como preguiças e jabutis, evidenciam como os motoristas são pouco sensíveis ao problema, pois seria possível desviar-se ou reduzir a velocidade, evitando o acidente.

Diversas medidas são possíveis para mitigar o efeito-barreira causado por rodovias e ferrovias e reduzir atropelamentos, desde passagens de fauna a pavimentos que produzem ruído, controles efetivos de velocidade (lombadas são colocadas em rodovias que cruzam áreas ocupadas ilegalmente, mas raramente em unidades de conservação) e a construção de corredores vegetais e túneis verdes nas faixas de domínio das rodovias.

Infelizmente, no Brasil, os órgãos licenciadores e os projetistas de empreendimentos têm pouca tradição e reduzido interesse em adotar soluções de engenharia embutidas nos projetos que os tornariam menos impactantes, como o uso preferencial de pontes e viadutos ao invés de tubulões na transposição de linhas de drenagem, e a adoção de barreiras e passagens de fauna com desenhos já testados e comprovadamente eficientes. Casos como o das barreiras utilizadas no trecho da BR 101 que cruza a estação ecológica do Taim, onde animais ficavam presos e morriam nos alambrados utilizados, deveriam servir de lição para projetos efetivos.

Outros países, notavelmente na União Europeia e na América do Norte, têm utilizado uma diversidade de soluções, incluindo passagens sobre as rodovias de porte suficiente para incluir vegetação arbórea. No Brasil, esse tipo de preocupação parece distante, embora a topografia a torne viável em locais como a reserva biológica de Sooretama.

Literatura recomendada

ARC International Wildlife Crossing Infrastructure Design Competition. Disponível em: <http://www.arc-competition.com/welcome.php>.

Bager, A. 2003. Repensando as medidas mitigadoras impostas aos empreendimentos rodoviários associados a Unidades de Conservação. – um estudo de caso. In: Bager, A. (ed). *Áreas protegidas*: Conservação no Âmbito do Cone Sul. Pelotas: edição do editor. 223p.

Bager, A., Rosa, C. A. Priority ranking of road sites for mitigating wildlife roadkills. *Biota Neopropica* 10:1-1, 2010.

Bager, A., Piedras, S. R. N., Pereira, T. S. M., Hobus, Q. 2007. Fauna selvagem e atropelamento diagnóstico do conhecimento científico brasileiro. In: A. Bager (org.). Áreas Protegidas repensando as escalas de atuação. Porto Alegre: Armazém Digital. p. 49-62.

Cândido JR., J. F., V. P. Margarido, J. L. Pegoraro, A. R. D'Amico, W. D. Madeira, V. C. Casale, L. Andrade. 2002. Animais atropelados na rodovia que margeia o Parque Nacional do Iguaçu, Paraná, Brasil, e seu aproveitamento para estudos da biologia da conservação. p. 553-562 In: *Anais do III Congresso Brasileiro de Unidades de Conservação*. Curitiba: Rede Nacional Pró-Unidades de Conservação.

Develey, P. F., P. Stouffer. 2001. Effect of roads on movements by understory birds in mixed-species flocks in Central Amazonian Brazil. *Conservation Biology* 15:1416-1422, Ecologia de Estradas. Disponível em: <http://ecologiadeestradas.blogspot.com/>.

Fisher, W. 1997. *Efeitos da BR 262 na mortalidade de vertebrados silvestres: síntese naturalística para conservação da região do Pantanal, MS.* Dissertação de Mestrado em Ciências Biológicas / Ecologia, Universidade Federal do Mato Grosso do Sul.

Goosem, M. 2001. Effects of tropical rainforest roads on small mammals: inhibition of crossing movements. *Wildlife Research* 28: 351-364.

Hourdequin, M. 2000. Ecological effects of roads. *Conservation Biology*, 14(1):16-17,

Lima, S. F., Obara, A. T. 2004. Levantamento de animais silvestres atropelados na BR-277 às margens do Parque Nacional do Iguaçu: subsídios ao programa multidisciplinar de proteção à fauna. *VII Semana de Artes da Universidade Estadual de Maringá.* Disponível em: <http://www.pec.uem.br/dcu/VII_SAU/sau_trabalhos_6 laudas.htm>. Acesso em: 10 dez. 2006.

Prada, C. de S. 2004. *Atropelamento de vertebrados silvestres em uma região fragmentada do nordeste do estado de São Paulo*: quantificação do impacto e análise dos fatores envolvidos. Dissertação de mestrado. Universidade Federal de São Carlos, 147 p.

Peixoto, G. L., W. J. Costa JR. 2004. A rodovia BR 101 e seus impactos na Reserva Biológica União, Rio de Janeiro, Brasil. p. 307-315 In *Anais do IV Congresso Brasileiro de Unidades de Conservação*. Curitiba: Fundação O Boticário de Proteção à Natureza, Rede Nacional Pró-Unidades de Conservação.

Rodrigues, F. H. G., A. Hass, L. M. Rezende, C. S. Pereira, C. F. Figueiredo, B. F. Leite, F. G. R. 2002. França. Impacto de rodovias sobre a fauna da Estação Ecológica de Águas Emendadas, DF. p. 585-593 In: *Anais do III Congresso Brasileiro de Unidades de Conservação*. Curitiba: Rede Nacional Pró-Unidades de Conservação.

Vieira, E. M. 1996. Highway mortality of mammals in Central Brazil. *Ciência & Cultura* 48(4). 270-272.

4.4 Regeneração e restauração de ecossistemas

"A restauração de ecossistemas não é apenas possível, mas pode provar ser altamente lucrativa em termos de economia de gastos públicos, em retornos e nos objetivos amplos de superar a pobreza e atingir a sustentabilidade."

Achin Steiner, diretor-geral do Programa das Nações Unidas para o Meio Ambiente

A crescente urbanização das populações humanas associada a formas de agricultura que demandam cada vez menos mão de obra são parte de um mesmo fenômeno que caracteriza o final do século XX e o começo do atual. De fato, a urbanização é, em geral, uma boa notícia para o meio ambiente. Populações urbanas emitem menos carbono per capita que populações rurais (um habitante de Nova York tem uma pegada de carbono equivalente a 30% da média norte-americana e a de um londrino é metade da de britânico médio) e a compactação da população significa menos área sendo ocupada por habitante. Uma das principais razões para a baixa taxa de desmatamento (e economia vibrante) no Estado do Amazonas é a Zona Franca de Manaus e o êxodo rural que ela criou.

É claro que muitas cidades incharam e avançaram sobre áreas naturais importantes (como a limitada região onde o manauara sauí-de-coleira *Saguinus bicolor* ocorre), e isso gerou problemas significativos para várias espécies e ecossistemas, mas, ao mesmo tempo, áreas agrícolas marginais foram abandonadas em decorrência do êxodo rural e entregues à regeneração.

Padrões similares de população rural associada à regeneração de florestas, não são novidade e aconteceram, por exemplo, na Europa do século XIV, durante a Peste Negra. No leste dos Estados Unidos, em meados do século XIX, cerca de 75% das terras aráveis da Nova Inglaterra eram ocupadas por cultivos. Como resultado da Guerra Civil, oportunidades econômicas em outras áreas e falência da agricultura local, no final do século XX as florestas acadianas ocupavam 75% da paisagem local.

A Europa, que perdeu grande parte de suas florestas durante o Império Romano, as viu crescer novamente com a queda desse Império apenas para cortá-las novamente a partir da Idade Média para alimentar a expansão de sua população, as grandes navegações, a construção de impérios e, finalmente, o início da Revolução Industrial.

A Revolução Industrial ganhou ímpeto com a adoção de combustíveis fósseis e, com a importação de alimentos de outros países, impulsionou tanto a urbanização como o abandono do campo e a regeneração de florestas. Hoje a União Europeia têm 47% de cobertura florestal, com 70% de suas florestas sendo naturais ou seminaturais e ganha cerca de 500 mil ha de florestas ao ano. Mesmo o destruído Reino Unido tem 11,5% de florestas, o que é mais do que estados brasileiros como Alagoas.

No Brasil, o Estado de São Paulo tem cerca de 17% de cobertura vegetal natural, porcentual que está crescendo em virtude da recuperação de áreas abandonadas e da restauração de habitats como matas ciliares, que em 2009 tiveram uma recuperação de 127,6 mil hectares. São Paulo mostra também exemplos de áreas extensas antes cultivadas e hoje cobertas por florestas no Vale do Ribeira, que já passou por um ciclo do ouro e pelo agronegócio do arroz, e no Litoral Norte, onde havia canaviais e plantações de café. Essas regiões entraram em declínio econômico com o assoreamento de seus portos e a competição com o porto de Santos, resultando no abandono de plantações e na restauração, a partir das décadas de 1940-50, de algumas das maiores extensões de Mata Atlântica que hoje existem.

Os ecossistemas têm uma capacidade intrínseca de regeneração. Isso não surpreendente, dado que são sistemas dinâmicos, formados por organismos vivos, e os exemplos aqui citados poderiam ser complementados pelas florestas que cresceram sobre as ruínas de civilizações colapsadas como os Maia de Yucatan e os Khmer do Camboja. É claro que a composição dessas florestas regeneradas é distinta das originais e faltam muitas espécies (a Mata Atlântica demanda pelo menos quatro séculos para recuperar sua riqueza original de espécies, isso se houver uma fonte próxima), mas o princípio de que ecossistemas podem se recuperar de forma razoavelmente rápida, quando perturbações humanas saem de cena, é válido.

Chernobyl (ou Chornobyl), na Ucrânia, é famosa pelo acidente de seu reator nuclear que os burocratas comunistas decidiram construir sem vaso de contenção[6]. Também é um experimento sobre como um ecossistema reage ao pior cenário de um acidente nuclear. A resposta é que a fauna e flora mostram notável resiliência. Embora as áreas com maior contaminação mostrem, por exemplo, menor riqueza de invertebrados no solo e, consequentemente, populações menores de aves, a maior parte da área de exclusão mostra uma biota surpreendentemente rica e espécies antes raras ou localmente extintas, incluindo águias, cegonhas e lobos, prosperam. De fato, no nível regional, a biodiversidade parece ter aumentado após o desastre e a consequente evacuação das populações humanas. O atol de Bikini, onde testes nucleares foram conduzidos entre 1946 e 1958, mostra recifes de coral e comunidades de peixes, incluindo tubarões, excepcionalmente ricas, em decorrência da recuperação de seu ecossistema na ausência de atividades de pesca e outras. Bikini é hoje um patrimônio da humanidade reconhecido pela Unesco.

Esses não são apenas exemplos de como a presença humana pode ser mais danosa à biodiversidade que um desastre nuclear, mas também leva a comparações com as extinções observadas nas áreas de influência de hidrelétricas ("energia limpa") como Tucuruí e Porto Primavera, já mencionadas. O pior cenário possível resultante de uma usina nuclear parecer ser menos impactante que o cenário usual resultante de uma usina hidrelétrica. É claro que há limites às injúrias que comunidades biológicas podem receber.

A restauração de ecossistemas, ou a criação de ecossistemas que são funcionalmente similares a ecossistemas originais, é realizada em várias escalas e de várias formas em todo o mundo. Reis assírios já construíam pântanos para serem utilizados como área de caça seis séculos AP e o plantio de florestas também se perde no tempo.

Com a crescente deterioração de habitats naturais observada nos últimos 150 anos, a criação e restauração de ecossistemas passou a ser foco tanto de pesquisa científica como de políticas públicas, abrangendo áreas úmidas (como a restauração dos pântanos do Iraque drenados por Saddam Hussein na década de 1990), recifes de coral (com técnicas de transplante e criação de substratos sendo desenvolvidas) na Indonésia, no Caribe e no Pacífico, ecossistemas campestres (como as pradarias norte-americanas) e diversos ecossistemas florestais.

Um os maiores projetos de restauração no mundo é o conduzido pela China, que elevou a cobertura florestal do País de 14 para 18% e visa atingir 40% em 2050, ou 400 milhões de ha. A iniciativa sofre de problemas decorrentes da ênfase em quantidade de plantios e não na sua qualidade, com excesso de monoculturas pobres em biodiversidade e vulneráveis a pragas, mas alguns resultados são impressionantes, como a restauração, completada em 2005, de 35 mil km^2 do Planalto de Huangtu em terras novamente produtivas com um mosaico de cultivos e florestas que são um grande sumidouro de carbono.

A Coreia do Sul, praticamente desnuda após a guerra nos anos 1950, hoje tem 65% de cobertura florestal graças ao esforço de restauração de suas florestas conduzido por presidentes que consideravam o meio ambiente questão tão importante quanto a educação. A Turquia também desenvolve projetos ambiciosos de restauração e, no Niger, a área coberta por árvores nativas no Sahel aumentou depois que sua propriedade passou a ser privada e os agri-

---

6 Um acidente desse tipo seria impossível em reatores como os existentes no Brasil, apesar da propaganda de alguns ecologistas.

cultores perceberam que plantios de grãos com árvores de *Acacia* (uma leguminosa nativa) esparsas (40/ha) eram mais resilientes ao clima e produtivos.

Os projetos de restauração, muitas vezes, são resultado de desastres naturais. Enchentes catastróficas em bacias como o Mississipi (EUA) e Reno (Alemanha), por exemplo, estimularam a reconstituição de várzeas antes isoladas por diques e a restauração de ecossistemas dominados por pulsos de inundação. Em São Paulo está em implantação o parque estadual das várzeas do rio Tietê, que inclui várias ações de restauração, como parte das medidas de redução das enchentes que afetam a região metropolitana da capital.

No Brasil, diversas iniciativas de restauração de ecossistemas têm sido conduzidas, envolvendo manguezais (por exemplo, no Rio de Janeiro, na Bahia e no Ceará), o cerrado e diversos tipos de florestas.

A Mata Atlântica, com seu nível de destruição e abundância de áreas degradadas sem uso intensivo é um alvo lógico para projetos de restauração, havendo várias iniciativas como o Corredor Ecológico do Vale do Paraíba. Esses projetos podem estar associados a programas de pagamento por serviços ambientais, gerando incentivos econômicos aos proprietários das áreas sob restauração.

Dos muitos projetos que têm sido desenvolvidos na Mata Atlântica, destacam-se aqueles no Paraná (como o conduzido pela Sociedade de Pesquisa em Vida Selvagem – SPVS – na região de Guaraqueçaba e no entorno do reservatório de Itaipu), no Rio de Janeiro (na Reserva Ecológica de Guapiaçu – Regua – em Cachoeiras de Macacu), no Espírito Santo (associados à Reserva Ecológica da Vale) e em São Paulo (em várias áreas administradas pelas Centrais Elétricas de São Paulo e em projetos conduzidos pela Esalq/USP).

O Cerrado tem sido objeto de, comparativamente, poucos projetos de restauração, embora haja boa experiência técnica resultante da recuperação de áreas mineradas. Um problema particular nesse ecossistema é a rápida substituição de gramíneas e herbáceas nativas, mesmo quando introduzidas, por gramíneas invasoras como o capim-gordura e as braquiárias. Estas precisam ser manejadas de forma adequada, o que acarreta custos elevados.

Metodologias para a restauração comumente foram desenvolvidas em associação a demandas legais, como a recuperação de áreas mineradas e Áreas de Preservação Permanente no entorno de reservatórios e margens de rios, conforme demandado pela legislação ambiental. A restauração de florestas pode ser feita por meio do simples isolamento de uma área e o controle de gramíneas invasoras e do fogo, evitando-se também o pastejo pelo gado que possa prejudicar árvores jovens. No entanto, em algumas circunstâncias, o gado pode ser utilizado no controle das gramíneas.

De forma mais proativa, pode ser feito o plantio de espécies de diferentes estágios sucessionais (pioneiras, secundárias e clímax) de maneira a mimetizar. As lições aprendidas ao longo de vários projetos mostram a importância do plantio de um grande número de espécies a fim de produzir comunidades resilientes e diversas, da proximidade de fontes de propágulos que possam colonizar a área sob restauração, do uso de espécies que atraiam a fauna e, consequentemente, propágulos de espécies dispersas pela fauna, e do controle de espécies invasoras, como gramíneas e cipós, que podem comprometer o projeto.

Os projetos que demandam maiores intervenções são naturalmente mais caros, mas também poderiam utilizar mão de obra pouco qualificada como a parte da população que sobrevive de projetos sociais, além de ser uma ferramenta para a ressocialização de drogadictos, infratores cumprindo pena e outros grupos vulneráveis.

O World Resources Intitute estima que, globalmente, mais de um bilhão de hectares de terras antes florestadas oferecem oportunidades para restauração. Essas são áreas que não abrigam agricultura ou outros usos intensivos, embora possam ser povoadas. As possibilidades de recuperação e reconexão de ecossistemas em nível nacional e mundial são enormes, e isso representaria um gigantesco sumidouro de carbono que ajudaria a mitigar os efeitos das mudanças climáticas, além de restaurar áreas frágeis que constituem ou estão sob risco.

A bióloga e prêmio Nobel da Paz de 2004, Wangari Maathai, organizou mulheres no Kenya e países vizinhos para plantar 30 milhões de árvores como estratégia de restauração ambiental, emponderamento feminino e combate à pobreza. Não são necessários grandes voos de imaginação para perceber que programas de transferência de renda adotados no Brasil poderiam se beneficiar de suas lições e gerar benefícios mais duradouros que o aumento no consumo de iogurte per capita. Planos ambiciosos para regiões que combinam pobreza com destruição ambiental, como a bacia do Rio São Francisco, poderiam criar um ciclo virtuoso de restauração ambiental e promoção social.

Literatura recomendada

Comín, F. A. (ed.) 2010. *Ecological restoration*: a global challenge. Cambridge University Press.

Corrêa, R. S. 2006. *Recuperação de areas degradadas pela mineração no Cerrado*: manual para revegetação. Brasília: Universa.

Corredor Ecológico do Vale do Paraíba. Disponível em: <http://www.corredordovale.org.br>.

Galvão, A. P. M., V. Porfírio-da-Silva. 2005. Restauração florestal: fundamentos e estudos de caso. Colombo: Embrapa.

Metzger, J. P., V. Pivello, C.A. Joly, 1998. Landscape ecology approach in the preservation and rehabilitation of riparian forest areas in S.E. Brazil. In: Salinas Chavéz, E., J. Middleton (eds.). *Landscape ecology as a tool for sustainable development in Latin America*. Disponível em: <http://www.brocku.ca/epi/lebk/lebk.html>.

Joly, C. A., J. R. Spigolon, S.A. Lieberg, M. P. M. Aidar, J. P. Metzger, S. M. Salis, P. C. Lobo, M. T. Shimabukuro, M. M. Marques & A. Salino. 2000. Projeto Jacaré-Pepira: o desenvolvimento de um modelo de recomposição de mata ciliar com base na florística regional. In: Rodrigués, R. R. (org.). *Matas ciliares*: estado atual de conhecimento. Fapesp, EDUSP, Campinas, SP, p. 271-287

Jones H. P., O. J. Schmitz. 2009. Rapid recovery of damaged ecosystems. *PLoS ONE* 4(5):e5653. doi:10.1371/journal.pone.0005653

Kageyama, P. Y., R. E. de Oliveira, L. F. D. Moraes, V. L. Engel, F. B. Gandara. 2003. *Restauração ecológica de ecossistemas naturais*. Botucatu: FEPAF.

Mycio, M. 2005. *Wormwood forest*: a natural history of Chernobyl. Washington: Joseph Henry Press.

Nellemann, C., E. Corcoran (eds.). 2010. *Dead planet, living planet* – biodiversity and ecosystem restoration for sustainable development, a rapid response assessment. United Nations Environment Programme. Disponível em: http://www.grida.no/publications/rr/dead-planet/. Acesso em: 17 dez, 2010.

Rodrigues, R. R., H. F. Leitão-Filho. 2000. *Matas ciliares*: conservação e recuperação. São Paulo: Edusp.

Tongway, D. J., J. A. Ludwig. 2010. *Restoring disturbed landscapes*: putting principles into practice. Washington: Island Press.

5. O uso de espécies nativas

> "A Natureza não reconhece Bem ou Mal.
> Ela reconhece apenas equilíbrio e desequilíbrio."
>
> *Dr. Walter Bishop,* personagem de *Fringe*

A exploração de espécies da fauna e da flora silvestre é uma das atividades humanas mais antigas, na realidade antecedendo nossa própria espécie. Primatas hominoides começaram sua carreira neste planeta como caçadores e coletores, e até hoje parcela considerável da humanidade se engaja nessas atividades.

A viabilidade da exploração de espécies silvestres se baseia no príncípio básico conhecido por criadores de gado, galinhas ou qualquer animal. Seu rebanho só se manterá estável ou aumentará se for retirado um número de animais compatível com a taxa de crescimento intrínseca de seu plantel (a taxa de desfrute). É bastante simples fazer isso com animais cativos, mas com espécies silvestres a questão é bem mais complicada. O mesmo acontece quando se trata de explorar algumas espécies da flora cuja demografia é muito diferente do que estamos habituados ao tratar de animais.

5.1 Flora

> "Peguei três xícaras de chá de castanha-do-pará.
> Você viu que nós estamos usando um ingrediente nosso, da nossa fauna."
>
> *Ana Maria Braga,* apresentadora de tevê brasileira,
> preparando uma receita

Apesar da invenção da agricultura, há pelo menos 11 mil anos, muitas espécies de produtos extraídos de plantas continuam a ser extraídas da Natureza. Mesmo em países desenvolvidos, como os países a Europa e os Estados Unidos, produtos como cogumelos, frutos (os muitos *berries*) e sementes de pinheiros ainda são coletados nas florestas, gerando oportunidades econômicas e de lazer que fazem parte de tradições culturais locais. Alguns desses produtos, como vários cogumelos, são altamente valorizados, o que demanda a regulação da atividade para evitar declínios como os observados em países sob alta pressão de coleta. Na China e sudeste asiático, por exemplo, a pressão de coleta de cogumelos e de plantas, como o ginseng, já levou à extinção de algumas espécies.

No Brasil, diversos produtos vegetais são historicamente explorados mediante o extrativismo. As chamadas "drogas do sertão", uma mistura de produtos medicinais e especiarias, eram um item exportado já no século XVII, e o pau-brasil *Caesalpinia echinata*, explorado pelo corante extraído de sua madeira, é um exemplo bem conhecido. Sua história de rápida extinção como recurso econômico seria, depois, repetida por outras espécies, como o xaxim *Dicksonia sellowiana* (explorada para fabricar vasos), a peroba-rosa *Aspidosperma polyneuron*, a imbuia *Ocotea porosa* e várias outras espécies madeireiras.

Plantas medicinais retiradas da Natureza continuam sendo exploradas em todo o Brasil, como é visível em praticamente todos os mercados e feiras-livres do País, sustentando uma economia, em grande medida, informal. Os produtos extraídos incluem grande diversidade de raízes, folhas e cascas, além de óleos como andiroba *Carapa guianensis* e copaíba *Copaifera langsdorfi*. No entanto, compostos extraídos de plantas ainda constituem uma parcela importante dos medicamentos em uso (cerca de 50% das receitas médicas) e grandes consumidores, como laboratórios farmacêuticos e empresas de "produtos naturais" (incluindo as de cosméticos), têm fomentado o melhoramento e cultivo de algumas espécies.

Com relação aos comésticos, deve ser feita menção ao pau-rosa *Aniba rosaeodora*, espécie amazônica usada na perfumaria e quase levada à extinção pelo extrativismo, e à crescente procura por produtos como o óleo da castanha-do-brasil *Bertholletia excelsa*. Esse é um mercado em franco crescimento, com grandes possibilidades para a prospecção e descoberta de novos produtos no Brasil, caso as limitações resultantes da obscura legislação brasileira de acesso e uso da biodiversidade e da lentíssima burocracia associada possam ser vencidas.

Essas limitações afetam também a busca por fármacos, à qual se somam complicadores oriundos de supostos "conhecimentos tradicionais" difusos e mal definidos (a quem pertence a informação de que o óleo de copaíba é um cicatrizante?) que necessitariam ser remunerados. É vidente que o excesso de correção política e oportunismo que permeia a legislação brasileira cria uma situação que desencoraja o desenvolvimento de um setor no qual o Brasil poderia ser uma potência mundial.

Outras espécies que foram exploradas já não o são na mesma intensidade por causa da substituição por produtos sintéticos. A carnaúba *Copernicia prunifera* já foi uma fonte importante de cera retirada de suas folhas, utilizada na indústria que já sustentou uma economia importante. A espécie ainda é explorada, embora em menor escala, e, ao contrário do que ocorreu com outras espécies, foi a perda de seu valor econômico que incentivou a perda recente dos carnaubais, substituídos por áreas agrícolas.

Entre as espécies coletadas na Natureza, várias depois seriam cultivadas, como o guaraná *Paulinia cupana*, o cacau *Theobroma cacao*, a erva-mate *Ilex paraguariensis*, o palmito juçara *Euterpe edulis* e o urucum *Bixa orellana*. A erva-mate, embora muitas vezes ainda seja considerada um produto extrativista, na maior parte é proveniente de "ervais" intensivamente manejados que, na prática, são plantações feitas em associação com espécies perenes, como a araucária.

A transição de extrativismo para cultivo é a tendência natural da dinâmica da exploração de espécies nativas, com a história da seringueira sendo exemplar. São Paulo e Bahia são hoje os maiores produtores de borracha do Brasil graças a suas plantações, e com o extrativismo amazônico tendo se tornado quase irrelevante para a produção nacional.

Algumas espécies, embora já cultivadas, ainda têm parcela significativa de sua produção oriunda de populações altamente manejadas que quase poderiam ser consideradas como plantações. O açaí *Euterpe oleracea* forma populações muito densas no estuário do Amazonas, sendo quase monodominante em algumas áreas. Essas áreas de produção são resultado do manejo pelas populações que exploram os frutos (e secundariamente o palmito) dos açaizeiros, um produto de amplo consumo no Brasil e que recentemente passou a ser exportado. Outros produtos extraídos de florestas oligárquicas de palmeiras são a amêndoa do babaçu *Attalea speciosa*, outra espécie amazônica, e as fibras de piassava, extraídas das palmeiras *Leopoldinia piassaba* (do alto Rio Negro, na Amazônia) e, especialmente, *Attalea funifera* (do litoral entre Alagoas e Bahia).

O manejo que resulta em florestas dominadas por palmeiras (e são mais pobres em espécies, tanto de árvores como de animais) também tem sido usado para outras espécies amazônicas exploradas regionalmente, como a bacaba *Oenocarpus bacaba* e o patauá *O. bataua*, e com potencial de se tornarem cultivos comerciais, caso seja criado um mercado, como ocorreu com o açaí.

Em 2009 os produtos não madereiros mais explorados no Brasil foram a erva-mate (218 mil toneladas), o açaí (116 mil), a amêndoa de babaçu (109 mil) e as fibras de piaçava (72 mil). Isso mostra não apenas o poder da cafeína sobre a humanidade como também a versatilidade das palmeiras.

Um dos produtos que ainda é coletado de uma espécie apenas raramente cultivada com esse objetivo é o pinhão, a semente da araucária *Araucaria angustifolia*. A atividade é localmente importante em partes de Minas Gerais (Serra da Mantiqueira), São Paulo (Cunha), Paraná, Santa Catarina (a Festa do Pinhão em Lages é famosa) e Rio Grande do Sul. Para muitos pequenos agricultores, a safra do pinhão é a principal fonte de renda (embora a maioria se considere pecuarista), mas há preocupações sobre o impacto da atividade sobre animais que também dependem do pinhão (como o papagaio-charão *Amazona pretrei*), especialmente durante os anos de baixa produção. A espécie ainda produz grande quantidade de ramos secos (grimpas) excelentes para a produção de placas de fibra de madeira (MDF) e briquetes combustíveis.

De maneira similar ao pinhão, as sementes da castanha-do-brasil *Bertholletia excelsa* (também chamada de "castanha-do-pará) são, em larga parte, provenientes de populações silvestres, constituindo um produto importante para economias regionais em partes do Acre, Amapá, Pará e Rondônia. A polinização da espécie depende de abelhas nativas que demandam florestas maduras com determinadas orquídeas das quais retiram essências aromáticas necessárias à sua reprodução, o que torna difícil o cultivo convencional da castanheira.

Em 2000, a produção mundial de castanhas foi de cerca de 20 mil toneladas, com a Bolívia respondendo por metade (embora castanhas extraídas em Rondônia costumem ser enviadas ao país vizinho); o Brasil, por 40%; e o Peru, 10%. Em 1970, o Brasil produziu 104 mil toneladas e em 1980 40 mil, um declínio resultante do desmatamento e da mudança da economia de regiões como o sul do Pará, onde donos de grandes castanhais foram substituídos por pecuaristas e assentados da reforma agrária. Como ocorre com o pinhão, a exploração da castanha tanto afeta a nova geração da espécie explorada, como compete com animais para os quais as sementes é um recurso importante. Em alguns casos, já foi demonstrado que a exploração da castanha não é sustentável, impedindo o recrutamento de novos indivíduos na população, que, assim, se torna cada vez mais senescente e sujeita a um declínio brusco.

A flora também é uma fonte de energia. A lenha foi o motor da economia brasileira durante boa parte de sua história e o carvão da Mata Atlântica alimentou as primeiras siderúrgicas do País, o que ajudou a destruir as florestas do Vale do Paraíba. A indústria siderúrgica continua a ser um dos grandes consumidores do carvão feito com o Cerrado (notadamente as criminosas guseiras de Minas Gerais) e com as florestas do Centro Belém (as guseiras do Pará e Maranhão). A utilização da lenha no Brasil é ainda significativa. Em 2004, o setor residencial consumiu cerca de 26 milhões de toneladas de lenha, equivalentes a 29% da produção. O consumo tem crescido nos últimos anos em decorrência do aumento dos custos do gás liquefeito de petróleo. Na produção de carvão vegetal, foram consumidas cerca de 40 milhões de toneladas (44% da produção) em virtude do forte crescimento da produção de ferro gusa.

A madeira é um dos produtos mais importantes oriundos da flora. Embora muitas espécies de árvores tenham passado por processos de domesticação e melhoramento genético durante o último século, e sejam cultivadas (especialmente eucaliptos e pinus), uma parcela importante da produção madeireira mundial continua a vir de florestas nativas.

A indústria madeireira brasileira funcionou historicamente como uma indústria extrativa sem preocupações com a sustentabilidade das populações exploradas, mudando-se conforme os recursos se esgotavam, e os madeireiros eram substituídos por pecuaristas e agricultores. Apenas recentemente surgiu a preocupação de exigir que a indústria trabalhasse de forma mais sustentável, por meio de planos de manejo que preveem a exploração em talhões com regimes de rotação de vários anos e práticas de baixo impacto, que supostamente manteriam as populações das espécies exploradas e a rentabilidade das operações.

Os planos de manejo florestal "sustentado" aprovados no Brasil propõem quatro regras principais que visam assegurar a viabilidade das populações exploradas. Primeiro, somente árvores com um mínimo de 45 cm podem ser colhidas. Segundo, o volume extraído não pode ultrapassar 35 m^3 por hectare. Terceiro, 10% das árvores de tamanho comercial devem ser poupadas para servir de matrizes. E quarto, espécies com densidades menores que cinco indivíduos de tamanho comercial por km^2 não podem ser exploradas.

A adoção de planos de manejo florestal tem enfrentado dois tipos de problemas. O primeiro é o fato de a indústria madeireira ser permeada pela corrupção, que afeta todos os níveis da atividade, dos técnicos que elaboram e implementam os planos, aos agentes governamentais que os aprovam e fiscalizam. Imagens de satélite mostram que áreas onde planos de manejo foram autorizados estão tão degradadas quanto aquelas onde ocorre a exploração irregular. Escândalos que envolvem mesmo figuras de primeiro escalão de governos são recorrentes em estados como Pará, Mato Grosso, Maranhão e Rondônia. Ou seja, ainda falta governança para que práticas tecnicamente corretas se tornem o padrão da indústria e a competição entre a madeira "ilegal" (mais barata) e a "sustentável" prejudica as empresas que trabalham de forma correta.

O segundo problema é demográfico. Serão os ciclos de corte longos o suficiente para tornar a atividade sustentável? Serão as regras de exploração adequadas à demografia das espécies exploradas ou, como ocorreu com tantas pescarias "manejadas", o resultado será o colapso das espécies exploradas?

Como já vimos, florestas são sistemas que levam muito tempo para amadurecer e não é surpresa que florestas de alta biomassa (as mais diversas e também as mais interessantes para os madeireiros) tenham muitas árvores longevas. Na Amazônia Central entre 17 e 50% das árvores com mais de 10 cm de diâmetro têm mais de 300 anos de idade, com exemplares de maior porte ultrapassando os 700 anos. Isso significa que a madeira que queremos explorar em ciclos de corte de três décadas levou alguns séculos para ser acumulada. Isso levanta a questão sobre a taxa de crescimento das árvores ser igual ou maior ao volume de madeira retirado.

 Estudos sobre a sustentabilidade da exploração florestal de espécies comerciais importantes (maçaranduba, jatobá e ipê-roxo) mostram que, para as três espécies, o número de árvores disponíveis para corte 30 anos após a primeira colheita seria drasticamente menor que no primeiro corte. No caso do ipê, todas as árvores sobreviventes do primeiro corte teriam de ser poupadas no ciclo seguinte. Conclusão: ciclos de corte de 30 anos não são suficientes para que a atividade seja sustentável sob essas condições. O mesmo já foi constatado para outras espécies brasileiras por projetos como o Dendrogene, e o projeto boliviano Bolfor também mostrou a tendência dos estoques serem rapidamente esgotados, mesmo nas áreas manejadas.

Parece ser uma regra geral que 30 anos são insuficientes para repor os estoques se a exploração se guia pelas regras atuais. Isso pode ser mudado se, em vez de colher 90% das árvores de tamanho adequado na primeira colheita, esse percentual seja reduzido, como se faz para o mogno (80%). Ou se aumente o diâmetro mínimo de corte. Ou os ciclos de corte sejam ampliados para um século ou mais.

A madeira de florestas nativas pode ser explorada sustentavelmente apenas se a taxa de extração for muito baixa, o que implica que, no longo prazo, será viável apenas se o mercado pagar preços bastante elevados e os responsáveis pela exploração tiverem cacife para trabalhar com horizontes de décadas, característica mais ligada a grandes empresas do que às associações de assentados e extrativistas que entraram no ramo madeireiro.

Prevê-se para 2050 uma queda de 42% no comércio de madeira nativa de origem tropical em decorrência do colapso das populações exploradas (as de árvores) e dos custos crescentes. Com as imensas áreas degradadas próximas a centros como São Paulo, Belo Horizonte, Rio de Janeiro e Recife, há uma irracionalidade aparente em incentivar o extrativismo nas áreas ainda conservadas da Amazônia, e não o plantio (e cadeias produtivas associadas) em áreas degradadas próximas aos centros consumidores. Por outro lado, essa dualidade pode ser apenas aparente, pois o mercado para madeiras nativas de alto valor sempre existirá.

O Brasil iniciou, há poucos anos, o processo de concessão de florestas públicas para exploração pela iniciativa privada. Ainda é cedo para julgar os resultados dessa iniciativa, que em outras partes do mundo, como na Indonésia e Nigéria, produziu resultados desastrosos basicamente em virtude de fracos controles governamentais e de corrupção generalizada. Como em tantas ocasiões, a chave para um comportamento responsável pelas concessionárias está em fazer o mau comportamento mais caro que o bom comportamento. O futuro mostrará se o Brasil teve sucesso.

É evidente que a exploração madeireira levanta questões que não são simples. Ao mesmo tempo é evidente que a exploração de acordo com as regras associadas ao "manejo florestal sustentável" e com a maioria das certificações florestais "verdes" causa menos impactos e é um mal muito menor que a exploração convencional, inclusive por (em teoria) coibir atividades colaterais, como a caça. A grande questão é o que acontecerá quando os talhões explorados 25-30 anos antes forem revisitados.

Como ocorreu com tantas espécies exploradas, a transição do extrativismo para o plantio, especialmente em áreas próximas de centros consumidores, e a popularização de produtos como as placas de fibra (MDFs) que utilizem outras fontes de celulose talvez seja o futuro da indústria madeireira.

Literatura recomendada

AMARAL, P., A. VERÍSSIMO, P. BARRETO, E. VIDAL. 1998. *Floresta para sempre*: um manual para produção florestal na Amazônia. Belém: IMAZON.

Ascomycete Conservation. Disponível em: http://www.cybertruffle.org.uk.

BOURSCHEIDT, A. 2009. *O futuro nas sementes da araucária*. Disponível em: <http://www.oeco.com.br/reportagens/37-reportagens/21928-o-futuro-nas-sementes-da-araucaria>. Acesso em: 05 jan. 2011.

DIEGUES, A. C., V. M. VIANA. 2000. *Comunidades tradicionais e manejo dos recursos naturais da Mata Atlântica*. São Paulo: Nupaub/USP.

FREESE, C. H. (eds.) 1997. *Harvesting wild species*: implications for biodiversity conservation. Baltimore: The Johns Hopkins University Press.

GAYOT, M., P. SIST. 2004. Vulnérabilité des espèces de maçaranduba face à l'exploitation en Amazonie brésilienne: nouvelles normes d'exploitation à defini. *Bois et forests de tropiques* 280:75-89.

GROGAN, J., GALVÃO, J. 2006. Factors limiting post-logging seedling regeneration by Bigleaf Mahogany (*Swietenia macrophylla*) in southeastern Amazonia, Brazil, and implications for sustainable management. *Biotropica* 38: 219-228.

MONTEIRO, A., C. SOUZA JR. 2006. Imagens de Satélite para Avaliar Planos de Manejo. Florestal. *O Estado da Amazônia* 9. Belém: Imazon. Disponível em: <http://www.imazon.org.br/publicacoes/publicacao.asp?id=482>. Acesso em: 10 jan. 2011.

VALLE, D., M. SCHULZE, E. VIDAL, J. GROGAN, M. SALES, 2006. Identifying bias in stand-level growth and yield estimations: a case study in eastern Brazilian Amazonia. *Forest Ecology and Management* 236:127-135.

ZARIN, D. J., J. R. R. AVALAPATI, F. E. PUTZ, M. SCHMINK. 2005. *As florestas produtivas nos Neotrópicos: conservação por meio do manejo sustentável?* Brasília: IEB.

ZARIN, D., M. SCHULZE, E. VIDAL, M. LENTINI. 2007. Beyond reaping the first harvest: management objectives for timber production in the Brazilian Amazon. *Conservation Biology.* 21(4):916-925.

5.2 Fauna

> "Quando um homem deseja assassinar um tigre ele chama isso de esporte, quando um tigre deseja assassiná-lo, ele chama isso de ferocidade."
>
> *George Bernard Shaw,* escritor irlandês

A fauna nativa tem sido explorada no Brasil desde a chegada dos primeiros humanos ao continente. Se assim não fosse, o cenário encontrado pelos primeiros europeus que aqui chegaram seria muito diferente, mais similar ao Serengeti de hoje. Além de sua óbvia importância para os povos nativos, peles de felinos pintados, araras e papagaios já constavam nas cargas de navios que visitavam nossa costa no século XVI.

Após a colonização europeia essa atividade continuou e foi ampliada. Armações voltadas para a caça à baleia (especialmente a baleia-franca *Eubalaena australis*) estão entre as ruínas mais antigas do Brasil Colônia, marcando a presença de uma antes próspera indústria baleeira em regiões onde a presença de qualquer baleia hoje é notícia, como a Baía da Ilha Grande, Baía de Guanabara e Cabo Frio (RJ), Ilhabela e Bertioga (SP) e o Recôncavo Baiano (BA). Essa indústria colapsou por falta de vítimas já muito cedo em sua história, mas as baleias-francas estão em franca recuperação no sul do Brasil.

Espécimes do peixe-boi-amazônico *Trichecus inunguis* passaram a ser explorados comercialmente pela sua gordura e seu couro, usado para fabricar correias para motores e máquinas. A tartaruga-da-amazônia *Podocnemis expansa*, abundante até a década de 1850, a ponto de atrapalhar o tráfego fluvial no rio Madeira durante a estação seca, também foi explorada para fins industriais, com seus ovos sendo coletados para a produção de óleo. Estima-se que na década de 1860 pelo menos 48 milhões de ovos eram coletados, por ano, para suprir a indústria.

A caça comercial para a exportação de peles de jacarés (especialmente o açu *Melanosuchus niger* e o tinga *Caiman crocodilus*), felinos (especialmente gatos pintados como a jaguatirica *Leopardus pardalis*), porcos-do-mato e capivaras foi uma atividade importante em toda a Amazônia (especialmente na região do Araguaia), parte do nordeste e Pantanal até a proibição oficial em 1967. Após essa data a atividade continuou, por meio do contrabando para países como Paraguai e Bolívia. Entre 1960 e 1969, quase meio milhão de peles de capivara foi exportado da Amazônia brasileira.

A exploração nessa intensidade levou à extinção local e ao declínio generalizado de diversas espécies, muitas das quais ainda não atingiram sua abundância anterior.

Além da exploração de produtos como carne, óleo, peles, penas e outras partes de animais (como dentes e ossos usados em artesanato), a caça comercial para suprir o mercado de animais de estimação é uma atividade amplamente desenvolvida no Brasil (embora ilegal) e já causou a extinção da ararinha-azul *Cyanopsitta spixi* na Natureza e extinções locais de aves de gaiola como o bicudo *Sporophila maximiliani* (quase extinto em vida livre) e o pintassilgo-baiano *Sporagra yarrellii*. Psitacídeos, como araras e papagaios, estão entre as espécies que mais sofrem com o comércio de animais, com redes organizadas de coletores fornecendo filhotes ou mesmo ovos a intermediários. Criadouros legalizados pelo Ibama comumente são utilizados para "esquentar" exemplares capturados na Natureza, permitindo sua comercialização.

É bem sabido que o tráfico de animais é uma das atividades ilegais mais lucrativas no planeta, juntamente com o tráfico de drogas e o de armas, e colecionadores irão a extremos para obter exemplares de espécies raras. A prática é especialmente condenável quando vitima espécies inteligentes, como primatas e psitacídeos, que desenvolvem diversas psicopatias em cativeiro.

A caça, embora legalmente proibida no Brasil, exceto quando expressamente autorizada, continua a ser uma atividade importante em regiões como o Nordeste e a Amazônia, onde a caça de subsistência e a caça comercial são comumente indistinguíveis e a exploração de espécies ameaçadas como o peixe-boi prossegue. Entre as espécies exploradas com maior intensidade estão o jacaré-açu e o jacaré-tinga, assim como ungulados, roedores, primatas e cracídeos. Como já vimos, milhões de animais são abatidos por ano na Amazônia, com impactos significativos sobre a conservação de várias espécies, enquanto a atividade resultou em extinções generalizadas em biomas como a Caatinga e a Mata Atlântica.

Não precisaria ser assim se a atividade fosse desenvolvida dentro dos limites impostos pela capacidade de as espécies exploradas reporem os exemplares abatidos e manter sua viabilidade em face de eventos aleatórios. De fato, o interesse em manter a atividade por grupos organizados de caçadores está por trás de várias iniciativas de conservação de espécies e ecossistemas (por exemplo, as financiadas pela *Ducks Unlimited*).

A caça (ou *harvesting*) ou "manejo cinegético" de animais silvestres é uma atividade extensiva baseada na retirada de indivíduos de uma população sem que ela entre em declínio. Nesse sistema, busca-se o estabelecimento de uma taxa de exploração que seja biologicamente sustentável e economicamente viável, abaixo da taxa de máximo rendimento sustentável. Do ponto de vista econômico, esse sistema demanda investimentos apenas na coleta e processamento do "produto" e não em sua produção e reprodução. Seu nível de intensidade é idealmente determinado pelo monitoramento populacional e consequente estabelecimento de cotas anuais de exploração, sendo conhecido como "manejo adaptativo".

Espécies variam muito em relação à sua vulnerabilidade à caça. As chamadas k-estrategistas, com baixa fertilidade e alta expectativa de vida, quando adultos são muito mais vulneráveis à extinção local do que as r-estrategistas, que combinam grande fertilidade com baixa expectativa de vida, resultando em rápidas taxas de reposição. Espécies brasileiras passíveis de um manejo cinegético incluem a capivara, paca, marrecos, perdizes e codornas e columbídeos que se tornaram abundantes em áreas agrícolas, como *Zenaida auriculata* e *Patagioenas picazuro*, ambas já exploradas comercialmente no Uruguai e Argentina. Outras espécies, como a anta *Tapirus terrestris* a ariranha e primatas como os barrigudos *Lagothrix* spp. são intolerantes à caça e rapidamente se extinguem, mesmo sob intensidades moderadas de exploração.

A caça regulada por restrições nos períodos e locais onde pode ser realizada, pela quantidade de animais abatidos por caçador e pelo sexo e idade das presas é uma atividade realizada em vários países de forma sustentável. Em espécies poligínicas, por exemplo, há um número de machos na população que não irão se reproduzir e podem ser caçados sem afetar a demografia da população. Exemplos incluem diversos veados de regiões temperadas, elefantes-marinhos *Mirounga angustirostris* (que já foram explorados de forma sustentável na Geórgia do Sul), além de outros pinípedes, e crocodilianos.

Um dos programas de *harvest* mais conhecidos na América Latina é o que envolve jacarés e capivaras nos *Llanos* da Venezuela, um ecossistema muito similar ao Pantanal. Desde a década de 1970, é realizado o monitoramento populacional e são definidos quantos animais podem ser colhidos, o que tem resultado na recuperação das populações desde níveis muito baixos na década de 1960. Há propostas para o estabelecimento de manejo similar em áreas da Amazônia (como na reserva de desenvolvimento sustentável de Mamirauá), onde os jacarés são explorados tanto pela carne quanto pelas peles.

O Peru também normatizou a caça de subsistência (ou cinegética) e a esportiva, ao mesmo tempo em que proibiu a caça profissional. A permissão para o comércio de peles de animais abatidos para a subsistência permite que a pressão de caça seja monitorada e, de fato, registrou-se uma diminuição desta após a promulgação da lei. Resevas Comunais peruanas, similares às reservas extrativistas e de desenvolvimento sustentado no Brasil, tiveram um histórico interessante com fases de exploração predatória de recursos comuns (incluindo a fauna) até o estabelecimento de programas de manejo comunitário da pesca e caça cientificamente determinado. Esses programas indicam quais espécies podem ser exploradas e em que número, determinando também qual sexo e classe etária em que podem ser comercializados.

Uma das principais estratégias para manter populações de espécies cinegéticas é a delimitação de áreas intangíveis que atuem como fonte (*source*) de indivíduos que irão colonizar as áreas sob explotação (*sinks*). A dinâmica *sink-source* é uma das explicações para o fato de reservas marinhas aumentarem a produção pesqueira em determinados contextos, sendo também aplicável à fauna terrestre. Diversos estudos têm comprovado esse efeito na manutenção da sustentabilidade da caça em Terras Indígenas (a fonte, às vezes, sendo terras privadas no entorno) e reservas extrativistas.

Outra modalidade de exploração da fauna é o *wildlife ranching* ou manejo semi-intensivo, no qual espécies silvestres são criadas de forma não muito diferente do que é feito com o gado, monitorando-se suas populações para determinar as taxas de desfrute adequadas e fazendo-se introduções de matrizes e manejo sanitário quando necessário. Também podem ser feitas algumas intervenções para favorecer os animais, como a construção de bebedouros.

A viabilidade e lucratividade do *ranching* têm sido demonstradas por diversos estudos e a atividade é bastante desenvolvida na África do Sul, na Namíbia e no Zimbabwe, com operações menores em outros países como Kenya e Burkina Faso e Ghana. Apenas na África do Sul, estima-se que entre 7 e 10 mil propriedades obtinham pelo menos parte de sua renda a partir do *ranching*.

Nesses países o *ranching* enfatiza o manejo de ungulados nativos que são explorados para carne ou para a caça esportiva, com o comércio de matrizes para abastecer outros criadores sendo uma fonte de renda importante. Ungulados africanos, de maneira geral, superam o gado doméstico em termos de produtividade e a atividade é especialmente importante em regiões com clima e vegetação inadequados para a pecuária convencional e a agricultura, representando uma forma bastante eficiente de conservar ecossistemas de forma associada a uma atividade econômica.

O *ranching* também tem sido adotado na América do Norte, onde o bisão *Bison bison* é uma espécie cada vez mais popular, e partes da Europa, onde é desenvolvido de forma associada a outras atividades, incluindo a criação extensiva de gado (vale lembrar que o gado doméstico é nativo do Paleártico) e envolve tanto ungulados como aves cinegéticas.

Projetos de *ranching* de crocodilianos têm sido desenvolvidos em várias partes do mundo e no Brasil, notavelmente no Pantanal. Esses *ranchings* são baseados na coleta de ovos (ou filhotes) na Natureza e sua engorda em cativeiro. Parte desses animais é libertada na Natureza após atingir determinado tamanho visando manter a população, enquanto os demais são destinados à criação em cativeiro sob maior ou menor intensidade e posterior abate. Sistemas similares também têm sido estabelecidos para a exploração de tartarugas--da-amazônia *Podocnemis expansa* e tracajás *P. unifilis*.

O sistema de maior intensidade é a criação em cativeiro, onde todo o ciclo reprodutivo da espécie explorada é completado sob intenso manejo. Várias espécies neotropicais, como porcos-do-mato (cateto *Pecari tajacu* e queixada *Tayassu pecari*), capivaras, cotias *Dasyprocta* spp., paca *Cunniculus paca*, jacarés (*Caiman* spp.), lagartos *Tupinambis* spp. iguanas *Iguana iguana*, emas *Rhea americana* e diversos Tinamidae e Cracidae mostram potencial econômico para a produção de carne e peles, e muitos já têm pacotes tecnológicos estabelecidos e são criados comercialmente para suprir um mercado diferenciado.

Não é possível falar sobre o uso da fauna nativa sem fazer menção à caça a espécies introduzidas. Várias espécies exóticas foram introduzidas no Brasil, onde são mantidas hoje populações em vida livre. Entre aquelas com importância econômica, estão o porco doméstico (como os porcos-monteiros do Pantanal), o javali *Sus scrofa* (presente na região Sul, São Paulo, Mato Grosso do Sul, Minas Gerais, Espírito Santo e Bahia), a lebre-europeia *Lepus europaeus* (em toda a Região Sul, São Paulo e Minas Gerais), o búfalo *Bubalus bubalis* (Pantanal, Maranhão, Amapá e Rondônia) e o caramujo-africano *Achatina fulica* (com ampla distribuição no leste do País).

Todas essas espécies causam danos a ecossistemas e espécies nativas, embora obviamente haja aquelas que se beneficiam, como carnívoros (felinos e o lobo-guará) que encontraram na lebre uma presa importante em áreas muito modificadas no sul-sudeste do Brasil. A caça seria uma forma de controlar suas populações, ao mesmo tempo que geraria renda. Isso seria viável não apenas para os mamíferos, mas também para o caramujo, que é uma das principais espécies exploradas por populações em países da África Ocidental. O número crescente de imigrantes dessa região no Brasil talvez crie um mercado para a espécie e popularize seu uso.

Espécies nativas introduzidas em regiões onde causam dano, como teiús *Tupinambis merianae* e mocós *Kerodon rupestris* em Fernando de Noronha também poderiam ser controlados, senão erradicados, por meio da caça.

A caça é uma atividade que tem levantado discussões apaixonadas no Brasil, com parcela importante do movimento ambientalista sendo contrária à atividade, e com essa atividade sendo proibida por constituições estaduais, como a de São Paulo. O fato é que grandes áreas selvagens são protegidas e mantidas em regiões como nos Estados Unidos, União Europeia e África apenas pelo fato de a caça esportiva gerar renda e empregos em volume suficiente para desencorajar usos mais intensivos e destrutivos como a agropecuária. Dentro de contextos em que formas de vida, literalmente, têm de pagar pelo direito à existência, a caça devidamente controlada pode ser uma opção de conservação.

A caça esportiva, ao dar um valor monetário aos animais, também incentiva proprietários privados a manterem populações de animais, que são vistos como um ativo econômico, e serem tolerantes com relação a eventuais danos que esses animais causem. Especialmente em países sob grande pressão demográfica onde a população ainda é rural e demanda novos espaços, as reservas e parques de caça são um instrumento para a manutenção de áreas naturais.

Apesar de as questões éticas e da caça sem controle ser uma das principais causas de declínio das espécies, a caça adequadamente manejada e fiscalizada pode ser um instrumento efetivo de uso de espécies e conservação de ecossistemas. Conservar um banhado para caçar marrecas é um mal bem menor que convertê-lo em uma plantação de arroz. E, embora possa parecer estranho para os brasileiros, os caçadores esportivos estão entre os grupos organizados na gênese do movimento conservacionista e no apoio à criação de áreas protegidas. A questão certamente merece maior discussão no Brasil, embora sejam válidas as críticas quanto à capacidade governamental de fiscalizar a atividade.

Um grande gargalo para uma atividade sustentável é a necessidade de um monitoramento confiável e da construção de modelos demográficos para uma normatização adequada, tradição que falta no Brasil. Outro gargalo é a necessidade de os caçadores respeitarem cotas e as normas de uso, e de haver mecanismos punitivos para os que não cumpram com as mesmas. Novamente, o Brasil tanto tem pouca tradição no cumprimento de normas como possui uma legislação falha, com processos judiciais e administrativos morosos, incentivando seu não cumprimento e a reincidência de infrações.

Modelos demográficos são mais utilizados na normatização da pesca. Como pescados, de caranguejos a tubarões, no Brasil, não são considerados como fauna, mas sim como um recurso a ser explorado, a atividade ocorre sem os mesmos questionamentos éticos que a caça, e em uma escala e um envolvimento de interesses econômicos muito maiores. Isso faz com que, como já vimos, a pesca comercial no Brasil repita a tendência mundial de explorar uma determinada espécie até sua extinção comercial, passando então para outra. Em situações em que a destruição de habitats se soma à pressão da pesca, como ocorre com os habitats de água doce, afetados pela poluição, construção de barragens, drenagem de várzeas e perda de vegetação ripária, a perda de espécies comercialmente importantes pode ser muito rápida, como observado no caso de muitas espécies reofílicas, nas bacias do Paraná-Paraguai e São Francisco.

Algumas iniciativas procuram mudar esse quadro. Iniciativas que limitam a quantidade de pescado capturado, como reservas extrativistas marinhas, a delimitação de zonas de exclusão de pesca, defesos e a proibição de determinadas artes de pesca, como o arrasto, têm mostrado que estoques de espécies sobreexplotadas podem gradualmente se recuperar.

Modelos de gestão de pesca muito interessantes têm sido implantados na reserva de desenvolvimento sustentável Mamirauá (AM) para a exploração sustentável de espécies de maior valor comercial como o tambaqui *Colossoma macropomum* e o pirarucu *Arapaima gigas*. Esses modelos incluem diversos mecanismos de limitação de pesca (como lagos protegidos) e o monitoramento de populações para determinar a taxa de desfrute adequada. O envolvimento da comunidade de forma a fazê-la sentir-se proprietária do recurso explorado e ter assim um interesse direto na sua sustentabilidade é crucial para o sucesso destas iniciativas.

Duas modalidades de pesca merecem menção. O Brasil alimenta parte importante do mercado de peixes ornamentais, exportando principalmente exemplares capturados na Bacia Amazônica. Esses exemplares, como são retirados da população, resultam em impactos similares ao da pesca convencional, demandando manejo adequado. Há iniciativas para tornar a atividade ambientalmente sustentável e socialmente justa, como programas de certificação e rastreabilidade implantados nas reservas de desenvolvimento sustentado Mamirauá e Amaná (AM).

Outra modalidade é a pesca esportiva que, nos últimos anos, tem adotado a prática do "pesque e solte". A teoria é que essa modalidade de pesca resulta em um nível de mortalidade muito menor que a pesca esportiva convencional, associada a freezers cheios de cerveja sendo gradualmente cheios com peixes conforme a bebida é consumida.

Literatura recomendada

AMARAL, E., O. ALMEIDA. 2009. Os desafios na comercialização do pirarucu manejado produzido nas Reservas de Desenvolvimento Sustentável Mamirauá e Amanã, AM – Brasil. *Áreas Protegidas e Inclusão Social: tendências e perspectivas* 4:306-307.

BOTERO-ARIAS, R., M. MARMONTEl, H. L. DE QUEIROZ. 2009. Projeto de Manejo Experimental de Jacarés no Estado do Amazonas: abate de jacarés no setor Jarauá – Reserva de Desenvolvimento Sustentável Mamirauá, dezembro de 2008. *Uakari* 5(2):49-58.

DA-SILVEIRA, R., J. THORNBJARNARSON. 1999. Conservation implications of commercial hunting of Black and Spectacled Caiman in the Mamiraua Sustainable Development Reserve, Brazil. *Biological Conservation* 88:103-109.

Ducks Unlimited. Disponível em: <http://www.ducks.org>.

ELLIS, M. 1969. *A baleia no Brasil colonial*. São Paulo: Melhoramentos/Edusp.

NTIAMOA-BAIDU, Y. 1997. *Wildlife and food security in África*. Disponível em: <http://www.fao.org/docrep/w7540e/w7540e00.htm#Contents>. Acesso em: 20 dez. 2010.

PIANCA, C. C. 2005. A *caça e seus efeitos sobre a ocorrência de mamíferos de médio e grande porte em áreas preservadas de Mata Atlântica na Serra de Paranapiacaba* (SP). Dissertação de mestrado, Universidade de São Paulo. Disponível em: <http://www.teses.usp.br/teses/disponiveis/91/91131/tde-20062005-173657/>. Acesso em: 20 dez. 2010.

QUEIROZ, H. L., W. G. R. CRAMPTON. 1999. *Estratégia para manejo de recursos pesqueiros em Mamirauá*. Brasília: Sociedade Civil Mamirauá/CNPq.

ROBINSON, J. G., E. L. BENNETT (eds.). 2000. *Hunting for sustainability in tropical forests*. New York: Columbia University Press.

FREESE, C. H. 1998. *Wild species as commodities*: managing markets and ecosystems for sustainability. Washington: Island Press.

VALSECCHI, J., P. V. AMARAL. 2009. Perfil da Caça e dos Caçadores na Reserva de Desenvolvimento Sustentável Amanã, Amazonas – Brasil. *Uakari* 5(2):33-48.

VALLADARES-PADUA, C., R. E. BODMER, L. CULLEN JR. 1997. *Manejo e conservação da vida silvestre no Brasil*. Brasília: MCT-CNPq/Sociedade Civil Mamirauá.

VERDADE, L. 2004. *A exploração da fauna silvestre no Brasil*: jacarés, sistemas e recursos humanos. Disponível em: <http://www.biotaneotropica.org.br/v4n2/pt/abstract?point-of-view+BN02804022004>. Acesso em: 20 dez. 2010.

VILLALOBOS. M. P. 2002. *Efeito do fogo e da caça na abundância de mamíferos na Reserva Xavante do Rio das Mortes, MT, Brasil*. Tese de doutorado. Universidade de Brasília. Disponível em: <http://repositorio.bce.unb.br/handle/10482/3374>. Acesso em: 20 dez. 2010.

Wildlife Ranching South Africa Disponível em: <http://www.wrsa.co.za>.

6. O futuro que nos aguarda

"Então, essa questão do clima é delicada por quê?

Porque o mundo é redondo.
Se o mundo fosse quadrado ou retangular,
e a gente soubesse que o nosso território está a 14 mil quilômetros de distância dos centros mais poluidores, ótimo, vai ficar só lá.
Mas, como o mundo gira, e a gente também passa lá embaixo onde está mais poluído, a responsabilidade é de todos."

Luís Inácio Lula da Silva, ex-presidente do Brasil

A população humana e a intensidade com que tem explorado os recursos naturais continuam crescendo, embora os sistemas ecológicos que nos sustentam e os recursos que exploramos sejam finitos.

Em 1970, quando havia 90 milhões de brasileiros, boa parte da Amazônia e do Cerrado ainda estava intacta e ainda restavam grandes áreas da Floresta com Araucária, da Floresta Paranaense e do Centro Pernambuco que poderiam ter sido conservadas. Em 2010, o Brasil tem mais de 190 milhões de habitantes e os ecossistemas que estavam praticamente intactos há 40 anos já perderam grande parte de sua área, tendência que continuará durante as próximas décadas.

Mesmo com a projetada estabilização da população brasileira em 216,4 milhões de pessoas em 2030, quando a população começará a declinar, para talvez chegar a 215,3 milhões em 2050, a ascensão social e o aumento do consumo interno, por um lado, e a demanda externa por agroprodutos, por outro, deverão continuar a alimentar a perda de habitats e o uso direto de espécies. Esse cenário só mudará em um contexto de redução de consumo causado por crise econômica, crise populacional ou crise ecológica.

Há uma estreita correlação entre nível educacional e a preocupação com o meio ambiente, o empreendedorismo, a tolerância às diferenças e a intolerância à corrupção. É trágico, tanto em termos sociais como ambientais, que o Brasil tenha deixado de investir em educação de qualidade como fizeram países antes subdensenvolvidos como Coreia do Sul, Chile, Espanha e Irlanda. Em 2010 apenas 1% dos estudantes brasileiros de 15 anos mostra desempenho superior em matemática, leitura ou ciências, mas 40% são incapazes de fazer uma multiplicação.

No mesmo ano, 16% dos formandos em medicina foram reprovados na prova do Conselho Regional de Medicina de São Paulo, descobrimos que 15% dos jovens brasileiros de 15 a 24 anos são analfabetos funcionais e a Polícia Federal publicou um estudo no qual afirma que, de cada R$ 100 liberados para obras pelo Poder

Público, R$ 29 são superfaturados. Como já vimos, a corrupção, ao drenar recursos, diminuir a efetividade de controles ambientais e alimentar políticas públicas equivocadas, também é um problema ambiental relevante no Brasil.

Não há como se tornar uma potência política e econômica digna do nome com uma população em que muitos têm a qualificação de um babuíno treinado, cultura similar, e não se importam em serem roubados. Isso se reflete no fato de sermos a oitava economia do mundo, mas apenas o 73° entre 169 países em Índice de Desenvolvimento Humano. É evidente que um povo ignorante é um risco para si mesmo e para os demais (os Estados Unidos sob George W. Bush são um bom exemplo) e a história recente de como a questão ambiental é tratada no Brasil, notavelmente por uma classe política cuja combinação de estupidez e más intenções é assustadora, mostra que o futuro não é promissor. Pior do que está certamente ficará.

Não perdemos apenas a oportunidade de nos construirmos como povo, mas também de conservar ecossistemas e espécies que hoje estão em situação terminal. Pior, da mesma forma como continuamos a ignorar a importância da educação para forjar uma sociedade civilizada, também continuamos a ignorar as lições da História ao alimentar ciclos econômicos de *boom*-colapso que causam problemas sociais que levaremos gerações para solucionar. Uma visita a antigas e atuais fronteiras, como a Grande São Paulo, Alagoas, oeste do Maranhão, sul do Pará, norte de Mato Grosso e Rondônia deveria provocar a reflexão segundo a qual teríamos um país melhor, política, social e economicamente, se a floresta não tivesse sido substituída por lugares como Buriticupu, Colniza, Murici, Mauá ou Buritis.

Conforme reduzimos os espaços naturais e extinguimos espécies para supostamente "gerar emprego e renda", estamos comprometendo a viabilidade de nossa sociedade. Várias civilizações antes da nossa destruíram o capital natural de que dependiam, e parecemos decididos a seguir nesse caminho. O brasileiro tem como característica notável a falta de senso de História e preocupação com o futuro, o que explica a leniência das políticas que resultaram em desastres que acabam atribuídas a eventos naturais, de hordas de flagelados da seca exportados para a Amazônia aos mananciais de abastecimento das regiões metropolitanas ocupados por favelas.

Esse contexto local se dá em outro mais amplo e grave. No século XXI, quando a população humana e sua pegada ecológica atingirão seu máximo, a biosfera vive um processo de mudança que deverá afetar toda a vida na Terra.

O fato é que a crise mais imediata, e menos reconhecida, que nossa biosfera enfrenta é a do uso da terra. Mais de 35% da superfície não glacial do planeta foram convertidas ou alteradas para a agricultura e pecuária, o que corresponde a mais de 60 vezes a área ocupada por cidades. Esse é o maior impacto sofrido pela vida neste Planeta desde o final do Pleistoceno e a maior causa de extinções e comprometimento de serviços ambientais.

A agropecuária não apenas destrói ecossistemas naturais como também leva à degradação das terras ao ponto de estas se tornarem inúteis. A desertificação resultante de práticas agrícolas equivocadas e do pastoreio excessivo transformou vastas áreas do norte da África, Oriente Médio e Ásia Central de estepes arborizadas e florestas em desertos. O mesmo ocorre no Brasil, onde a área total sob desertificação brasileira aumentou de cerca de 900 mil km^2 (2003) para mais de 1,30 milhão de km^2 em 2007, a maior parte na região nordeste. Esse é um território que deve sofrer impactos profundos nas próximas décadas, conforme as mudanças climáticas em curso se acelerem.

A conversão de ecossistemas naturais em áreas agrícolas também é a maior causa do esgotamento de aquíferos e cursos d'água, gerando situações como a quase morte do Mar de Aral, conflitos entre países (como entre Israel e Síria pelos mananciais nas Colinas de Golan) e rios como o Colorado, Indus, Murray--Darling e Huang He que não chegam mais à sua foz, suas águas sendo desviadas para áreas agrícolas. O São Francisco brasileiro caminha rapidamente nessa direção.

A população global, consumindo cada vez mais, poderá demandar o dobro ou o triplo da produção atual de alguns alimentos, como a carne bovina. Ao mesmo tempo, a disponibilidade de terras agriculturáveis está diminuindo em decorrência da desertificação, da erosão e de limitações crescentes no suprimento de água e fertilizantes. É difícil ver como essas demandas podem ser conciliadas com a manutenção de ecossistemas com área suficiente para manter sistemas climáticos ou alimentar sistemas hidrológicos dos quais a própria agricultura, e nossa subsistência, dependem.

No entanto, o projetado aumento do consumo de alimentos não precisa, necessariamente, ser atingido à custa da conversão de mais áreas naturais em terras agrícolas. A chamada Revolução Verde das décadas de 1960-1970 e os seguidos ganhos de produtividade obtidos desde então graças à pesquisa científica, incluindo o uso de tecnologia de DNA recombinante, permitiram aumentar a produtividade por área de maneira drástica, reduzindo a pressão sobre áreas naturais. Além disso, áreas agrícolas degradadas podem ser restauradas, desde que haja a decisão de fazê-lo, como o Planalto de Huangtu (ou Loess) na China.

Esse debate é relevante no Brasil, onde a parte arcaica do setor agropecuário defende medidas legais que, na prática, resultariam no aumento do desmatamento e perda de ecossistemas naturais. A frase de efeito adotada pelos ruralistas é que: "sem desmatamento não é possível produzir mais alimentos". Na verdade, a dicotomia entre conservação de ecossistemas e seus serviços e produção de alimentos é inexistente, e desvia o foco dos reais problemas associados à produção agropecuária brasileira.

O território brasileiro tem cerca de 8,6 milhão de km^2, onde a pecuária bovina ocupa 2 milhões de km^2 e a agricultura 0,6 milhão de km$^{2.}$ (dados de 2007). A expansão da área destinada à pecuária no Brasil tem se dado, nas últimas duas décadas, à custa de perdas na Amazônia e no Cerrado, sendo resultado de políticas oficiais que injetaram recursos de bancos públicos (como o BNDES) na atividade, tornando o Brasil o maior exportador de carne bovina do mundo. Em suma, o País utiliza recursos públicos para destruir a Amazônia a fim de suprir o mundo com carne barata, enquanto mantém uma das mais ineficientes taxas de lotação do mundo, com apenas uma cabeça de gado por hectare, em média, e uma patética taxa de desfrute de 22%.

Os aumentos na área plantada no Brasil ao longo das últimas duas décadas se devem basicamente aos cultivos de cana e soja, que também mostram os maiores aumentos em produtividade média, similares ou maiores que os de outros grandes produtores mundiais. Deve-se notar que essas culturas estão concentradas em grandes e médias propriedades rurais. Enquanto isso, a área plantada com alimentos de consumo direto no mercado nacional (arroz, feijão e mandioca) tem caído, enquanto a produtividade desses produtos (e do milho) está entre as mais baixas entre os principais países produtores. Deve-se também notar que a produção de alimentos está concentrada em médias e pequenas propriedades rurais.

O fato é que, para mais que duplicar a área disponível para a produção de alimentos, bastaria que a pecuária brasileira saísse do arcaísmo atual e aumentasse sua produtividade. Na União Europeia e Estados Unidos, a lotação de pastagens atinge três animais/ha e não são necessários grandes esforços para adotar técnicas (como rodízio de pastagens e ajustes de carga) que, no mínimo, duplicariam a produtividade no Brasil.

Um aumento na produtividade brasileira para apenas 1,5 cabeça/ha (equivalente ao que na União Europeia é considerado "manejo ecológico de baixa produtividade" e recebe subsídios como tal) liberaria 50 milhões de ha para a produção de alimentos, ou quase a área total hoje sob cultivo. Se, com a mesma lotação, a taxa de desfrute fosse aumentada para 30%, a área liberada seria de 70 milhões de ha. Ao mesmo tempo, muito pode ser feito para aumentar a produtividade de cultivos como arroz, feijão, mandioca, milho e trigo, que não recebem a atenção que a soja e a cana receberam.

O problema real no Brasil não é a necessidade de abrir novas áreas agrícolas, mas um setor agropecuário no qual há enormes ineficiências que resultam na degradação e desperdício de terras. A estas se somam a perene desigualdade na distribuição de terras que a chamada reforma agrária é incapaz de solucionar (sendo antes outro fator de destruição ambiental) e a restrição de crédito aos produtores de alimentos. Resolver essas questões parece um desafio grande demais aos governos, que preferem que a conta seja paga pela Natureza.

A questão da reforma agrária no Brasil merece um comentário. Embora seja uma bandeira política popular, a reforma agrária foi historicamente – e continua sendo – um dos principais fatores de perda de habitats em regiões como o oeste do Paraná e Santa Catarina, o sul da Bahia, o oeste do Tocantins, e a Mata Atlântica de Alagoas e Pernambuco. Em 2009, os assentamentos responderam por 251 mil ha desmatados na Amazônia, enquanto no ano anterior essas áreas destruíram 221,6 mil ha. Em 2010, apesar da queda global no desmatamento, os assentamentos continuaram como os principais desmatadores em regiões como o Acre e sul do Amazonas.

O órgão responsável (*sic*) pela reforma agrária brasileira, o Instituto Nacional de Colonização e Reforma Agrária, age como uma instituição de colonização, e não de reforma, promovendo a ocupação de fronteiras, na prática abrindo caminho para madeireiros (comumente associados a movimentos de "luta pela posse de terras", como os "sem tora" do Pará) e a fusão dos lotes dos assentados em grandes propriedades, resultando na concentração de terras como fartamente observado nos assentamentos mais antigos. Isso explica por que o perfil fundiário do País não mudou nas últimas décadas. Mais que um problema social, essa política equivocada é feita à custa da destruição de ecossistemas e, via de regra, sem respeito à legislação.

Dos 8.763 núcleos rurais da reforma agrária brasileiros existentes em 2010, apenas 21% tiveram seu licenciamento ambiental aprovado, com os demais sendo ilegais. Em 2010, dos 1.326 autos de infração lavrados por desmatamento,

18,5% ocorreram nos locais que o governo destinou para a reforma agrária. E persiste a prática, pelo Incra, de considerar áreas de reserva legal como terras improdutivas e desapropriar fazendas com áreas significativas de florestas a fim de entregá-las a assentados-madeireiros. Um caso recente, e escandaloso, é o da Fazenda Mandaguari, em Porto dos Gaúchos (MT), que por ter 79,48% de sua área coberta por florestas, pouco abaixo do determinado pelo Código Florestal (80%) foi considerada improdutiva pelo Incra e teve seu decreto de desapropriação assinado em 2004.

Mais que uma política pública considerada desnecessária por autoridades no assunto que deixaram sua militância política de lado, a reforma agrária brasileira é um desastre ambiental financiado pelo dinheiro do contribuinte que poderia ser evitado por meio de outras formas de acesso à propriedade da terra, como financiamentos de longo prazo e juros baixos para a compra de propriedades e uma política de financiamento à produção adequada ao pequeno produtor. É claro que isso é mais difícil de implementar e gera menos visibilidade política, além de menos votos de curral, que a atual política de assentamentos.

É importante notar que há um robusto corpo de pesquisas que também mostram que desmatamento não gera riqueza para a sociedade como um todo (apenas para uma elite, para usar a conotação negativa do termo) e, no Brasil, municípios com maiores taxas de desmatamento tendem a apresentar os piores indicadores socioeconômicos, como o Índice de Desenvolvimento Humano. Destruir áreas naturais passa longe de ser uma receita certa para o progresso de um município, este estando muito mais associado ao nível de educação de seus habitantes e suas conexões e desempenho em atividades associadas aos setores de serviços e indústria.

Vale lembrar que enquanto o Brasil tem 55% de seu território coberto por vegetação natural, nos Estados Unidos e União Europeia este percentual é de cerca de 40% (e subindo), a Coreia do Sul tem 65% de seu território coberto por florestas e o Japão quase 70%. A famosa afirmação de tantos políticos de que "eles destruíram suas florestas para ficarem ricos e agora não querem que façamos o mesmo" é uma meia verdade.

As seções anteriores procuraram mostrar que, ao contrário do que a percepção humana leva a acreditar, ecossistemas não estão em um "equilíbrio natural". Ao contrário, são sistemas dinâmicos que variam em composição, extensão e funcionamento ao longo do tempo, frequentemente adquirindo feições muito diferentes daquelas que conhecemos hoje.

Os atuais (junho de 2010) 6,8 bilhões de habitantes talvez se estabilizem em 8 a 10,5 bilhões em 2050, mas há um grande grau de incerteza. A nova Terra do século XXI, ainda mais coberta por humanos, certamente será um local mais pobre em diversidade de vida. E com clima e ecossistemas bem diferentes dos do século XX.

O clima é um dos grandes motores das mudanças nos ecossistemas. Nos últimos 2,5 milhões de anos, a Terra tem vivido a alternância de períodos glaciais com interglaciais de clima ameno como o que vivemos hoje. Por trás desse pano de fundo há considerável variabilidade climática, como a observada no último milênio, que viu a Anomalia Climática Medieval (950-1250), caracterizada pelo clima ameno na Europa, ser sucedida pela Pequena Idade do Gelo (1550-1900), quando rios como o Tâmisa congelavam no inverno e aves como skuas-chilenas *Stercorarius chilensis* eram frequentes na Baía da Guanabara.

Esses eventos estão associados a mudanças importantes nas áreas ocupadas por ecossistemas e suas espécies. Na Argentina, onde há dados mais detalhados, o período da Anomalia Climática Medieval esteve associado ao deslocamento de morcegos e roedores subtropicais até 10° de latitude ao sul de sua ocorrência atual, enquanto na Pequena Idade do Gelo, com climas locais mais secos e frios, espécies das regiões áridas do Chaco e Patagônia ocorriam nos arredores de Buenos Aires.

Alterações climáticas em escala planetária dependem de complexas interações entre a atividade solar, variações nos movimentos orbitais, quais regiões recebem o calor do sol e por quanto tempo, de erupções vulcânicas, da quantidade de nuvens e a concentração de gases como metano e dióxido de carbono (CO_2) na atmosfera. E, com maior intensidade desde o início do século XX, as atividades humanas estão alterando o clima do planeta elevando as temperaturas médias e causando mudanças climáticas significativas.

Entre 1750 e 2009, a concentração de CO_2 na atmosfera saltou de 280 ppm para 386,8 ppm, com mais da metade deste aumento ocorrendo a partir de 1950. Isso resultou no aumento da temperatura média do planeta (historicamente 14 °C desde que medidas começaram a ser tomadas em 1860) entre 1906 e 2005 de 0,74 °C.

Os anos com médias mais quentes desde que as medições começaram em 1880 foram todos na década de 2000 (com 2005 e 2010 sendo os recordistas), exceto 1998, quando ocorreu um grande El Niño. A tendência de aquecimento é real e os resultados, como a perda do gelo ártico durante o verão, perda de glaciares nos Andes (fonte de água para países como Peru e Bolívia), África e Eurásia, redução das chuvas na África Ocidental e Mediterâneo, aumento na frequência e intensidade de El Niños e eventos extremos de secas e inundações já são observáveis, assim como mudanças na distribuição de espécies, fenologia e alterações em vários ecossistemas.[7]

Ao mesmo tempo, os oceanos estão se tornando mais ácidos em decorrência da absorção de gás carbônico, com um acréscimo de 30% na concentração de íons de hidrogênio em relação ao período pré-industrial. Isso compromete sua ecologia, afetando em particular espécies com exoesqueletos e conchas de carbonato de cálcio (moluscos, corais, cocolitoforídeos, crustáceos) e o funcionamento de ciclos biogeoquímicos. Na realidade, é bem possível que a capacidade dos oceanos absorverem CO_2 se esgote nas próximas poucas décadas, resultando em aumentos incrementais nas concentrações atmosféricas. A ecologia dos mares também deve mudar substancialmente, talvez favorecendo animais como medusas, tunicados e ctenóforos.

Tudo indica que um aumento de 2 °C na temperatura média da Terra ocorrerá antes do final do século XXI e, na realidade, há grande probabilidade de que essa elevação de temperatura terminará com um planeta 3,5 a 4 °C mais

---

7 A realidade da mudança climática influenciada pelas atividades humanas é consenso no meio científico, embora haja divergências e constantes descobertas sobre o funcionamento de alguns processos (como a dinâmica da cobertura de nuvens e a do lançamento de gelo nos mares) e detalhes sobre algumas previsões locais. Isso é natural quando se trata de Ciência. Embora os modelos climáticos funcionem bem em grandes escalas, perdem precisão quando se trata de áreas ou períodos mais limitados. Os chamados "céticos do clima" que contestam a realidade da mudança climática são, na grande maioria, pagos pela indústria de petróleo ou carvão, que protege seus interesses como a indústria do fumo fez anos atrás enfatizando as incertezas de estudos científicos, ou estão associados à direita religiosa, que ideologicamente não aceita que humanos possam mudar a biosfera e é radicalmente anti-Ciência.

quente. De fato, esse aumento talvez ocorra até 2060. Essa conclusão pessimista é apoiada por modelos climáticos ajustados a nossos níveis de emissões de gases de efeito estufa que, até agora, e apesar de 20 anos de negociações internacionais, concordam perfeitamente com os cenários pessimistas de *business as usual*. Nenhuma das medidas tomadas até o momento permite, com grau suficiente de certeza, afirmar que o ritmo de aquecimento será diminuído ou revertido.

Esse cenário poderá mudar se houver algum fenômeno natural que reduza a temperatura global, como grandes erupções vulcânicas que lancem SO_2 suficiente na estratosfera (embora o efeito seja temporário), ou profundos e rápidos cortes nas nossas emissões. O futuro dirá qual teve maior probabilidade de ocorrer.

As mudanças climáticas já se refletem em alterações nos padrões migratórios e na distribuição de espécies, especialmente em latitudes mais altas. Aves migratórias estão regressando mais cedo e partindo mais tarde, temporadas reprodutivas estão mais longas e espécies menos tolerantes ao frio estão expandindo sua distribuição, enquanto aquelas dependentes de climas mais amenos a tem reduzida. A composição e dinâmica das florestas do mundo também têm sido alteradas como consequência da maior concentração de CO_2 na atmosfera e da elevação da temperatura. Grandes áreas de floresta boreal têm sido destruídas por besouros beneficiados por verões mais longos e quentes e invernos mais amenos, enquanto, na Amazônia, espécies de crescimento rápido estão suplantando as de crescimento lento.

As perspectivas de um mundo mais quente não são animadoras. Uma temperatura média mais elevada implica em ar mais quente e com maior capacidade de reter umidade, regiões secas tornando-se mais secas, enquanto regiões temperadas chuvosas receberiam mais chuvas ou neve, conforme a estação do ano. Latitudes temperadas devem experimentar alternância de invernos muito frios e com nevascas e verões com ondas de calor. Regiões tropicais devem ver mais secas prolongadas, pontuadas por inundações.

Vários pontos de mudança irreversíveis são previstos para um mundo aquecido em 2 °C ou mais, como o derretimento total do gelo ártico no verão, alterações nas correntes oceânicas e sistemas de monções, furacões menos frequentes, mas mais intensos e o derretimento do *permafrost* ártico, além de aumento nas emissões de metano estocado no fundo dos oceanos ou vindo do *permafrost*, outro poderoso gás de efeito estufa. Muitas mudanças podem ocorrer de forma rápida, havendo evidências de que sistemas climáticos podem oscilar rapidamente entre estados opostos e estáveis quando pontos de mudança (*tipping points*) são alcançados.

Ficando em um cenário conservador que prevê um aumento médio global de "apenas" 2 °C, valor estabelecido pelo Painel Intergovernamental para Mudanças Climáticas (IPCC) como um limite arbitrário para mudanças "perigosas" e o objetivo ostensivo das negociações atuais, este aumento implicaria para o Brasil, segundo alguns dos modelos existentes, reduções drásticas nas chuvas no nordeste e Amazônia Oriental, no aumento das chuvas nas regiões sul e sudeste, no aumento nas temperaturas médias regionais entre 3 e 5 °C (imagine a situação em Manaus ou Teresina) e maior evapotranspiração e stresse hídrico em boa parte do País, incluindo nossas principais áreas agrícolas no

Cerrado. Eventos climáticos extremos como ondas de calor, tornados e tempestades se tornarão mais comuns, assim como a incidência de incêndios que destruirão a cobertura nativa e favorecerão espécies pirófilas. São esperáveis a alternância de verões muito quentes e invernos com quedas de temperatura abruptas.

Consequências esperadas das mudanças são a morte de recifes de coral incapazes de sobreviver a águas mais quentes, o aumento na duração e intensidade da estação seca no leste da Amazônia e no litoral e interior do nordeste, levando ao declínio das florestas ainda existentes (os incêndios mais frequentes sendo um fator importante no processo) e a uma desertificação mais acelerada na Caatinga, estações secas mais quentes e intensas no Cerrado (que talvez fique mais similar ao Chaco e à Caatinga), perda de habitat e provável extinção de espécies restritas a habitats como campos de altitude, matas de araucária e matas nebulares (que terão sua extensão diminuída) e um clima mais favorável à expansão de florestas no sul do Brasil onde hoje a paisagem é dominada por campos com arbustos.

Diversos estudos têm procurado prever as mudanças nas distribuições de espécies como resultado do aumento das temperaturas médias. Modelagens com plantas e aves do Cerrado preveem uma redução de cerca de 25% na sua área de distribuição sob o cenário otimista de 2 °C, e de mais de 50% sob o cenário pessimista de 4 °C. Em todos os cenários há uma tendência de redução da região habitável em direção ao sudeste do Brasil, onde o Cerrado já foi dizimado. Extinções em número significativo (15-40% das espécies) são previstas em todos os cenários.

Modelagem para 38 plantas da Mata Atlântica sugere reduções de 28% na área ocupada pelas mesmas no cenário de 2 °C, e de até 65% no de 4 °C. Espécies das florestas nebulares e campos de altitude são especialmente vulneráveis à extinção nas próximas décadas.

O nível médio do mar, sob o cenário de 2 °C, deve subir de 80 cm a 2 m até 2100 em decorrência da expansão térmica dos oceanos e do derretimento de geleiras como as da Groenlândia e parte da Antártica. Isso significa que ecossistemas costeiros como manguezais, praias, bancos de sedimenos, ilhas costeiras e restingas deverão perder área ou mesmo desaparecer totalmente. Planícies litorâneas como a Baixada Fluminense e a Baixada Santista deverão sofrer incursões marinhas, enquanto rios serão represados pelo nível mais elevado do mar. Os resultados serão inundações e a transformação de áreas hoje secas em pântanos. A erosão costeira, já importante em regiões como Pernambuco, São Paulo e Rio de Janeiro, será intensificada e afetará áreas urbanas.

Há incertezas quanto ao que poderá ocorrer com o Pantanal, visto que alguns modelos sugerem diminuição das chuvas e outros sugerem aumento, assim como é incerto se condições análogas a um El Niño permanente poderão se estabelecer. Como sabemos, El Niños resultam em secas na Amazônia e no nordeste do Brasil e chuvas torrenciais no sul-sudeste. Uma das possibilidades é que o Pantanal sofra redução nas chuvas e no pulso de inundação, tornando-se mais seco e similar ao Chaco árido da Bolívia e do noroeste da Argentina.

O rearranjo na distribuição de espécies e ecossistemas durante este século será rápido e drástico, certamente com muitas surpresas e espécies que desaparecerão por não se adaptarem a tempo ou pelo fato de viverem em habitats isolados de onde não poderão se dispersar. As consequências para a sociedade, a saúde pública e a economia também serão drásticas e, no geral, negativas.

O semiárido nordestino, por exemplo, já está observando um aumento marcante nas temperaturas médias (3°C ao longo de 40 anos, contra 0,4°C na média mundial no mesmo período) e boa parte da região deve passar a alternar longas estiagens com muito calor com períodos breves de tempestades e inundações, resultando em condições desérticas e sua inabitabilidade. No Cerrado, a ocorrência mais frequente de secas e veranicos alternados por enchentes, prevista para todo o País, afetará gravemente a agricultura. Esta pode se adaptar a mudanças graduais, mas lida mal com a imprevisibilidade climática que já podemos sentir.

Um mundo 2 °C mais quente, uma ficção pessimista até alguns anos atrás, surge hoje como um cenário otimista em comparação ao que modelagens mais recentes têm mostrado, sugerindo a alta probabilidade de uma elevação de 4 °C antes do final do século, caso o padrão de emissões continue. Além de uma expansão considerável das áreas onde a agricultura seria impraticável, um dos maiores riscos é o do colapso das capas de gelo da Antártica Ocidental e da Antártica Oriental, que contêm água suficiente para, juntamente com o degelo da Groenlândia, causar um aumento de 65 m no nível atual dos oceanos. Isso não ocorreria de forma abrupta, mas um incremento de 1 m no nível do mar a cada 20 anos já estaria além de nossa capacidade de adaptação.

É bastante claro que deveríamos, já com muito atraso, reduzir as emissões de gases de efeito estufa. Mas não estamos fazendo o suficiente. No Brasil, a principal fonte de emissão de CO_2 é a destruição da vegetação natural, englobada na atividade "mudança no uso da terra e florestas", inclusive para a expansão de "biocombustíveis" de primeira geração, como o etanol de cana e o biodiesel de soja e de palma. Deve-se lembrar o impacto dessas culturas no desmatamento passado e presente e seu papel na destruição da Mata Atlântica e do Cerrado, além de sua competição por áreas para o plantio de alimentos.

Substituir uma área de Cerrado por soja cria um débito de carbono equivalente a 37 anos de produção de biocombustível, mas os impactos dessas culturas são sobretudo indiretos, já que ocupam principalmente antigas pastagens, alimentando o ciclo de conversão de florestas e cerrados em pastagens que depois serão convertidas em cana ou soja. Simulações sugerem que o aumento da produção de etanol e biodiesel para 35 milhões de litros em 2020 resultaria na perda de mais de 121 mil km^2 de florestas no período, ou um débito de carbono equivalente a 250 anos de produção.

Biocombustíveis de primeira geração, como os que o Brasil utiliza, não é uma resposta à parte da mudança climática causada pelo uso dos combustíveis fósseis, mas parte do problema. Soluções biotecnológicas, como o etanol celulósico ou algas e bactérias que produzem combustível diretamente, são mais promissoras.

A agropecuária responde por mais de 75% das emissões brasileiras de CO_2, sendo a responsável por colocar o Brasil entre os dez maiores emissores de gases de efeito estufa para a atmosfera. Segundo o IBGE, a emissão de gases de efeito estufa no Brasil subiu de 1,35 bilhão para 2,20 bilhões de toneladas de CO_2 equivalente entre 1990 e 2005, um aumento de 62%.

As mudanças no uso das terras e florestas – que incluem os desmatamentos na Amazônia e as queimadas no Cerrado – contribuíram com 57,9% do total das emissões. A agricultura é a segunda maior fonte de emissões, com 480 milhões de toneladas de CO_2 equivalente (21%). Ou seja, a zona rural responde por quase 80% das emissões de efeito estufa no País, muito mais que as áreas urbanas. Deve-se também lembrar que bilhões de toneladas de carbono, não computadas em cálculos de emissões históricas, foram lançadas na atmosfera durante os séculos XIX e XX quando o Brasil destruiu florestas com alta biomassa, como a Mata Atlântica (especialmente a Floresta Paranaense e a Hileia Baiana) e a Floresta com Araucária.

A forma como utilizamos nossa paisagem não apenas destrói espécies e ecossistemas como também colabora com uma mudança climática global que, para usar uma expressão cautelosa, será extremamente negativa para o País.

As emissões associadas à matriz energética brasileira também não são desprezíveis, incluindo as oriundas da queima de gás natural desperdiçado durante a extração de petróleo (a Petrobrás queimou 6,5 milhões de m^3 em setembro de 2010, ou 10% da produção nacional no período) e as emissões de metano produzido por hidrelétricas com áreas anóxicas, florestas afogadas e/ou populações de macrófitas que são decompostas anaerobicamente. Hidrelétricas amazônicas como Tucuruí, Balbina e Samuel não apenas são fábricas de metano como resultaram na destruição de florestas e habitats aquáticos e extinção de espécies. A esses impactos se somam os de gigantescas e ineficientes linhas de transmissão demandadas pela discutível necessidade de um sistema nacional interligado que, embora bom para políticos que controlam grandes empresas estatais, não apresentam vantagens óbvias para o consumidor ou a segurança do sistema (os apagões recentes que o digam).

Apesar disso, novas hidrelétricas estão em construção e outras mais previstas na Amazônia, o que gerará ainda mais impactos negativos, sob a justificativa de que haverá demanda futura. Usinas nucleares, especialmente os novos modelos modulares com reatores de pequeno porte (tecnologia que o Brasil domina), seria uma alternativa muito menos impactante ao meio ambiente (e provavelmente mais baratas e seguras em oferta de energia) que o apocalipse certo causado pelas hidrelétricas.

A Confederação Nacional da Indústria, por outro lado, afirma (em novembro de 2010) que há o potencial de reduzir o consumo de eletricidade pela indústria (responsável por 35% do consumo nacional) em até 25,7%, por meio de medidas de eficiência energética. Essa afirmação vem de encontro a outros estudos que mostram que medidas de conservação de energia, melhor tecnologia nas linhas de transmissão (que têm perdas de 15-17%, contra menos de 4% em outros países) e a repotenciação de hidrelétricas existentes poderiam representar um acréscimo de 50% à disponibilidade atual de energia. Infelizmente, nenhum governo recente no Brasil deu algum passo nessa direção.

Ao contrário, foram adotadas medidas para fragilizar os controles ambientais e financeiros de empreendimentos hidrelétricos e aumentou-se a participação do Tesouro Nacional (via BNDES) para viabilizar obras consideradas desastrosas do ponto de vista técnico e ambiental e nas quais investidores privados jamais arriscariam seu dinheiro, como a hidrelétrica de Belo Monte (PA). Infelizmente, medidas de arrojo comparável não são aplicadas para tornar competitiva no Brasil a geração de energia realmente limpa, como a solar e a maremotriz.

A postura brasileira com relação à agropecuária e a energia (sem falar nos gastos públicos) reflete nosso pendor pelo desperdício e nossa cultura de políticas que atendem ao privado e não ao público. Presos na crença de um mundo infinito e vendados por uma mistura perigosa de ignorância e soberba, não buscamos soluções que produzam mais usando menos, nem somos capazes de valorizar o que é coletivo. Somos incapazes de olhar o futuro e, historicamente, agimos segundo o princípio de quem vier depois irá se arranjar.

FIGURA 6.1 – A grande seca que afetou a Amazônia em 2010 superou a de 2005. Uma Amazônia com secas mais frequentes é uma forte possibilidade para os cenários de mudanças climáticas previstas para as próximas décadas.

FIGURA 6.4 – A hidrelétrica de Estreito, no rio Tocantins, durante sua construção. As hidrelétricas estão entre as formas de geração de energia com maior impacto negativo sobre a biodiversidade (certamente maior que, por exemplo, usinas nucleares) e geram quantidades importantes de metano, um poderoso gás de efeito estufa.

FIGURA 6.2 – Geleiras, como esta na ilha de South Georgia, estão em retração em todo o mundo, em decorrência da mudança climática.

FIGURA 6.3 – O que resta de uma antiga floresta de terra firme em Açailândia (MA). A retirada de madeira e incêndios subsequentes, aliados ao efeito de borda, levam a floresta ao colapso, abrindo caminho para a savanização futura.

Hoje, é evidente que as crises da perda da biodiversidade, da perda dos serviços ambientais e a crise climática estão intimamente relacionadas. Ao destruir ecossistemas estamos comprometendo o sistema climático que permite a existência e estabilidade de nossos modos de vida, e rumamos para um futuro mais quente e lotado. Embora a tecnologia ofereça meios e oportunidades para enfrentar a crise climática, a conservação e restauração de ecossistemas é uma parte da solução que não apenas é mais custo-efetiva como oferece menores riscos e maiores benefícios associados. Além de ser aplicável mesmo a países de baixo nível teconólogico e educacional como o Brasil.

Nenhuma sociedade humana gerou uma cultura com uma compreensão tão complexa da Natureza e uma tecnologia tão sofisticada como a chamada "cultura ocidental", resultante do cruzamento das culturas europeias com as dos povos com os quais estas se encontraram durante a Era das Explorações e a Era dos Impérios. Embora alguns brasileiros possam repudiar sua afiliação a esta tribo, percorremos um longo caminho desde a Revolução Neolítica (algumas sociedades nunca saíram desse estágio) até a fronteira da Singularidade que a tecnologia nos promete. Hoje, investigamos o início do Cosmos, manipulamos a Vida e criamos Inteligência. Nunca vivemos uma era tão promissora, mas também nunca vivemos uma era com desafios tão sérios, muito maiores que o colapso de um mero império local como o romano ou o chinês.

Como dizia o Homem Aranha, com grande poder vem grande responsabilidade. Albert Einstein certa vez afirmou que só há duas coisas infinitas, o Universo e a estupidez humana, e ele não estava certo a respeito da primeira. A vida na Terra já passou por uma série de mudanças climáticas e extinções em massa, embora nenhuma causada por uma espécie que deu a si mesma o epíteto "sábia". O futuro de nossa sociedade e de nossos companheiros de jornada neste Planeta depende das decisões que serão tomadas hoje. Talvez façamos as escolhas corretas, talvez mostremos que Einstein estava certo.

Literatura recomendada

ABRANCHES, S. 2005. A tragédia da ecologia. Natureza e Conservação 3(2): 8-21.

ALMEIDA, A. C. 2007. A cabeça do brasileiro. Rio de Janeiro: Record.

Banco Mundial. 2010. Relatório sobre desenvolvimento mundial 2010: desenvolvimento e mudança climática. São Paulo: Editora UNESP.

BUCKERIDGE, M. S. (org.) 2008. Biologia e mudanças climáticas no Brasil. São Paulo: RIMA.

COLOMBO, A.F., C. A. JOLY, 2010. Brazilian Atlantic Forest lato sensu: the most ancient Brazilian forest, and a biodiversity hotspot, is highly theatened by climate change. Brazilian Journal of Biology (70(3): 697-708.

Climate 2007: IPCC Fourth Assessment Report. Disponível em: <http://www.eoearth.org/article/IPCC_Fourth_Assessment_Report>.

Economia do Clima. Estudo Econômico das Mudanças Climáticas no Brasil. Disponível em:<http://www.economiadoclima.org.br/site/?p=biblioteca>.

FARGIONE, J., J. HILL, D. TILMAN, S. POLASKY, P. HAWTHORNE. 2008. Land clearing and the biofuel carbon debt. Science 319(5867):1235-1238.

FONTES, C. (coord.). 2010. Mudanças climáticas, migracões e saúde: cenários para o Nordeste Brasileiro, 2000-2050. Disponível em: <http://www.cedeplar.ufmg.br/pesquisas/migracoes_saude/MIGRACAO_E_SAUDE_NORDESTE.pdf >. Acesso em: 25 nov. 2010.

Joly, C. A. Biodiversity and climate change in the Neotropical region. 2008. Biota Neotrop.8(1).

Lapola, D. M., R. Schaldach, J. Alcamo, A. Bondeau, J. Koch, C. Koelking, J. A. Priess. 2010. Indirect land-use changes can overcome carbon savings from biofuels in Brazil. PNAS 107(8):3388-3393.

Laurance, W. F., A. A. Oliveira, S. G. Laurance, R. Condit, H. E. M. Nascimento, A. C. Sanchez-Thorin, T. E. Lovejoy, A. Andrade, S. D'Angelo, J. E. Ribeiro, C. W. Dick. 2004. Pervasive alteration of tree communities in undisturbed Amazonian forests. Nature 428:171-175.

Marengo, J. A. 2007. Mudanças climáticas globais e seus efeitos sobre a biodiversidade: caracterização do clima atual e definição das alterações climáticas para o território brasileiro ao longo do século XXI. Brasília: MMA.

Marini, M. A., M. Barbet-Massin, L. E. Lopes, F. Jiguet. 2009. Predicted climate-driven bird distribution changes and forecasted conservation conflicts in a Neotropical savanna. Conservation Biology 23:558-1567.

Martinelli, L. A., C. A. Joly, C. A. Nobre, G. Sparovek. 2010. A falsa dicotomia entre a preservação da vegetação natural e a produção agrpecuária. Biota Neotropica 10(4). Disponível em: <http://www.biotaneotropica.org.br/v10n4/pt/abstract?point-of--view+bn00110042010>. Acesso em: 16 dez. 2010.

Nobre, C., A.F. Young, P. Saldiva, J.A. Marengo, A.D. Nobre, S. Alves Jr., G.C.M. Silva, M. Lombardo. 2010. Vulnerabilidades das megacidades brasileiras às mudanças climáticas: Região Metropolitana de São Paulo. Disponível em: <http://www.inpe.br/noticias/arquivos/pdf/megacidades.pdf >. Acesso em: 25 Nov. 2010.

Olmos, F. 2006. O Incra como catástrofe ambiental. Disponível em: <http://www.oeco.com.br/index.php/fabio-olmos/44-fabio-olmos/18321-oeco_15304>. Acesso em: 25nov. 2010.

Olmos, F., C. R. S. Borges, F. A. dos S. Fernadez, I. de G. Câmara, M. S. Correa, M. L. Nunes, M. S. Milano, S. B. Rocha, V. Theulen. 2007. Assentamentos da Reforma Agrária, Meio Ambiente e Unidades de Conservação. Curitiba: AVINA Brasil (CD-ROM). Disponível em: <http://www.grupoiguacu.net>. Acesso em: 25 nov. 2010.

Pearce, F. 2007. With speed and violence: why scientists fear tipping points in climate change. Boston: Beacon Books.

Ruddiman, W. F. 2005. Plows, plagues, and petroleum. Princeton, NJ: Princeton University Press.

Ruddiman, W. F., E. Ellis. 2009. Effect of per-capita land-use changes on Holocene forest cover and CO2 emissions. Quaternary Science Reviews, doi:10.1016/j.quascirev.2009.05.022. Real Climate. Disponível em: <http://www.realclimate.org>.

Siqueira, M. F., A. T. Peterson. 2009. Consequences of global change for geographic distribution of Cerrado tree species. Biota Neotropica 3(2). Disponível em: <http://www.biotaneotropica.org.br/v3n2/pt/abstract?article+BN0080302203>. Acesso em: 5jan. 2011.

Smith, F. A., S. M. Elliott, S. K. Lyons. 2010. Methane emissions from extinct megafauna. Nature Geoscience 3:374-375. The Encyclopedia of Earth http://www.eoearth.org/article/Global_warming?topic=49491

Trumper, K., M. Bertzky, B. Dickson, G. van der Heijden, M. Jenkins. P. Manning, P. 2009. The Natural Fix? The role of ecosystems in climate mitigation. Cambridge: UNEP/WCMC.

Young, C. E. F. 2006. Desmatamento e desemprego rural na Mata Atlântica. Floresta e Ambiente 13:75-88.